中等职业学校教学用书（计算机应用专业）

计算机组装与维护
（第4版）

主　编　陈国先

参　编　伊世昌

电子工业出版社

Publishing House of Electronics Industry

北京·BEIJING

内 容 简 介

本书较全面、系统地介绍了微型机的基本部件：中央处理器、主板、内存条、硬盘驱动器、光盘驱动器、显示卡与显示器、声卡与音箱、键盘与鼠标、机箱与电源、输入设备（扫描仪、数码相机）、输出设备（针式打印机、喷墨打印机、激光打印机）、网络设备（ADSL 调制解调器、网卡、交换机和无线路由器）等基本硬件的分类、主要技术指标、基本工作原理、使用方法等，重点介绍微型机各基本部件和系统软件 Windows XP、Windows 7 的安装方法及微型机上网方法，较详细地介绍了微型机系统 CMOS 设置、系统优化和测试、维修步骤、常规检测方法，以及系统软件维护和清除微型机病毒等方法。本书的附录编入了计算机（微机）维修工国家职业标准。

本书内容全面、精炼、力求新颖、深入浅出、图文并茂、实用性较强。本书设计为项目教学，共 11 章，每章自成体系，章后有小结、实训和练习，以利于提高学生实践能力，完成职业要求的项目。在教学过程中通过本书的学习引导学生完成特定章节内容，提升学生的职业能力和水平。

本书可以作为中等职业技术教育和中等专业学校的教材，也适用于计算机（微机）维修工中级资格证书培训用书和电脑爱好者阅读。

图书在版编目（CIP）数据

计算机组装与维护 / 陈国先主编. —4 版. —北京：电子工业出版社，2014.8
中等职业学校教学用书（计算机应用专业）

ISBN 978-7-121-23551-1

Ⅰ. ①计… Ⅱ. ①陈… Ⅲ. ①电子计算机—组装—中等专业学校—教材②计算机维护—中等专业学校—教材
Ⅳ. ①TP30

中国版本图书馆 CIP 数据核字（2014）第 132143 号

策划编辑：关雅莉
责任编辑：郝黎明
印　　刷：北京盛通数码印刷有限公司
装　　订：北京盛通数码印刷有限公司
出版发行：电子工业出版社
　　　　　北京市海淀区万寿路 173 信箱　邮编 100036
开　　本：787×1 092　1/16　　印张：15　字数：384 千字
版　　次：2002 年 1 月第 1 版
　　　　　2014 年 8 月第 4 版
印　　次：2024 年 8 月第 15 次印刷
定　　价：29.80 元

凡所购买电子工业出版社图书有缺损问题，请向购买书店调换。若书店售缺，请与本社发行部联系，联系及邮购电话：（010）88254888，88258888。

质量投诉请发邮件至 zlts@phei.com.cn，盗版侵权举报请发邮件至 dbqq@phei.com.cn。

本书咨询联系方式：（010）88254617，luomn@phei.com.cn。

前　　言

《计算机组装与维护（第3版）》自2006年2月出版以来，被多所职业技术学校有关专业作为教材使用。第3版出版已有7年了，在这7年的时间里，计算机新部件、新技术不断涌现，第3版中的部分内容已有些陈旧。因此，《计算机组装与维护（第4版）》对有关内容作了较大幅度的增、删调整，以适应计算机技术的发展变化。

中等职业技术教育是培养与社会主义现代化建设要求相适应，德智体美全面发展，具有综合职业能力，在生产、服务、技术和管理第一线工作的高素质劳动者和中级专门人才。本书是以中等职业技术教育培养目标和计算机（微机）维修工国家职业标准为依据编写的。学习本教材后可以使学生（尤其是计算机专业的学生）能熟练掌握微型机系统的基本部件的性能、使用方法、常见故障的维护维修，有较过硬的组装微型机和系统设置、测试，以及系统维护维修和优化的动手能力，成为国家职业标准规定的中级计算机（微机）维修工。

本书以当前流行的微型计算机为基础，详细介绍了各种流行配件，如主板、中央处理器、内存条、硬盘驱动器、光盘驱动器与光盘、显示卡和显示器、声卡和音箱、摄像头、打印机、扫描仪、数码相机、调制解调器、网卡和交换机等部件的分类、技术特性、选购原则、基本工作原理、常见使用和维护方法，以及如何将它们组装成一台多媒体微型机，如何合理进行软硬件设置、测试及优化。还简要介绍了Windows 7和Windows XP的安装、常见驱动程序的安装、克隆软件的基本操作。讲解了对等网络组建方法、上网方法。讲解了微型机系统的故障形成原因、维修步骤和原则、常规检测方法，以及日常的维护维修方法。

本书内容全面、丰富、实用，所介绍的部件力求新颖，文字通俗易懂。通过本书的学习，能正确掌握实用的维护方法，以最简单的工具，最快的速度维修、维护微型机，使自己成为国家级的中级维修工。

本书由陈国先任主编，参加编写的还有伊世昌、林丽芬、由相宁等。他们对本书的编写提出了许多宝贵的意见。电子出版社对本书的出版给予了极大的关心和支持，在此表示衷心感谢。

本书提供了配套的立体化教学资源，读者可以通过华信教育资源网（www.hxedu.com.cn）下载使用。

由于作者水平有限，书中难免出现缺点和错误，敬请广大读者批评指正。

编　者
2014年8月

目 录

第 1 章 微型计算机概述

目前使用的微型机都配置为多媒体微型机。多媒体微型机是指综合处理文字、图画、静态影像、平面动画、三维动画、动态影像、声音、音乐等多种媒体信息，使多种信息建立联系，并具有交互性的计算机系统。

1.1 微型计算机简介

世界上第一台电子数字计算机在 1946 年诞生于美国。以后的几十年里，电子计算机的发展极其迅速，先后经历了电子管、晶体管、小规模集成电路、大规模集成电路和超大规模集成电路的演变。

在此期间，随着大规模集成电路技术的迅速发展，20 世纪 70 年代初诞生了一代新型的电子计算机——微型计算机（Microcomputer）。它利用大规模集成电路技术把计算机的中央处理单元集成在一块芯片上，称为微处理器 MP。同时利用大规模集成电路技术集成了容量相当大的半导体存储器芯片，集成了各种通用的或专用的、可编程序的接口电路。这样，给 CPU 配上一定容量的存储器和接口电路，就形成了微型计算机 MC（图 1-1），再加上各种外部设备、系统软件，就形成了微型机系统 MCS。

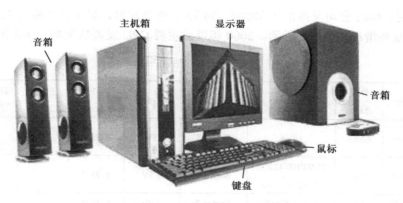

图 1-1 微型计算机的外观

近年来，微处理器几乎以每两年性能价格比提高 4 倍（价格低一半，性能高一倍），平均 2～3 年便可推出一代新产品的高速度发展。它已渗透人类生活的各个领域，给世界带来目前尚难以估计的深刻变革。可以毫不夸张地说，蒸汽机的发明，给人类带来了渗透各个领域的"动力"，而微型计算机的发明，则给人类带来了渗透各个领域的"智能"。

微机的核心部件是中央处理器 CPU，各种档次的微机都是以 CPU 的不同来划分的。目前属于 PC 系列的个人微机，都采用美国 Intel 公司的"x86"系列的微处理器或其他公司生产的兼容微处理器作为 CPU。

1.1.1 微处理器和微型计算机的发展

1971 年，Intel 公司成功地把算术运算器和逻辑控制电路集成在一起，发明了世界上第一片微处理器 Intel4004，它是用于计算机的 4 位微处理器，从此拉开了微处理器发展的序幕。Pentium 级以下的微处理器的发展历程如表 1-1 所示。

表 1-1　Pentium 级以下的微处理器的发展历程

名称	年代	晶体管数	字长	数据宽度	寻址范围	主频/MHz	说明
4004	1971 年	2 300	4	4	4KB	0.5/0.75	未用于 PC
8008	1972 年	3 500	8	8	64KB		未用于 PC
8080	1974 年	6 000	8	8	64KB		未用于 PC
8080A	1976 年	6 000	8	8	64KB		未用于 PC
8085	1976 年	6 500	8	8	64KB		未用于 PC
8085A	1978 年	6 500	8	8	64KB		未用于 PC
8086	1979 年	29 000	16	16	1MB	4.77/8/10	随 PC 推出
80186	1982 年	100 000	16	16	1MB	8/10/12.5/16	
80188	1982 年	100 000	16	8	1MB	8/10/12.5/16	
80286	1982 年	134 000	16	16	16MB	10/12. 5/16/20	随 PC/XT 推出
I386	1985 年	275 000	32	32	4GB	25/33	386DX
I386SX	1988 年	275 000	32	16	4GB	16/20/25/33	
I486	1989 年	1 200 000	32	32	4GB	25/33/50	486DX
I386SL	1990 年	855 000	32	32	4GB	20/25	用于便携机
I486SX	1991 年	1 185 000	32	32	4GB	16/20/25/33	

1993 年 3 月，Intel 公司又推出了 80586，为 32 位微处理器，其正式名称为 Pentium。Pentium 级以上的 CPU 发展情况如表 1-2 所示。2000 年以后主要 CPU 发展情况如表 1-3 所示。

表 1-2　Pentium 级以上的 CPU 发展情况

型号	年代	外频/MHz	内频/MHz	CPU 架构	核心电压	L1 Cache	L2 Cache	制作工艺/μm	说明
Puntium	1993 年	60/66	60/66	Socket 7	5V	8+8KB		0.6	P5 或 586 AMD K5
Puntium（第二代）	1995 年	66	75/90/100/120/133/150/166/200	Socket 7	3.3V	8+8KB		0.6	P54C
Puntium Pro	1995 年	66	133/166/180/200	Socket 7	2.9V	8+8KB		0.6	P6 或 686
Puntium MMX	1997 年	66	166/200/225/233	Socket 7	2.8V	16+16KB		0.35	P55C AMD K6
Puntium Ⅱ	1997 年	66/100	233～450	Slot 1	2.8/2.0V	16+16KB	512KB	0.35/0.25	
Celeron	1998 年	66	266～533	Slot1/Socket 370	2.0V	16+16KB	128KB	0.25	
PuntiumⅢ	1999 年	100/133	450～1130	Slot1/Socket 370	2/1.7/1.65/1.6V	16+16KB	512/256 KB	0.25/0.18	AMD Athlon
Puntium 4	2000 年	400	1300～	Socket 423/478	1.7/1.75/1.475	16+16KB	256KB	0.18	指初期的参数

表 1-3　2000 年以后主要 CPU 发展情况

Intel 公司产品				AMD 公司产品			
名称	年代	典型代号	工艺	名称	年代	典型代号	工艺
奔腾 3 系列	1999～2001 年	Tualatin	130nm	速龙 XP 系列	1999～2004 年	K7	130 nm
奔腾 4/D 系列	2000～2008 年	NetBurst	65 nm	速龙 64 系列	2003～2007 年	K8	65 nm
酷睿 2 系列	2006～2008 年	Conroe	65/45 nm	羿龙系列	2007～2009 年	K10	45 nm
第一代 Core i 系列	2008～2010 年	Nehalem	32 nm	第一代 APU	2011 年	Llano	32 nm
第二代 Core i 系列	2011 年	Sandy Bridge	32 nm	推土机 FX	2011 年	Bulldozer	32 nm
第三代 Core i 系列	2012 年	Ivy Bridge	22 nm	第二代 APU	2012 年	Piledriver	32 nm

微型计算机的发展与微处理器的发展密切相关，没有先进的微处理器作为微机系统的 CPU，微机的发展便不可能。在众多的微机系统中，IBM PC（个人计算机的简称）及其兼容机的发展最具有代表性，在 Intel x86 微处理器不断更新换代的推动下，微机系统也在不断地推陈出新，从 8086（PC/XT）、80286、80386、80486、Pentium、Pentium II、Pentium III、Pentium 4、Celeron D、Athlon XP、Athlon 64、Duron，到现在的酷睿 2、第一代 Core i 系列、第二代 Core i 系列、第三代 Core i 系列、羿龙系列、第一代 APU、第二代 APU 等微型机，随着 CPU 性能的不断提高，以及大容量存储器的广泛配置，使得微机的整机性能进一步提高。技术的进步、生产的发展、市场的竞争，使微机硬件产品价格不断下降，让更多的人能够买得起，从而极大地推动了计算机技术的普及与提高。

1.1.2　微型计算机的特点

由于微型计算机是采用 LSI 和 VLSI 组成的，因此它除了具有一般计算机的运算速度快、计算精度高、记忆功能和逻辑判断力强、自动工作等常规特点外，还有它自己的独特优点。

（1）体积小，重量轻，功耗低。由于采用了大规模和超大规模集成电路，从而使构成微型计算机所需的器件数目大为减少，体积大为缩小。

（2）可靠性高，使用环境要求低。微型计算机采用大规模集成电路以后，使系统内使用的芯片数大大减少，从而使印制电路板上的连线减少，接插件数目大幅度减少，加之 MOS 电路芯片本身功耗低、发热量小，使微型计算机的可靠性大大提高。

（3）结构简单灵活，系统设计方便，适应性强。微型计算机多采用模块化的硬件结构，特别是采用总线结构后，使微型计算机系统成为一个开放的体系结构，系统中各功能部件通过标准化的插槽和接口相连，用户选择不同的功能部件（板卡）和相应外设就可构成不同要求和规模的微型计算机系统。

（4）性能价格比高。随着大规模和超大规模集成电路技术的不断成熟，集成电路芯片的价格越来越低，微型机的成本不断下降，同时也使许多过去只在大、中型计算机中采用的技术（如流水线技术、RISC 技术、虚拟存储技术等）也在微型机中采用，许多高性能的微型计算机的性能实际上已经超过了中、小型计算机（甚至是大型机）的水平。

1.1.3　微型计算机的分类

微型计算机种类繁多，型号各异，因而人们可以从不同角度对其进行分类。例如，按微处理器的制造工艺、按微处理器的字长、按微型机的构成形式、按应用范围等进行分类。不过，最常见的是按微处理器的字长和按微型机的构成形式来进行分类。

按微处理器字长来分类，微型计算机一般分为 4 位、8 位、16 位、32 位和 64 位机 5 种。按微型机多个部件的组装形式分类，又可分为单片机、单板机和多板微型计算机 3 类。按应用范围分类可以分为服务器（含工作站）、台式机、便携式计算机等。

1.2 微型计算机系统的组成

微型机是由硬件系统（硬件）和软件系统（软件）组成的。硬件是构成微型机的各种物质实体的总称。例如，主机、输入设备、输出设备、存储设备、多媒体设备等均属于硬件，是微型机的物质基础。软件包括微型机正常使用所必需的各种程序和数据，其作用是扩大和发挥微型机的功能，从而使微型机有效地工作。可以说，硬件是微型机的躯体，软件是微型机的头脑和灵魂，两者缺一不可。没有软件的支持，再好的硬件配置也是毫无价值的；没有硬件，软件再好也没有用武之地。只有将两者有效地加以结合，微型机才能发挥作用。

1.2.1 微型计算机的硬件

微型计算机的硬件主要由主机、输入设备、输出设备、存储设备、多媒体设备等构成。

1. 主机

主机一般是指主机箱、主板、CPU、内存条、电源供应器。

主机箱分立式和卧式两种，两者之间没有本质的区别，只是机箱内部各部件的安放位置不一样，用户可以根据自己的爱好进行选择。

主机箱的正面可以看到光盘驱动器，从中可以插入光盘。主机箱的正面含有若干开关和指示灯，用于开机和显示其运行状态。

- 电源开关：用于接通或关闭电源。
- 硬盘指示灯：灯亮后表示硬盘正在进行读/写操作。
- 电源指示灯：灯亮后表示电源接通。
- Reset 开关：用于重新启动微型机，相当于关机后重新开机的效果。

还有光盘驱动器指示灯和按键。

主机箱的背面由一些接口组成，用于连接外部设备。

- 视频插座：位于显卡（显示适配器）上，用于连接显示器信号电缆。
- 并行端口：用于连接打印机或其他并行口外部设备。
- 电源插座：位于电源盒上，用于连接电源线。
- USB 接口：用于连接 USB 接口的设备。
- PS/2 接口：用于连接鼠标或键盘。
- 多功能卡接口：如声卡、网卡、视频卡等的各种接口。

主机箱的内部含有主板、CPU、内存条、显卡、硬盘驱动器、光盘驱动器、电源盒和各种多媒体功能卡（如声卡、网卡、视频卡等）。

（1）主板。主板由微处理器（CPU）插座、芯片组（Chipset）、内存条插槽、BIOS 芯片、总线扩展槽和接口电路等组成，用于控制微型机的运行。

（2）微处理器。微处理器（CPU）是微型机的核心部件，微型机的微处理器主要由运算器、控制器、Cache 和寄存器等部件组成。CPU 主要用于完成各种运算和对其他部件的控制，从而使微型机各部件统一协调工作。目前微处理器的型号主要有闪龙、速龙、羿龙、APU、FX、赛扬、奔腾、酷睿 i3、酷睿 i5、酷睿 i7 等，通常所说的酷睿机、奔腾机即是由此而来。这一块比火柴盒还小的芯片，装有运算器和控制器。运算器用于对信息进行加工（加、减、乘、除等），控制器用于控制微型机有条不紊地运行。

（3）内存。内存是 CPU 可以直接寻址的存储器，专门用于存放程序及待处理的数据，是微型机的记忆中心。内存分为 BIOS 只读存储器、Cache 高速缓冲存储器和内存条随机存储器。

- BIOS 只读存储器：BIOS ROM 是指只能从中读出信息，而不能向其中写入信息，掉电后信息仍保持不变的内存。BIOS ROM 中的信息是由厂家预先写入的系统引导程序、自检程序及输入/输出驱动程序等组成的。

- Cache 高速缓冲存储器：在 CPU 内部或某块板卡内部开设一个为了解决两个部件之间的速度问题的高速缓冲存储器。

- 内存条随机存储器：微型机运行时，系统程序、应用程序和用户数据都临时存放在内存条中，掉电时内存条中的信息随之消失。通常所说的内存大小是指内存条容量的大小，内存条容量以 MB（兆字节）表示。微型机内存容量可以达到 1024～4096MB（1MB=1024KB），甚至更高。

（4）电源盒（电源供应器）。电源盒是安装在一个金属壳体内的独立部件，它的作用是为系统和各种部件提供工作所需要的电源。

除此之外，主机箱内还有显卡、网卡、视频卡、Modem 卡、声卡等。

2. 存储设备

存储设备主要有硬盘、光盘驱动器和移动存储设备等。

（1）硬盘驱动器（硬盘）。硬盘具有读/写速度快、存储容量大等优点。硬盘及其读/写驱动器是全部封装在一起的，寿命长，工作稳定。

（2）光盘驱动器。光盘驱动器是微型机常见的存储设备，包括 DVD 驱动器和蓝光驱动器。

（3）移动存储设备。移动存储设备主要有闪存类存储器和活动硬盘。闪存类存储器的存储介质为半导体电介质，主要有 U 盘和各种存储卡。活动硬盘按不同的连接方式分为两大类：一类是机架内置式活动硬盘，可内置于机箱的 5in 机架上，硬盘安放在一个可抽取的硬盘盒中，可抽出并能随意移动；另一类为外置式活动硬盘，外置于机箱之外，通过 USB 或 eSATA 接口与计算机连接。

3. 输出设备

输出设备主要有显示器、打印机、绘图仪、音响设备、电视机和录像机等。

（1）显示器。显示器又称为监视器，主要用于显示各种数据或画面，是人与微型机之间交换信息的窗口。显示器可以及时地反映出微型机的工作情况和运行结果，并提示用户下一步如何操作，其工作原理与电视机相似。显示器的种类很多，主要有 CRT 和 LCD 显示器，不同类型显示器的分辨率和所能显示颜色的种类及数目不同。

（2）打印机。打印机是微型机的主要输出设备，用于打印结果，输出图像、图形、票据和文字资料。流行的打印机种类有针式打印机、喷墨打印机和激光打印机。

4. 输入设备

微型机的输入设备有键盘、鼠标、麦克风、数码相机、摄像机、录像机和扫描仪等。

（1）键盘。键盘是用户向微型机输入数据和控制微型机的工具。键盘上有一条电缆引出线，用来同主板后面的 PS/2 接口或 USB 接口相连接。

（2）鼠标。鼠标是微型机的一种输入设备，用于增强或代替键盘的光标移动键和其他按键的功能。目前，鼠标已经得到了广泛应用。

（3）扫描仪。扫描仪是图形输入的主要设备，用于将一幅画或者一张相片转换成图形文件加以存储，然后进行相应的处理（如编辑、显示和打印等）。

（4）麦克风。麦克风用于现场录音、语言输入和唱卡拉 OK 等。

5．多媒体设备

多媒体设备主要有视频卡、摄像头、声卡和音箱等。

（1）声卡。如果没有声卡，就无法充分利用多媒体产品。声卡的主要功能是实现声音和数字信号的转换、播放音乐和进行声音编辑（录制、播放和修改等）等。

（2）音箱。音箱是微型机中不可缺少的组成部分，用于将接收到的信号转变成声音。多媒体中的音箱一般要求是有源和防磁的，有源是指可以对较小功率的声音进行放大，防磁是指可以防止音箱中的磁场干扰显示器。

（3）摄像头。摄像头能使微型机捕捉、处理动画图像。

1.2.2 微型计算机的软件

软件分为系统软件和应用软件两大类。

1．系统软件

通常系统软件可以细分为操作系统和各种实用软件。

（1）操作系统。操作系统是系统软件中最基础的部分，是用户和裸机之间的接口。其作用是使用户更方便地使用微型机，以提高微型机的利用率。操作系统主要完成以下工作。

① 统一管理微型机中各种软件、硬件资源。

② 合理组织微型机的工作流程。

③ 协调微型机各部分之间、系统与用户之间、用户与用户之间的关系。

目前，微型机上常用的操作系统有 DOS、Windows 和 Linux 等。

（2）实用软件。在操作系统支持下，有许多实用软件供用户使用，如文字处理软件（如 Word、WPS）、电子表格处理软件（如 Excel）、高级语言及汇编语言的语言处理程序（如编译程序、解释程序和汇编程序）、数据库管理系统、压缩/解压缩软件、多媒体声像同步软件、通信软件、多媒体制作工具（如 Authorware）等。总之，实用软件实际上是一组具有通用目的的程序，这也是它和应用软件的区别所在，尽管这种区别并非那么严格。

2．应用软件

应用软件是具有特定应用目的的程序组。例如：管理软件，如财务管理、档案管理、商业管理等；计算机辅助设计软件；游戏和教学软件；数字信号处理及科学计算程序。

本章小结

微处理器和微型机目前主要有酷睿 2、第一代 Core i 系列、第二代 Core i 系列、第三代 Core i 系列、羿龙系列、第一代 APU、第二代 APU 等。

微型计算机主要由硬件系统和软件系统组成，硬件系统包括主机、存储设备、输出设备、输入设备、多媒体设备等。

软件系统包括系统软件和应用软件。

思考与练习 1

一、填空题

1．世界上第一台电子数字计算机是_____诞生的。先后经历了电子管、晶体管、小规模集成电路及_____集成电路的演变。

2．通常微型计算机的硬件由 6 大部分组成：_____、内存储器、外存储器、输入设备、输出设备和_____。

二、选择题

1．按微处理器字长来分类，微型计算机一般分为 4 位、8 位、16 位、32 位和（　　）机 5 种。

 A．64 位   B．36 位   C．42 位   D．54 位

2．当前 Intel 公司微处理器第三代 Core i 系列产品采用的是（　　）工艺。

 A．32nm   B．22nm   C．42nm   D．18nm

三、简答题

1．请说明微型机的主要分类方法？

2．什么是多媒体计算机？

3．主机箱内包含哪些部件？

4．当前微处理器的主要型号是什么？

5．微型机的主要输出设备有哪些？

6．操作系统主要的工作是什么？

实训 1

一、实训目的和要求

1．了解计算机的发展过程。

2．了解各种微型机的外观。

二、实训条件

存放各种微型机的展览室，当地出售微型机部件和微型机的商场。

三、实训主要步骤

1．参观展览室，了解微型机的发展情况。

2．参观出售微型机的商场，观察各种微型机部件的外观。

第2章 主　　机

微型机的主机主要包括中央处理器、主板、内存条、电源盒和机箱，是控制微型机工作的中心。

2.1　中央处理器

CPU（Central Processing Unit）中文名称为中央处理器或中央处理单元，又称为 MPU（Micro Processing Unit，微处理器），是计算机的大脑，是一块进行算术运算和逻辑运算、对指令进行分析并产生各种操作和控制信号的芯片。CPU 集成了上千万个晶体管，可分为控制单元、逻辑单元、存储单元三大部分。内部结构可分为整数运算单元、浮点运算单元、MMX 单元、L1 Cache 单元、L2 Cache 单元、L3 Cache 单元和寄存器。计算机配置 CPU 的型号实际上代表着计算机的基本性能水平。目前市场上流行的主要是多功能酷睿 2 以上的 CPU，如图 2-1 所示。

世界上生产微型机 CPU 的厂商主要有 Intel、AMD、VIA、Transmeta、IDT、IBM 等。

图 2-1　Intel 处理器外观

2.1.1　CPU 的类型

CPU 的品种很多，主要有不同主频的 CPU、不同接口（针式或接触式）的 CPU、不同用途的 CPU、不同核心数量和 Cache 容量的 CPU、不同前端总线频率的 CPU、不同厂商生产的 CPU。

1．CPU 的接口

486 以上主板配有 CPU 插座，CPU 须单独选购。早期的 CPU 插座支持不同的 CPU 类型情况如表 2-1 所示。

表 2-1　早期的 CPU 插座支持不同的 CPU 类型情况

CPU 接口类型	引脚数	插座类型	电压	支持的 CPU 类型
Socket 1	169	ZIF	5V	Intel 80486DX4/80486SX/OverDrive 系列 CPU
Socket 2	238	ZIF	5V	Intel 80486DX/80486DX2/80486DX4/80486SX/OverDrive 系列 CPU
Socket 3	237	ZIF	5V	Intel 80486DX/80486DX2/80486DX4/80486SX/OverDrive 系列 CPU
Socket 4	273	ZIF	5V	支持 Intel 60～66MHz P5T 系列 CPU
Socket 5	320	ZIF	3.3V	支持 Intel 75～166MHz P54C/P54CS 系列 CPU

续表

CPU 接口类型	引脚数	插座类型	电压	支持的 CPU 类型
Socket 6	235	ZIF	3.3V	Intel 80486DX4/Pentium 系列 CPU
Socket 7	321	ZIF	3.3V	支持 Intel 75~200MHz P54C/P54CS/P55C 系列 CPU； 支持 AMD K5/K6-2/K6-3； 支持 Cyrix 6X86/6X86L/MⅡ/MediaGX
Socket 8	387	ZIF	2.1~3.5V	支持 Intel 150~200MHz Pentuim Pro 系列 CPU
Socket 370	370	ZIF	1.3~3.3V	支持 Intel Celerom/CeleronⅡ/PentiumⅢ Coppermine/Cyrix Joshua 系列 CPU； 支持 Cyrix MⅢ
Socket 423	423	ZIF	1.75V	支持 Intel Pentium 4 CPU（主要为 0.18μm 技术）
Socket 478	478	ZIF	1.75V	支持 Intel Pentium 4 CPU（主要为 0.13μm 以前的技术）
Socket A	462	ZIF	1.3~2.05V	支持 Apple G3 系列 CPU； 支持 AMD 的 Duron/Thunderbird 等核心
Slot 1	242	Slot	1.3~3.3V	支持 Intel Celeron/PentiumⅡ/PentiumⅢ系列 CPU
Slot 2	330	Slot	1.3~3.3V	支持 Intel PentiumⅡ/Pentium Ⅲ Xeon 系列 CPU
Slot A	242	Slot	1.3~3.3V	支持 Intel、AMD K7 Athlon 系列 CPU

目前 CPU 插座的基本情况如下。

（1）LGA 775 又称为 Socket T（图 2-2），是目前应用于 Intel LGA 775 封装的 CPU 所对应的接口，采用此种接口的有 LGA 775 封装的 Intel Core 2 Duo、Pentium 4 EE、Celeron D 等 CPU。与 Socket 478 接口的 CPU 不同，LGA 775 接口的 CPU 的底部没有传统的针脚，而代之以 775 个触点，即并非针式而是触点式，通过与对应的 LGA 775 插槽内的 775 根触针接触来传输信号。LGA 775 接口不仅能够有效提升处理器的信号强度、提升处理器频率，同时还可以提高处理器生产的优品率、降低生产成本。

图 2-2　采用 LGA 775 接口的 CPU 插座

（2）LGA 1156 和 LGA 1155 接口。LGA 1156 的处理器是 Intel 64 位平台的封装方式，触点阵列封装，又称 Socket T，通常称为 LGA，LGA 1156 意思是采用 1156 触点的 CPU。其封装方式特征只是一个个整齐排列的金属圆点，因而 CPU 需要一个安装扣架固定，使 CPU 可以正确压在 Socket 露出来的具有弹性的触须上。LGA 可以随时解开扣架而更换芯片。LGA 1156 在 Core i5（酷睿 i5）使用。Core i5 采用的是成熟的 DMI（Direct Media Interface），相当于内部集成所有北桥的功能，采用 DMI 用于准南桥通信，并且只支持双通道的 DDR3 内存。

LGA 1155 是 LGA 1156 的升级版本，适用于第二代酷睿 i3、i5、i7，并兼容第三代酷睿 i3、i5 和 i7。LGA 1156 只能使用第一代酷睿 i3、i5、i7。 LGA 1156 和 LGA 1155 两种接口互不兼容。

　　LGA 1155 接口是 SNB 架构的 32nm 处理器，由于架构优势，Core i7 2600 性能相较于上代 Core i7 8xx 、9xx 系列提升非常明显，一般在 10%以上。由于制程优势，虽然集成了 HD3000 显卡，功耗依然在 95W。而搭载的主板 H67、P67 价格则非常合理。就性价比而言，在高端市场性能明显更强，因而性价比出色。

　　（3）LGA 1366 和 LGA 2011 接口。LGA 1366 的处理器代号为 Bloomfield，采用经过改良的 Nehalem 核心，拥有原生四核物理核心，采用 45nm 制造工艺，内置内存控制器，拥有 4×256KB 二级高速缓存，8MB 三级共享缓存。同时通过 SMT 技术，可将物理四核虚拟成八逻辑核心、三通道 DDR3 内存通过 QPI 连接。支持 LGA 1366 架构的 x58 芯片组主板，并将会支持超线程技术。LGA 1366 基本就是 LGA 775 的放大版，和 LGA 775 一样，LGA 1366 主板插槽与 CPU 之间以触点的形式连接。相比 LGA 775，LGA 1156 插槽中的触点排列更加细密，损坏的可能性也就更高。因此，所有 x58 主板在出厂时，插槽内都加盖了保护盖以防止误伤触点。保护盖上还粘贴了警示语"只在安装 CPU 时去除保护盖"。LGA 1366 接口在 Core i7（酷睿 i7）上使用。

　　LGA 2011，又称为 Socket R（图 2-3），是 Intel Sandy Bridge-E 微架构 CPU 所使用的 CPU 接口。LGA 2011 接口将取代 LGA 1366 接口，成为 Intel 新的旗舰产品。LGA 2011 接口有 2011 个触点，包含以下特性。

　　① 处理器最高可达 8 核。

　　② 支持四通道 DDR3 内存。

　　③ 支持 PCI-E 3.0 规范。

　　④ 芯片组使用单芯片设计，支持两个 SATA 3Gbps 和多达 10 个 SATA/SAS 6Gbps 接口。

　　（4）Socket AM2（AM2+）接口。Socket AM2（940 根 CPU 针脚）是 2006 年 5 月底发布的支持 DDR2 内存的 AMD 64 位桌面 CPU 的接口标准，支持双通道 DDR2 内存。目前采用 Socket AM2 接口的有低端的 Sempron、中端的 Athlon 64、高端的 Athlon 64 X2，以及顶级的 Athlon 64 FX 等全系列 AMD 桌面 CPU，支持 200MHz 外频和 1000MHz 的 HyperTransport 总线频率，支持双通道 DDR2 内存，其中 Athlon 64 X2 及 Athlon 64 FX 最高支持 DDR2 800，SempronAthlon 64 最高支持 DDR2 667。AM2 和 AM2+接口的主要区别：AM2 的 HyperTransport 只是 1.0/2.0 标准，而 AM2+ 的 HyperTransport 总线则是 3.0 标准，同时 AM2+支持 AMD Phenom™II X6 六核心中央处理器。

　　（5）Socket AM3 接口。Socket AM3 接口有 938 根 CPU 针脚，如图 2-4 所示，是一个 CPU 接口规格。所有的 AMD 桌面级 45nm 处理器均采用了 Socket AM3 插座，它有 938 针的物理引脚，这也就意味着 AM3 的 CPU 可以与原来的 Socket AM2+插座甚至是更早的 Socket AM2 插座在物理上是兼容的，因为后两者的物理引脚数均为 940 针，事实上 Socket AM3 处理器也完全能够直接工作在 Socket AM2+ 主板上（BIOS 支持）。AM2+和 AM3 接口的主要区别是 AM3 支持双通道 DDR3 1666 内存架构。

图 2-3　LGA 2011 接口的 CPU 插座　　　　　图 2-4　AMD Socket AM3 接口的 CPU 插座

2.1.2　主流 CPU 简介

1.　Intel 系列 CPU

CPU 是微机的核心，它的性能高低直接影响着整台微机性能的优劣，现在能见到的 Intel 系列 CPU 绝大部分是酷睿 i7（第三代或第四代）、酷睿 i5（第三代或第四代）、酷睿 i3、酷睿四核、酷睿双核、奔腾双核、赛扬双核等。

（1）Core 2 Duo E6300。

2006 年 7 月，Intel 发布了基于 Core 架构的个人桌面处理器——Conroe（图 2-5）。Conroe 处理器，它摒弃了以高流水线、高频率为主的 NetBurst 架构，采用了类似于 Pentium M Banias 的短流水线、低功耗设计。Core 架构处理器，让 Intel 重新回归正道。

作为 Core 2 Duo 系列最低型号的一款处理器，E6300 采用 65nm 工艺制造、双核心设计，主频为 1.86GHz，二级缓存为 2MB，支持 1 066MHz FSB。

（2）酷睿 i3。

Core i3 可看作是 Core i5 的进一步精简版，将有 32nm 工艺版本（研发代号为 Clarkdale，基于 Westmere 架构）。Core i3 最大的特点是整合 GPU（图形处理器），也就是说 Core i3 将由 CPU+GPU 两个

图 2-5　Intel Core 2 Duo 和 Core 2 Quad CPU

核心封装而成。由于整合的 GPU 性能有限，用户想获得更好的 3D 性能，可以外加显卡。值得注意的是，即使是 Clarkdale，其显示核心部分的制作工艺仍会是 45nm。

在规格上，Core i3 的 CPU 部分采用双核心设计，通过超线程技术可支持 4 个线程，三级缓存由 8MB 削减到 4MB，而内存控制器、双通道、智能加速、超线程等技术还会保留，并且同样采用 LGA 1156 接口。

（3）酷睿 i5。

酷睿 i5（图 2-6）主频为 3.33GHz，自动启用 Turbo Boost 技术后，可以达到 3.6GHz 的主频，功耗仅为 73W。CPU 部分采用 32nm 的制作工艺，GPU 部分采用 45nm 制作工艺，架构仍是沿用 Intel 的 GMA 整合显示核心架构，在 G45 自带的 GMA X4500 上进行了加强优化，使其拥有更高的执行效率。图形核心可以支持 MPEG2、VC-1 及 H.264（AVC）的 1080P 高清解码，同时还增加了 Dual Stream 双流硬件解码能力，可以同时支持两组 1080P 高清播放。

同时在 Post Processing 预处理方面，增加支持 Sharpness 功能及 xvYCC 运算，输出方面支持两组独立 HDMI 高清输出，并追加 12Bit Color Depth 。音效方面，则增加了 Dolby True HD 及 DTS-HD Master Audio 输出支持，以迎合 HTPC 高清应用需要。新酷睿 i5-661 内部完全整合的 GPU 和北桥功能是连高级酷睿 i7 都无法比拟的。

（4）酷睿 i7。

Intel Core i7（图 2-7）是一款 45nm 原生四核处理器，处理器拥有 8MB 三级缓存，支持三通道 DDR3 内存，基于全新 Nehalem 架构。处理器采用 LGA 1366 触点设计，支持第二代超线程技术，也就是处理器能以八线程运行。同频 Core i7 比 Core 2 Quad 性能要高出很多。

Intel 发布 Sandy Bridge 的 22nm 工艺改进版，代号为 Ivy Bridge，对应的主力 CPU 将命名为"第三代 Core i3/i5/i7"。代号/微架构为 Ivy Bridge，其对应的主力 CPU 才是真正的"第三代 Core i3/i5/i7"，统称为"第三代智能酷睿处理器"，Ivy Bridge 主要是 Sandy Bridge 的 22nm 工艺改进

版，并非新架构，第三代 Core i3/i5/i7（Ivy Bridge）带来了 5 大重要改进：

图 2-6　Intel 酷睿 i5 CPU　　　　　　　　图 2-7　Intel 酷睿 i7 CPU

① 22nm 3-D 晶体管，更低功耗、更强效能。

② 新一代核心显卡，GPU 支持 DX11、性能大幅度提升。

③ 核心与指令集的优化，同频下 CPU 性能更强。

④ 新技术，如第二代高速视频同步技术、PCI-E 3.0 等。

⑤ 安全性，系统更安全。

Intel 的三栅极（Tri-Gate）3-D 晶体管技术是历史性的突破，相比之前的 32nm 平面晶体管，相同性能下功耗降低一半，对于笔记本平台有重大意义。对于桌面平台，它意味着 CPU 拥有更低的功耗与更好的超频潜力。

第三代 Core i3/i5/i7 内置新一代核心显卡，这是 Ivy Bridge 最大的改进部分，最重要的一点就是终于支持 DX11 技术，包括 SM5、计算着色器、曲面细分技术等。这次在 Core i3/i5/i7 上，同样会有两种型号的核心显卡，高端型号命名为 HD Graphics 4000，主流型号命名为 HD Graphics 2500，新的核心显卡 4000/2500 还支持第二代英特尔高速视频同步技术（Intel Quick Sync Video）、三屏独立输出、OpenCL 运算等。

2．AMD 系列 CPU

现在能见到的 AMD 系列 CPU 主要有羿龙 II 六核、羿龙 II 四核、羿龙 II 双核、速龙 II 四核、速龙 II 三核和速龙 II 双核。

（1）Athlon II X4 630。

Athlon II X4 630（速龙 II 四核）是基于 Athlon 品牌的四核处理器（图 2-8），核心代号为 Propus，同时也是 AMD 第二款面向主流市场推出的四核处理器（第一款为 Athlon II X4 620）。Athlon II X4 630 的核心频率为 2.80GHz，内置双通道 DDR2/DDR3 内存控制器，配备有 2MB L2 缓存（每个核心 512KB），没有 L3 缓存。TDP（热设计功耗）功耗为 95W。

（2）AMD 羿龙 II X4。

AMD Phenom II X4 960T（羿龙 II 四核）研发代号为 Thuban（图 2-9），基于 45nm 工艺制作。主频频率为 3.0GHz，Phenom II X4 960T 采用三级缓存设计，每个核心拥有独立的一、二级缓存，分别为 128KB 和 512KB，4 个核心共享 6MB 三级缓存。处理器采用了 AM3 接口的设计，因而能够完美支持即将成为主流的 DDR3 内存。兼容性方面，该处理器产品同之前所发布的羿龙 II 产品一样，都能够完美地向下兼容，使之能够更加适宜玩家升级。可以看出，优秀的兼容性使这款全新产品有了更多的优势。AMD Phenom II X4 960T 处理器采用了 45nm 工艺制程，支持 MMX、3DNow SSE（1/2/3/4A）、x86-64 及 AMD-V 等功能和指令集，该产品的 TDP 功耗为 95W。

图 2-8　AMD 速龙 Ⅱ X4 630

图 2-9　AMD 羿龙 Ⅱ X4 965

（3）AMD 羿龙 Ⅱ X6。

Phenom Ⅱ X6 1100T（羿龙 Ⅱ 六核）处理器，如图 2-10 所示。其型号分别为羿龙 Ⅱ X6 1090T、羿龙 Ⅱ X6 1075T、羿龙 Ⅱ X6 1055T 和羿龙 Ⅱ X6 1035T。Phenom Ⅱ X6 1000T 系列的研发代号为 Thuban，采用 45nm SOI 制作工艺，拥有 6MB 三级缓存，支持双通道 DDR3 1333内存。全新的六核处理器产品的 TDP 热设计功耗为 95W 或 125W，而其他规格将与 Phenom Ⅱ 系列保持一致。采用了 AM3 接口的设计，因而完美兼容 AM3/AM2+主板，用户只需要刷写最新 BIOS 即可完美支持六核 CPU。当然，在 Phenom Ⅱ X6 1000T 系列六核处理器上，我们还看到了 AMD 的一项全新的技术，那就是引入的最新动态加速技术——"Turbo Core"。

图 2-10　AMD 羿龙 Ⅱ X6 1100T

2.1.3　CPU 的主要性能指标

CPU 作为整个微机系统的核心，往往是各种档次微机的代名词，如 Pentium 4、Intel Core 2 Duo、Intel Core i7、AMD 羿龙 Ⅱ X6 等。CPU 的性能大致上也反映了所配置微机的性能，因而它的性能指标十分重要。

（1）时钟频率是 CPU 在单位时间（1s）内发出的脉冲数，常用 MHz 或 GHz 为单位。时钟频率越高，运算速度就越快。

现在的 Intel Core i7 和 AMD 羿龙 Ⅱ X6 处理器工作频率都超过了 3GHz。

（2）外部时钟频率（外频）和倍频。外部时钟频率表示系统总线的工作频率；倍频是指 CPU 的外频与主频相差的倍数。三者有十分密切的关系：主频=外频×倍频。

（3）前端总线频率。前端总线英文名称为 Front Side Bus，一般简写为 FSB。前端总线频率指的是数据传输的实际频率，即每秒钟 CPU 可接收的数据传输量。前端总线的速度越快，CPU 的数据传输就越迅速。前端总线的速度主要是用前端总线的频率来衡量。现在处理器的 FSB 频率等于外频的 4 倍。

（4）超线程技术（Hyper-Threading，HT）。它是 Intel 针对 Pentium 4 指令效能比较低这个问题而开发的。超线程是一种同步多线程执行技术，采用此技术的 CPU 内部集成了两个逻辑处理器单元，相当于两个处理器实体，可以同时处理两个独立的线程。通俗一点说，超线程就是能把一个 CPU 虚拟成两个，相当于两个 CPU 同时运作，从而达到了加快运算速度的目的。

（5）运算速度。CPU 的运算速度通常用每秒执行基本指令的条数来表示，常用的单位是 MIPS（Million Instruction Per Second），即每秒百万条指令数，是 CPU 执行速度的一种表示方式。

（6）Cache 的容量和速率。Cache 称为缓存，是可以进行高速数据交换的存储器，它先于内存与CPU交换数据，因而速度很快。L1 Cache（一级缓存）是 CPU 第一层高速缓存。内置的 L1 高速缓存的容量和结构对 CPU 的性能影响较大，一般 L1 缓存的容量通常在 20~256KB。L2 Cache（二级缓存）是 CPU 的第二层高速缓存，现在主流 CPU 的 L2 高速缓存容量最大的是 256KB~4MB。L3 Cache（三级缓存）是 CPU 的第三层高速缓存，L3 高速缓存容量达 8M 以上。

（7）核心（Die）又称为内核，是CPU最重要的组成部分。CPU 中心那块隆起的芯片就是核心，是由单晶硅以一定的生产工艺制造出来的，CPU 所有的计算、接收/存储命令、处理数据都由核心执行。各种 CPU 核心都具有固定的逻辑结构，一级缓存、二级缓存、执行单元、指令级单元和总线接口等逻辑单元都会有科学的布局。

不同的 CPU（不同系列或同一系列）都会有不同的核心类型与核心数量，一般说来，新的核心类型往往比老的核心类型具有更好的性能。

双核处理器就是基于单个硅晶片的一个处理器上拥有两个一样功能的处理器核心，也就是将两个物理处理器核心整合到一个内核中。双核心处理器的性能较单核心处理器有所提升。对于进行专业视频、3D 动画和 2D 图像处理的用户来说，可以考虑四核心或六核心的系统。

（8）64 位技术。64 位技术是相对于 32 位而言的，这个位数指的是 CPU GPRs（General-Purpose Registers，通用寄存器）的数据宽度为 64 位，64 位指令集就是运行 64 位数据的指令，也就是说处理器一次可以运行 64 位数据。要实现真正意义上的 64 位计算，只有 64 位的处理器是不行的，还必须有 64 位的操作系统及 64 位的应用软件才行。目前主流 CPU 使用的 64 位技术主要有 AMD 公司的 AMD 64 位技术、Intel 公司的 EM64T 技术和 IA-64 技术。

（9）支持的扩展指令集。SSE（Streaming SIMD Extensions，单指令多数据流扩展）指令集包括了 70 条指令，其中包含提高 3D 图形运算效率的 50 条 SIMD（单指令多数据技术）浮点运算指令、12 条 MMX 整数运算增强指令、8 条优化内存中连续数据块传输指令。理论上这些指令对目前流行的图像处理、浮点运算、3D 运算、视频处理、音频处理等诸多多媒体应用起到全面强化的作用。

SSE2（Streaming SIMD Extensions 2）称为 SIMD 流技术扩展 2 或数据流单指令多数据扩展指令集 2，SSE2 使用了 144 个新增指令，扩展了 MMX 技术和 SSE 技术，这些指令提高了广大应用程序的运行性能。随 MMX 技术引进的 SIMD 整数指令从 64 位扩展到了 128 位，使 SIMD 整数类型操作的有效执行率成倍提高。双倍精度浮点 SIMD 指令允许以 SIMD 格式同时执行两个浮点操作，提供双倍精度操作支持有助于加速内容创建、财务、工程和科学应用。

SSE3（Streaming SIMD Extensions 3）称为 SIMD 流技术扩展 3 或数据流单指令多数据扩展指令集 3，SSE3 在 SSE2 的基础上又增加了 13 个额外的 SIMD 指令。SSE3 中 13 个新指令的主要目的是改进线程同步和特定应用程序领域，如媒体和游戏。这些新增指令强化了处理器在浮点转换至整数、复杂算法、视频编码、SIMD 浮点寄存器操作及线程同步等 5 个方面的表现，最终达到提升多媒体和游戏性能的目的。

SSE4 指令集让 45nm Penryn 处理器增加了两个不同的 32 位向量整数乘法运算单元，并加入 8 位无符号（Unsigned）最小值及最大值运算，以及 16 位及 32 位有符号（Signed）运算。SSE4 加入了 6 条浮点型点积运算指令，支持单精度、双精度浮点运算及浮点产生操作，在面对支持 SSE4 指令集的软件时，可以有效地改善编译器效率、提高向量化整数及单精度代码的运算能力。同时，SSE4 改良插入、提取、寻找、离散、跨步负载及存储等动作，使向量运算进一步专门化。SSE4 指令集提供完整 128 位宽的 SSE 执行单元，一个时钟周期内可执行一个 128 位 SSE 指令，它将为我们带来非常可观的多媒体应用性能的提升。

SSE4.2 在 SSE4.1 指令集的基础上又加入了几条新的指令。SSE4.2 指令集新增的部分主要包括 STTNI（String and Text New Instructions）和 ATA（Application Targeted Accelerators）两个部分。以往每一次的 SSE 指令集更新都主要体现于多媒体指令集方面，不过此次的 SSE4.2 指令集却是加速对 XML 文本的字符串操作、存储校验等。采用 SSE 4.2 指令集后，XML 的解析速度最高为原来的 3.8 倍，而指令周期节省可以达到 2.7 倍。此外，在 ATA 领域，SSE 4.2 指令集对于大规模数据集中处理和提高通信效率都会发挥应有的作用。

SSE4A 指令集是 AMD 公司针对 2007 年同期英特尔 45nm 处理器推出的 SSE4 指令集而修改而来，英特尔的 SSE4 会增加 48 条指令，SSE4A 则去除其中对 I64 优化的指令，保留图形、影音编码、3D 运算、游戏等多媒体指令，并完全兼容。

（10）CPU 的虚拟化技术可以单 CPU 模拟多 CPU 并行，允许一个平台同时运行多个操作系统，并且应用程序都可以在相互独立的空间内运行而互不影响，从而显著提高计算机的工作效率。

虚拟化技术与多任务及超线程技术是完全不同的。多任务是指在一个操作系统中多个程序同时并行运行，而在虚拟化技术中，则可以同时运行多个操作系统，而且每一个操作系统中都有多个程序运行，每一个操作系统都运行在一个虚拟的 CPU 或者是虚拟主机上；而超线程技术只是单 CPU 模拟双 CPU 来平衡程序运行性能，这两个模拟出来的 CPU 是不能分离的，只能协同工作。

（11）生产工艺技术是指在硅材料上生产 CPU 时内部各元器件间的连线宽度，一般用纳米（nm）表示。纳米数值越小，生产工艺越先进，CPU 内部功耗和发热量就越小。目前生产工艺为 45nm 以下。

2.1.4　CPU 的散热器

目前最常见的 CPU 散热器从原理上主要分为两大类：一类是采用液体散热，包括水冷、油冷等；另一类最常采用的就是风冷散热方式，即在一块散热片上面镶嵌一个风扇，该方式主要优点是成本低，制作和安装都非常简单。

风冷散热器主要包括两部分：一部分是散热片，另一部分是散热风扇。平时一般都把风冷散热器简称为风扇（图 2-11）。散热风扇好坏固然重要，散热片也非常重要，而且在更大程度上决定了风冷散热器散热效果的好坏。

图 2-11　不同的 CPU 风扇或散热器

散热器的热传导主要是由所采用的散热片材料决定的，因此现在大多数散热片都是采用轻而坚固的铝材料制作的，其中铝合金的热传导能力不错，现在很多 CPU 风冷散热器都采用铝合金制作。

风冷散热器的对流是通过散热片上的散热风扇来实现的，要想对流效果好，就需要散热风扇提供足够的风量，以确保凉爽的空气可以源源不断地补充进来。散热风扇主要分为滑动轴承风扇和滚珠风扇两种。滑动轴承风扇成本低，但噪声大，转速也不太高；滚珠风扇噪声小，转速高，但生产成本也高。

为了加速对流，部分散热器在散热片底板上打了一些孔，使得风扇风可以吹到 CPU 压在散热片下的部分。这样的设计新颖而实用，还有的风冷散热器精心设计了散热鳍片的角度，使风可以更为有效地带走热量。

散热风扇的好坏与散热片的形状、风扇的转速、材料的热容量、风扇电源和功率有关。

2.2 主板

主板又称为主机板、系统板、母板等，是 PC 的核心部件，如图 2-12 所示。它一般是一块 4 层的印制电路板（也有些是 6 层的），分上、下表面各一层，中间两层。

2.2.1 主板的分类

主板的分类和基本结构。

1. 主板的分类

主板一般有几种分类方法：按 CPU 的插座划分、按使用的芯片组划分、按主板的结构划分、按主板的应用范围划分、按主板的某些主要功能划分等。主要是以 CPU 的插座划分和主板的结构划分为主。

（1）按主板上使用的 CPU 插座划分，有 LGA 775（触点式）主板、LGA 1156 主板、LGA 1155 主板、LGA 1366 主板、LGA 2011 主板、Socket AM3（938 针）主板、Socket AM2+（940 针）

图 2-12　主板的外观

主板、Socket AM2（940 针）主板等。每一种 CPU 插座可以插不同类型的 CPU。

（2）按主板的应用范围划分，有不同应用范围，主板被设计成各不相同的类型，分为台式机主板、便携式计算机主板和服务器/工作站主板。

（3）按主板所使用的芯片组划分，有 Intel 公司生产的芯片组、AMD 公司生产的芯片组、VIA 公司生产的芯片组、SiS 公司生产的芯片组、nVIDIA 公司生产的芯片组。每个公司有不同档次的芯片组，如 Intel 公司生产的芯片组有 Intel Z87、X79、H87、Z68、B85、Z77、P67、H67、H61、H55、P55、X58、P45、P43 等芯片组，AMD 公司生产的芯片组有 AMD A55、A75、990FX、890FX、890GX 等。

（4）按主板的结构划分，有 ATX 结构、BTX 结构和 Mini-ITX 结构的主板。

ATX 是 Intel 制定的主板结构标准。ATX 是 AT Extend 的缩写。ATX 主板是现在主板结构的主流。该类主板比原来的 AT 主板设计更为先进、合理，与 ATX 电源结合得更好。ATX 主板的面积比 AT 主板要大一些，IDE 接口都被移到了主板中间，并且直接将 USB 接口、打印接口和 PS/2 接口集成在主板上。目前，很多整机生产厂家都采用了 ATX 标准。

MicroATX 主板把扩展插槽减少为 3～4 个，DIMM 插槽为 2～3 个，从横向减小了主板宽度，其总面积减小约 0.92in^2，比 ATX 标准主板结构更为紧凑。按照 MicroATX 标准，板上还应该集成图形和音频处理功能。目前很多品牌机主板使用了 MicroATX 标准。

BTX 主板是 ATX 主板的改进型，它使用窄板（Low-profile）设计，窄板设计能使部件的布局更加紧凑；针对机箱内外气流的运动特性，对主板的布局进行了优化设计，因而能使计算机的散热性能和效率更高，噪声更小；主板的安装拆卸也变得更加简便。

BTX 在一开始就制定了三种规格，分别为标准 BTX（325.12mm）、MicroBTX（264.16mm）和 Low-profile 的 PicoBTX（203.20mm）。三种 BTX 的宽度都相同，都是 266.7mm。

Mini-ITX 是由威盛电子主推的主板规格，Mini-ITX 主板能用于 MicroATX 或 ATX 机箱，尺寸为 17cm×17cm。

2. 主板的基本结构

主板是整个微机内部结构的基础，不管是 CPU、内存、显示卡，还是鼠标、键盘、声卡、网卡，都得靠主板来协调工作。

主板采用了开放式结构。主板上都有 6～8 个扩展槽，供 PC 外围设备的控制卡（适配器）插接。主板的类型和档次决定着整个微机系统的类型和档次，主板的性能影响着整个微机系统的性能。

在主板上集成了一些功能部件，如光驱接口、硬盘控制接口、串/并行接口、鼠标接口、USB 接口、PS/2 接口、eSATA 接口、IEEE 1394 接口等，有的甚至连网卡、声卡、Modem 卡、显卡也集成在主板上。

在主板的众多集成电路中，是有重要程度之分的。有几块超大规模集成电路控制芯片决定了主板的性能，这几块芯片称为"芯片组"。芯片组是主板的控制核心，整个主板就是围绕芯片组来设计的，因而主要芯片组的性能决定了主机板的功能和档次。CPU 只与芯片组直接打交道，芯片组作为 CPU 全权代表，处理 CPU 与内存、高速缓存、PCI 插卡、光驱、硬盘等外部设备的联系。

2.2.2　主板的组成

主板各部件的名称如图 2-13 所示。

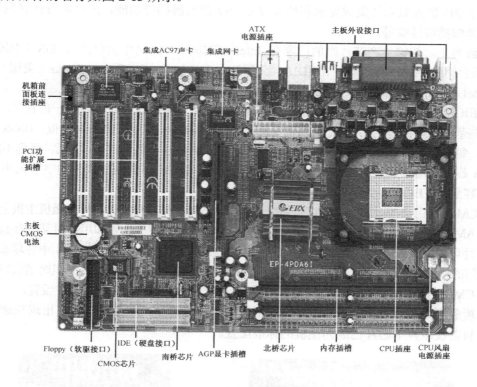

图 2-13　主板各部件的名称

1. 主板的主要芯片

（1）芯片组（图 2-14）决定了主板的功能，进而影响到整个计算机系统性能的发挥，芯片组是主板的灵魂。芯片组性能的优劣，决定了主板性能的好坏与级别的高低。

芯片组的分类，按用途可分为服务器/工作站、台式机、笔记本芯片组等类型，按芯片数量可分为单芯片组、标准的南北桥芯片组和多芯片组（主要用于高档服务器/工作站），按整合程度的高低，还可分为整合型芯片组和非整合型芯片组等。

图 2-14　芯片组

标准南北桥主板芯片组中的 CPU 的类型、主板的系统总线频率、显卡插槽规格，以及内存的类型、容量和性能都是由芯片组中的北桥芯片决定的。北桥芯片一般在 CPU 插槽和内存插槽附近，而且常常盖着散热片。北桥芯片主要负责管理 CPU、内存、AGP 这些高速的部分。而扩展槽的种类与数量、扩展接口的类型和数量（如 USB 3.0/2.0、SATA、IEEE 1394、串口、并口、IDE 接口等）都是由芯片组的南桥决定的。南桥芯片一般位于主板上离 CPU 插槽较远的下方、PCI 插槽的附近，这种布局是考虑到它所连接的 I/O 总线较多，离处理器远一点有利于布线。还有些芯片组由于纳入了 3D 加速显示（集成显示芯片）、AC′97 声音解码等功能，还决定着计算机系统的显示性能和音频播放性能等。

到目前为止，能够生产芯片组的厂家有 Intel（美国）、VIA（中国台湾）、SiS（中国台湾）、ALi（中国台湾）、AMD（美国）、nVIDIA（美国）、ATI（加拿大）、Server Works（美国）等几家，其中以 Intel 和 VIA 的芯片组最为常见。

（2）BIOS 称为基本输入/输出系统（Basic Input/Output System），其本身就是一段程序，负责实现主板的一些基本功能和提供系统信息。由于主板设计具有多样性，对应的每一种主板，BIOS 的设计是不一样的，每块主板都对应各自的 BIOS。当 BIOS 不正确时，主板轻则工作不正常，重则不能启动。

BIOS 芯片（图 2-15）确切地说是一个只读存储器（ROM）。根据 BIOS 的字节大小，主板会使用相应容量的 EEPROM。

（3）CMOS（由互补金属氧化物半导体组成的一种大规模集成电路）芯片是微机主板上的一块可读写的 RAM 芯片，只有数据保存功能，用来保存当前系统的硬件配置和用户对某些参数的设定。CMOS 芯片可由主板的电池供电，即使关闭机器，信息也不会丢失。而对 CMOS 中各项参数的设定要通过专门的程序。现在多数厂家将 CMOS 设置程序做到了 BIOS 芯片中，在开机时通过特定的按键就可进入 CMOS 设置程序，方便对系统进行设置，因而 CMOS 设置又称为 BIOS 设置。

（4）板载音效芯片是指主板所整合的声卡芯片。板载声卡芯片（图 2-16）出现在越来越多的主板中，目前板载声卡芯片已成为主板的标准配置。

图 2-15　BIOS 芯片

图 2-16　板载 ALC892R 声卡芯片

（5）板载网卡芯片（图 2-17）是指整合了网络功能的主板所集成的网卡芯片，与之相对应，在主板的背板上也有相应的网卡接口（RJ-45），该接口一般位于音频接口或 USB 接口附近。

2. 主板的插槽

（1）内存条插槽（图 2-18）的作用是安装内存条。常见的内存条插槽有 DIMM（DDR 为 184 线、DDR2 为 240 线、DDR3 为 240 线）。插槽的线数是与内存条的引脚数一一对应的，线数越多，插槽越长。

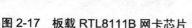

图 2-17　板载 RTL8111B 网卡芯片

图 2-18　240 线的内存条插槽

提供给 DDR 内存条的插槽可以提供 64 位线宽的数据，工作电压为 2.5V。提供给 DDR2 内存条的插槽可以提供 64 位线宽的数据，工作电压为 1.8V，DDR2 传输速率是 DDR 的两倍，DDR3 传输速率是 DDR2 的两倍。

（2）PCI 插槽（图 2-19）。PCI 是 Peripheral Component Interconnect 的缩写，可翻译为"外部设备互联"。它是一个先进的高性能局部总线，大部分主板都有 3～8 个 PCI 插槽，PCI 扩展插槽具有较高的数据传输速率及很强的负载能力（相对于 ISA、VL 而言），并可适用于多种硬件平台。在它上面可以插入标准选件，如网卡、多功能 I/O 卡、解压卡、Modem 卡、声卡等。

（3）AGP 插槽（图 2-20）。AGP 是 Accelerated Graphics Port 的缩写（高速图形端口），又称为 AGP 总线，是 Intel 公司为提高计算机系统的 3D 显示速度而开发的，仅用于 AGP 显卡的安装。AGP 端口标准已由 AGP 1.0（1X、2X）发展到 AGP 2.0（AGP 4X）和 AGP 3.0（AGP 8X），最大数据传输速率可高达 2132MB/s。

图 2-19　PCI 扩展插槽

图 2-20　AGP 插槽

AGP 插槽性能参数如表 2-2 所示。

表 2-2　AGP 插槽性能参数

项目	AGP1.0		AGP 2.0（AGP 4X）	AGP 3.0（AGP 8X）
	AGP 1X	AGP 2X		
工作频率	66MHz	66MHz	66MHz	66MHz
传输带宽	266MB/s	533MB/s	1066MB/s	2132MB/s

续表

项目	AGP1.0		AGP 2.0（AGP 4X）	AGP 3.0（AGP 8X）
	AGP 1X	AGP 2X		
工作电压	3.3V	3.3V	1.5V	1.5V
单信号触发次数	1	2	4	4
数据传输位宽	32b	32b	32b	32b
触发信号频率	66MHz	66MHz	133MHz	266MHz

常用的 AGP 接口为 AGP 4X 和 AGP 8X 接口。AGP 8X 规格与 AGP 1X/2X 模式不兼容。而对于 AGP 4X 系统，AGP 8X 显卡可以在其上工作，但仅会以 AGP 4X 模式工作，无法发挥 AGP 8X 的优势。

（4）PCI-Express 插槽（图 2-21）。PCI-Express 技术于 2002 年年底被审核批准，而拥有 PCI-Express 技术的主板也正式面世。这项技术将在未来 10 年甚至更长的时间内解决带宽不足的问题。当前，PCI-Express 共分为 6 种规格。

这 6 种规格分别为 x1、x2、x4、x8、x12、x16。其中 x4、x8 和 x12 三种规格是专门针对服务器市场的，而 x1、x2 及 x16 这三种规格则是为普通计算机设计的。

图 2-21　PCI-Express x1 和 x16 插槽

PCI-Express 技术传输数据速率的性能指标含义，x1 表示有 1 条数据通道，x2 表示有 2 条数据通道，x4 表示有 4 条数据通道，以此类推。其中每条数据通道均由 4 个针脚组成。PCI-Express 可达到的带宽比较如表 2-3 所示。

表 2-3　PCI-Express 可达到的带宽比较

PCI-Express 标准	数据通道与带宽
x1	500MB/s（单数据通道—双向）
x2	1000MB/s（双数据通道—双向）
x4	2000MB/s（4 倍数据通道—双向）
x8	4000MB/s（8 倍数据通道—双向）
x12	6000MB/s（12 倍数据通道—双向）
x16	8000MB/s（单向 4000MB/s，双向）

3. 主板的插座

（1）在主板的 CPU 插座上，用户可以根据自己的需要选择安装 CPU。不同档次的 CPU 需要不同类型的 CPU 插座。

CPU 插座主要有 Intel 公司的 LGA 775（触点式）、LGA 1366（触点式）、LGA 2011（触点式）、LGA 1156（触点式）、LGA 1155（触点式），AMD 公司的 Socket AM3（938 针式）、Socket AM2+（940 针式）、Socket AM2（940 针式）等。每一种 CPU 插座可以插不同类型的 CPU。LGA CPU 插座的形状如图 2-22 所示。

Socket CPU 插座如图 2-23 所示，仔细观察 Socket CPU 插座上的针孔，可以发现左下角最外层缺少一个孔，这是 CPU 的定位标记。

CPU 背面的某个角上常有一个白点或缺一小块，这是表示集成电路的定位脚位置，只要将它和 Socket 插座的定位标记对准，然后插进去就可以了。

图 2-22　Intel 公司 LGA 2011（触点式）CPU 插座　　图 2-23　AMD Socket AM3（938 针孔）CPU 插座

（2）硬盘和光驱插座。

① EIDE 插座最重要的用处是连接 EIDE 硬盘（早期产品）和 EIDE 光驱。现在主板的传输速度一般在 133MB/s 和 150MB/s 以上。

586 以后的主板都集成了 EIDE（硬盘驱动器）接口插座（图 2-24）。该功能也可以通过 BIOS 设置或跳线开关来屏蔽。EIDE 插座一般为 40 针双排针插座，586 主板上都有两个 EIDE 设备插座，分别标注为 EIDE1 和 EIDE2，也有的主板将 EIDE1 标注为"Primary IDE"，将 EIDE2 标注为"Secondary IDE"。主板在接口插座的四周加了围栏，其中一边有个小缺口，标准的电缆插头只能从一个方向插入，避免了错误的连接方式。

Pentium 主板的两个 EIDE 插座，总共可以接 4 个 EIDE 设备，如硬盘、光驱、刻录机、DVD 光驱等。若只有一个硬盘和一个光驱，推荐将硬盘接在 EIDE1 接口上，采用 80 芯的信号线并使标有"SYSTEM"字样的一端同主板相连，传输速度达 133MB/s 以上。光驱接在 EIDE2 接口上，采用 40 芯的信号线，光驱和硬盘均跳为 Master。

② Serial ATA（图 2-25）采用串行连接方式，串行 ATA 总线使用嵌入式时钟信号，具备了更强的纠错能力，串行接口还具有结构简单、支持热插拔的优点。Serial ATA 插座连接 Serial ATA 硬盘。当前硬盘主要采用 Serial ATA 接口。Serial ATA 1.0 定义的数据传输速率可达 150MB/s。

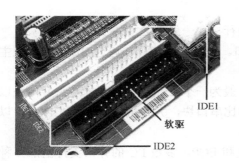 

图 2-24　EIDE 和软驱插座　　　　　　　　图 2-25　Serial ATA 插座

（3）电源插座。

主板、CPU 和所有驱动器都是经由电源插座供电。ATX 电源插座为 20 芯或 24 芯双列插座，如图 2-26 所示，具有防插错结构。在软件的配合下，ATX 电源可以实现软件关机和通过键盘、调制解调器唤醒开机等电源管理功能。

4. 主板的外部接口

ATX 主板将 PS/2、USB、COM 和并行接口集中一起，如图 2-27 所示。

图 2-26　主板上的 ATX 电源插座和插头

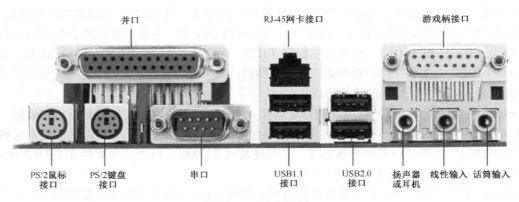

图 2-27　外部设备接口

① 586 以后的主板上集成了串行通信接口，供微机本身的串口使用。这些接口功能可以通过 BIOS 设置或主板上的跳线开关进行屏蔽。

可在机箱的背面后见到串行接口，主板上的串行接口一般为 D 型 9 针。

② 586 以后的主板上都集成了并行打印机接口。该接口功能可以通过 BIOS 设置或主板上的跳线开关进行屏蔽。

主板上的并行接口可在机箱的背面后见到，一般为一个 25 针的 D 型插座。并口是以字节方式传输数据，所以一般而言，并口的数据传输速率比串口快，大约从 40KB/s 到 1MB/s 以上。多数 PC 只有一个并口。

并口一般有 4 种工作模式：单向、双向、EPP 和 ECP。多数 PC 的并口支持全部 4 种模式。可以在 CMOS 设置程序的 Peripherals 部分查看 PC 并口所支持的模式。

③ 采用 PS/2 接口来连接鼠标和键盘。586 以后的主板上都有 PS/2 接口。

④ USB 是一种计算机连接外围设备的 I/O 接口标准。USB 提供机箱外的即插即用连接，连接外设时不必再打开机箱，也不必关闭主机电源。目前主板一般有 2～8 个 USB 接口。USB 1.1 接口的传输速度仅为 12Mbps。采用 USB 2.0 接口标准，设备之间的数据传输速度增加到了 480Mbps。

⑤ IEEE 1394 接口。IEEE 1394，又称为"Fire Wire"，即"火线"或"高速串行总线"。很多 DV（数码摄像机）、外置扫描仪、外置 DVD-RW 等都配备 1394 接口。

没有 IEEE 1394 接口的主板也可以通过插接 IEEE 1394 扩展卡的方式获得此功能。USB 接口与 IEEE 1394 接口的性能比较如表 2-4 所示。

表 2-4　USB 接口与 IEEE 1394 接口的性能比较

	USB 1.1	USB 2.0	IEEE 1394
传输速度	12Mbps	480Mbps	400Mbps
支持长度	5m	5m	4.5m
支持特性	PnP、热插拔	PnP、热插拔	PnP、热插拔
支持设备	127 个	127 个	63 个

　　主板背面除以上介绍的常见接口外，如果主板中集成了声卡、网卡、显卡，那么也会有其相应的接口。

5. 主板的其他部件

（1）机箱面板指示灯及控制按键排针。

ATX 主板的机箱面板指示灯及控制按键排针如图 2-28 所示。

图 2-28　机箱面板指示灯及控制按键排针

　　① 系统电源指示灯排针（3-pin PWR.LED）。这个排针是连接到系统电源指示灯上的，当计算机正常运行时，指示灯是持续点亮的；当计算机进入睡眠模式时，这个指示灯就会交互闪烁。

　　② 系统机箱扬声器排针（4-pin SPEAKER）。机箱扬声器排针，用来连接面板上的扬声器。

　　③ 硬盘指示灯（2-pin HDD.LED）。硬盘读/写指示灯，LED 为红色，灯亮表示正在进行硬盘操作。

　　④ ATX 电源开关/软开机功能排针（2-pin PWR.SW）。这是一个连接面板触碰开关的排针，这个触碰开关可以控制计算机的运行模式，当计算机正常运行的时候按下按键（按下时间不超过 4s），则计算机会进入睡眠状态，而再按一次按键（同样不超过 4s），则会使计算机重新恢复运行。一旦按下按键时间持续超过 4s，则会进入待机模式。

　　⑤ 重置按键排针（2-pin RESET）。这是用来连接面板上复位按键的排针，如此可以直接按面板上的 RESET 按键来使计算机重新开机，这样也可以延长电源供应器的使用寿命。

　　主板上的排针说明如表 2-5 所示，这些排针连接机箱面板的各个指示灯及控制按键。

表 2-5　机箱面板指示灯及控制按键排针说明

主板标注	用途	针数	插针顺序及机箱接线常用颜色
RESET（RST.SW）	复位接头，用硬件方式重新启动计算机	2 针	无方向性接头，绿黑
POWER SW（PWR.SW）	电源开关	2 针	无方向性接头

续表

主板标注	用途	针数	插针顺序及机箱接线常用颜色
POWER LED（PWR LED）	电源指示灯接头，电源指示灯为绿色，灯亮表示电源接通	3针	1—蓝（+）PWR LED，2—未用，3—黑（−）
SPEAKER（SPK）	扬声器接头，使计算机机箱发声	4针	无方向性接头：1—黑，2—未用，3—未用，4—红（+5V）
HDD LED（IDE LED）	硬盘读写指示灯接头，LED 为红色，灯亮表示正在进行硬盘操作	2针	1—红（+），2—白（−）

注：表中标出的插头连线颜色仅供参考，不同机箱插头连接颜色可能不同。

（2）主板内部功能连接排针。

不同的主板在主板上有不同的功能排针，功能排针须连接外围设备或仪器方可使用，主要有以下几种功能排针。

① 网络唤醒功能排针（3-pin WOL_CON）。这个排针连接到网卡上的 Wake On LAN 信号输出接口，当系统处于睡眠状态而网络上信息传入系统时，系统就会被唤醒正常工作。这个功能必须与支持 Wake On LAN 功能的网卡和 ATX 电源供应器（720mA/+5V SB）配合才能正常使用。

本功能必须配合 BIOS 设置，Wake On LAN 设为开启（Enabled）。

② 内置音频信号接收排针（4-pin CD_AUX）。其用来接收从光驱、MPEG 卡等设备传送的音源信号。

③ CPU 和机箱风扇电源的排针（3-pin CPU_FAN、CHA_FAN）。将 CPU 和机箱风扇的电源排线连接到这两组排针上。连接时要注意极性，电源的红线连接排针的正极。

④ USB 扩充排针（10-pin USB）。主板提供几组 USB 扩充排针，机箱后方或前方需要时，使用 USB 连接排线连接到 USB 的连接接口。

⑤ 音频连接排针（10-pin FP_AUDIO）。连接到前面板音频排线，可以实现音频输入/输出等功能。

⑥ 红外线传输 IrDA 组件排针（5-pin IR）。IrDA 红外线传输功能可以让计算机不通过实际线路的连接就能传输数据。要想让计算机可以使用 IrDA，在计算机资源上必须占用一个 UART 接口，并且在排针连接上传输组件之后，组件的接收器必须露出于机壳之外，才可以接收与传递信号，同时还要将 BIOS 的 UART2 项目设置为 COM2 或者 IrDA。

2.3 内存

内存指计算机系统中存放数据和指令的半导体存储单元，包括 RAM（Random Access Memory，随机存取存储器）、ROM（Read Only Memory，只读存储器）和 Cache 高速缓冲存储器。由于 RAM 是其中最主要的存储器，整个计算机系统的内存容量主要由它的容量决定，所以人们习惯将 RAM 称为内存，而后两种，则仍称为 ROM 和 Cache。

2.3.1 内存的分类

内存有多种分类方法。

1. 按内存的工作原理分类

从内存的工作原理角度可分为只读存储器 ROM 和随机存储器 RAM。

（1）只读存储器 ROM。只读存储器 ROM 是指计算机厂商已经把系统程序烧制在芯片中，只能读取，不能改变的一种存储器，如主板 BIOS（基本输入/输出系统）、显卡 BIOS 程序等。

目前计算机的只读存储器主要是闪速存储器（Flash Memory），闪速存储器的主要特点是在不加电的情况下，能长期保持存储的信息。就其本质而言，Flash Memory 属于 EEPROM（电擦除可编程只读存储器）类型。它既有 ROM 的特点，又有很高的存取速度，而且易于擦除和重写，功耗很小。目前其集成度已达 GB 规格以上，同时价格也有所下降。由于 Flash Memory 的独特优点，586 以后的微机的主板采用 Flash ROM BIOS，使得 BIOS 升级非常方便。Flash Memory 也可用做固态大容量存储器。

（2）随机存储器 RAM。随机存储器 RAM 与 ROM 不同，可以读取存储在其中的内容，也可以改变其中的内容。

① 静态 RAM（SRAM）。SRAM（Static RAM）的一个存储单元的基本结构是一个双稳态电路，一种双稳态状态表示"1"，另一种双稳态状态表示"0"。SRAM 的读/写速度很快，一般比DRAM 快 2～3 倍。计算机的高速缓存（External Cache）就是 SRAM。但是，这种开关电路需要的元件较多，降低了 SRAM 的集成度并且增加了生产成本。

② 动态 RAM（DRAM）。DRAM（Dynamic RAM）就是通常所说的内存，它是针对静态 RAM（SRAM）来说的。一个 DRAM 单元由一个晶体管和一个小电容组成。晶体管通过小电容的电压来保持断开、接通的状态，当小电容有电时，晶体管接通（表示 1）；当小电容没有电时，晶体管断开（表示 0）。但是充电后的小电容上的电荷很快就会丢失，所以需要不断地进行"刷新"。刷新就是给DRAM 的存储单元充电。DRAM 的读/写时间远远大于 SRAM，但是它结构简单，所用的晶体管数仅是 SRAM 的 1/4，实际生产时集成度很高，成本也大大低于 SRAM，所以 DRAM 的价格低于 SRAM。

2. 按在计算机中的作用分类

（1）主存储器。主存储器是用来存放程序和数据的 RAM，由于主存储器的容量较大，为了降低费用、减小体积，所以常采用 DRAM，也就是常说的内存（内存条）。

（2）Cache 存储器。Cache 即高速缓冲存储器，是位于 CPU 和主存储器之间的规模较小但速度很高的存储器，通常由 SRAM 组成。

586 以上微处理器的显著特点是处理器芯片内集成了一级 Cache、二级 Cache 和三级 Cache，一级 Cache 的大小一般为 20～516KB，二级 Cache 的大小一般为 256KB～4MB，三级 Cache 的大小一般为 4～8MB。

（3）ROM BIOS。ROM BIOS 有三类：系统 BIOS（主板 BIOS）、显卡 BIOS 和其他适配卡的BIOS。

接通电源后，BIOS 将运行 POST（Power On System Test），对所有内部设备的自检、测试完成后，系统将寻找操作系统，并向内存条中装入 DOS 引导系统。

当第一次启动计算机或计算机系统的配置发生改变时，可运行驻留在 BIOS 中的 SETUP 程序来设置系统，告诉 SETUP 程序包括哪些硬件设备。

BIOS 是固化在 ROM 芯片中的系统软件，ROM 中的内容是不能改变的，但为什么计算机的硬件可以在 BIOS 中设置呢？这是因为微机具体的配置参数是存储在一个非易失性存储器——CMOS RAM 中，所以 BIOS 设置又称为 CMOS 设置。为保证其内容不丢失，主板上有一个充电电池为它供电。目前的主板大多采用 3V 纽扣电池，其更换方便且安全可靠。

2.3.2 内存条

1. 内存条的接口

DIMM 是 Dual Line Memory Module 的缩写，即双边接触内存模块，这种类型接口内存的插板两边都有内存接口触片。这种接口模式的内存广泛应用于现在的计算机中，DDR内存条也属于DIMM接口类型，DDR内存条有184个触点，使用2.5V的电压，单个时钟周期内上升沿和下降沿都传输数据。

DDR2（Double Data Rate 2）和DDR3 SDRAM是一代内存技术标准，DDR2和DDR3内存条有240个触点。DDR2和DDR3也属于DIMM接口类型。

内存条容量一般有1024MB、2048MB、4096MB和6144MB等几种，同样容量的内存条可以有不同数量的内存芯片，有些内存条设有奇偶校验位。内存的读/写速度与CPU的工作速度相适应。

DIMM内存接口提供64位有效数据位。目前，DIMM内存接口已成为主流产品。内存条和内存条插槽如图2-29所示。

图2-29　内存条和内存条插槽

2. DDR SDRAM

DDR SDRAM（图2-30）就是双倍数据传输速率的SDRAM，习惯上简称DDR。

图2-30　DDR SDRAM

DDR内存的数据线有特殊的电路，可以让它在时钟的上升沿和下降沿都传输数据。所以DDR在每个时钟周期可传输两个字节。

DDR内存目前主要版本有PC 2700（DDR 333）、PC 3200（DDR 400）和PC 4300（DDR 533）。它们的总线宽度工作频率和峰值带宽：内存主要频率分别为333MHz、400MHz和533MHz，最大带宽分别为333×64/8约为2700MB/s、400×64/8约为3200 MB/s和533×64/8约为4300 MB/s。

3. DDR2

DDR2（Double Data Rate 2）SDRAM简称DDR2（图2-31），它与DDR内存相比虽然同是采用了在时钟的上升/下降延同时进行数据传输的基本方式，但DDR2内存却拥有两倍于上一代DDR内存预读取能力（4位数据预读取）。换句话说，DDR2内存每个时钟能够以4倍外部总线的速度读/写数据，并且能够以内部控制总线4倍的速度运行。

DDR2 内存均采用 FBGA 封装形式。不同于目前广泛应用的 TSOP 封装形式，FBGA 封装提供了更好的电气性能与散热性，为 DDR2 内存的稳定工作与未来频率的发展提供了良好的保障。

DDR2 内存采用 1.8V 电压，相对于 DDR 标准的 2.5V，降低了不少，从而提供了明显更小的功耗与更小的发热量。

目前，已有的标准 DDR2 内存分为 DDR2 400、DDR2 800 和 DDR2 1066，工作频率（数据传输频率 FSB）分别为 400MHz、800MHz 和 1066MHz，其对应的内存传输带宽分别为 3.2GB/s、6.4GB/s 和 8.5GB/s，按照其内存传输带宽分别标注为 PC2 3200、PC2 6400 和 PC2 8500。

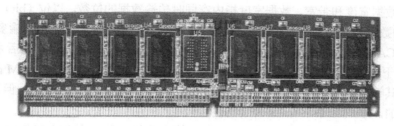

图 2-31　DDR2 SDRAM

4. DDR3

DDR3 内存（图 2-32）拥有两倍于上一代 DDR2 内存预读取能力。换句话说，DDR3 内存每个时钟能够以 8 倍外部总线的速度读/写数据。

DDR3 内存采用 1.5～1.85V 电压，从而提供了明显更小的功耗与更小的发热量。它采用 MBGA 封装形式，MBGA 是指微型球栅阵列封装，英文全称为 Micro Ball Grid Array Package。MBGA 的引脚并非裸露在外，而是以微小锡球的形式寄生在芯片的底部。MBGA 的优点有杂讯少、散热性好、电气性能佳、可接引脚数多，并且可提高优良率。最突出的是由于内部元件的间隔更小，信号传输延迟小，可以使频率有较大的提高。

目前，已有的标准 DDR3 内存分为 DDR3 1066、DDR3 1333、DDR3 1600、DDR3 1800、DDR3 2000、DDR3 2200 和 DDR3 2400，工作频率（数据传输频率 FSB）分别为 1066MHz、1333MHz、1600MHz、1800MHz、2000MHz、2200MHz 和 2400MHz，其对应的内存传输带宽分别为 8.5GB/s、10.6GB/s、12.8GB/s、14.4GB/s、16.0GB/s、17.6GB/s 和 19.2GB/s，其对应的内存传输带宽分别标注为 PC3 8500、PC3 10600、PC3 12800、PC3 14400、PC3 16000、PC3 17600 和 PC3 19200。

图 2-32　DDR3 SDRAM

2.3.3　内存条的性能指标

内存条的性能指标，存储器的特性由它的技术参数来描述，存储器的主要性能指标如下。

（1）容量。指存放二进制数的空间，DDR3 SDRAM 内存容量大多为 1024MB、2048MB、4096MB 和 6144MB。

（2）内存的主频。内存主频和 CPU 主频一样，习惯上被用来表示内存的速度，它代表着该内存所能达到的最高工作频率（前端总线频率），以 MHz（兆赫）为单位。目前主流的 DDR3 内存主频为 1066MHz、1333MHz、1600MHz、1800MHz、2000MHz、2200MHz 和 2400MHz。

（3）内存的奇偶校验。为检验内存在存取过程中是否准确无误，每 8 位容量配备 1 位作为奇偶校验位，配合主板的奇偶校验电路对存取的数据进行正确校验，这需要在内存条上额外加装一块芯片。而在实际使用中，有无奇偶校验位对系统性能并没有什么影响，所以目前大多数内存条上已不再加装校验芯片。

（4）内存的数据宽度和带宽。数据宽度指内存同时传输数据的位数，以位（bit）为单位。DDR3、DDR2 和 DDR 的数据宽度为 64 位。内存的带宽指内存的数据传输速率，每秒传输多少字节数。

（5）CAS。CAS 是等待时间。表示 CAS 信号需要经过多少个时钟周期之后才能读/写数据。这是在一定频率下衡量支持不同规范的内存的重要标志之一。目前 DDR SDRAM 的 CAS 有 2、2.5 和 3，也就是说其读取数据的等待时间可以是 2～3 个时钟周期，标准应为 2，但为了稳定，降为 3 也是可以接受的。在同频率下 CAS 为 2 的内存较 CAS 为 3 的快。

（6）SPD。SPD 是位于 PCB 的一个 4mm 左右的小芯片，是一个 256 字节的 EEPROM，保存内存条一些设置，模块周期信息等数据，同时负责自动调整主板上内存条的速度。

2.4　机箱与电源

2.4.1　机箱

机箱（图 2-33）是一台微机的外观，也是一台微机的主架。机箱的主要作用：首先，它提供空间给电源盒、主机板、各种扩展板卡、光盘驱动器、硬盘驱动器等存储设备，并通过机箱内部的支撑、支架、各种螺钉或卡子、夹子等连接件将这些零配件牢固固定在机箱内部，形成一个集约型的整体。其次，它坚实的外壳保护着板卡、电源及存储设备，防压、防冲击、防尘，并且它还能发挥防电磁干扰与辐射的功能，起屏蔽电磁辐射的作用。机箱须扩展性能良好，有足够数量的驱动器扩展仓位和板卡扩展槽数，以满足日后升级扩充的需要；通风散热设计合理，能满足微机主机内部众多配件的散热需求；在易用性方面，有足够数量的各种前置接口，如前置 USB 接口、前置 IEEE 1394 接口、前置音频接口、前置 eSATA 接口、读卡器接口等。

图 2-33　主机箱

它还提供了许多便于使用的面板开关指示灯等，让操作者更方便地操纵微机或观察微机的运行情况。

机箱的外壳通常是由一层 1mm 以上的钢板制成，在它上面还镀有一层很薄的锌。内部的支架主要由铝合金条或者铝合金板制成。

其主要部件及作用如下。

（1）主板固定槽：其作用是安装主板。

（2）支撑架孔和螺丝孔：卧式机箱在箱底部，立式机箱一般在箱体右侧，主要是用于安装支撑架（塑料件）和主板固定螺钉。

（3）驱动器槽（架）：用来安装硬盘、光驱等。

（4）电源盒固定槽：用于安装主机电源盒，一般在机箱后面角落处。

（5）板卡固定槽：在机箱主板后侧，主要用于固定如显示卡、声卡等各种板卡。ATX 机箱的串行接口、并行接口及 USB 接口等集中在机箱后侧一个较大的开口处。

（6）键盘和鼠标孔：键盘和鼠标插头通过该孔与主板键盘和鼠标插座相接。

（7）驱动器挡板：安装光驱时，取下挡板；不安装时加上挡板，保证机箱面板的美观及安全。

（8）控制面板：在机箱的前面，上面有电源开关（Power Switch）、电源指示灯（Power LED）、硬盘指示灯（HDD LED）、复位按键（RESET Switch）等。

（9）控制面板接线及插针：主要将控制面板的控制信号传给主机或显示主机的状态。

（10）电源开关及开关孔：机箱一般自配电源开关，机箱留有电源开关孔，该孔主要用来固定开关，开关主要用于接通或关闭主机电源。

（11）扬声器：每个机箱都固定一个扬声器或音频器，阻抗为 8Ω，功率为 0.25～0.5W，主要用于发出主机的各种提示声音，特别是在启动过程发生故障时使用。

（12）前面板：主要用于装饰、粘贴商标等。

2.4.2　电源

微机电源又称为电源盒或电源供应器（Power Supply），是微机系统中非常重要的辅助设备。微机电源有内部电源和外部电源之分，常说的电源主要是指内部电源，即安装在机箱内部的电源，其主要功能是将 220V 交流电（AC）变成±5V、±12V 和+3.3V 的直流电（DC），除此之外它还具有一定的稳压作用。

电源主要为主板、各种扩展卡、光驱、硬盘和键盘供电。其外形如同一个方盒，安装在主机箱内，一般外形尺寸为 165mm×150mm×150mm，如图 2-34 所示。

图 2-34　主机的电源

电源一般由电源外壳、输入电源插座、显示器电源插座、主板电源插头、外部设备电源插头和散热风扇电源插头等组成。

（1）输入电源插座。主要用于将市电送给微机电源。

（2）显示器电源插座（有的电源无显示器电源插座）。通过主机控制显示器的开与关。这个插座所输出的电压并未经主机电源的任何处理，只是受主机电源开关的控制，主机开则插座有电（220V），主机关则插座无电。可实现主机与显示器同时开、关。

（3）很多主板除了主供电接口外，还可能需要 4 针、甚至 8 针的独立供电接口，通常用于给 CPU辅助供电。有些耗电量巨大的PCI-Express 显卡也可能需要一个 6 针的辅助供电接口，如果是有两个显卡的计算机，可能需要两个 6 针的辅助供电接口（图 2-35），4 针电源插头主要用于 CPU的专用电源。

 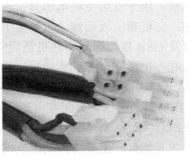

图 2-35　ATX 主板供电的插头与 4 针、6 针和 8 针的辅助供电接口

（4）主板电源插头。ATX 主板电源插头是一个较大的插头，共有 20 个插针或 24 个插针，可提供+3.3V、±5V 和±12V 三组直流电压，本身可防插错。ATX 电源插座示意图如图 2-36 所示。

ATX 规范是 1995 年 Intel 公司制定的主板及电源结构标准，ATX 是英文 AT Extend 的缩写。ATX 电源规范经历了 ATX 1.1、ATX 2.0、ATX 2.01、ATX 2.02、ATX 2.03 和 ATX 12V 系列等阶段。

2005 年，随着 PCI-Express 的出现，带动了显卡对供电的需求，因而 Intel 推出了电源 ATX 12V 2.0 规范。电源采用双路+12V 输出，其中一路+12V 仍然为 CPU 提供专门的供电输出。而另一路+12V 输出则为主板和 PCI-E 显卡供电，解决大功耗设备的电源供应问题，以满足高性能 PCI-E 显卡的需求。由于采用了双路+12V 输出，连接主板的主电源接口也从原来的 20 针增加到 24 针，分成 20+4 两个部分。分别由 12×2 的主电源和 2×2 的 CPU 专用电源接口组成。

橙	+3.3V	1	11	+3.3V	橙
橙	+3.3V	2	12	−12V	蓝
黑	COM	3	13	COM	黑
红	+5V	4	14	PS-ON	绿
黑	COM	5	15	COM	黑
红	+5V	6	16	COM	黑
黑	COM	7	17	COM	黑
灰	PW-OK	8	18	−5V	白
紫	+5V-SB	9	19	+5V	红
黄	+12V	10	20	+5V	红

图 2-36　ATX 电源插座示意图

（5）外部设备电源插头。它主要用来为硬盘、光驱等外部设备提供所需电压，一般提供 4～6 个插头。分别为 IDE 接口的硬盘、光驱、刻录机电源插头（图 2-37 右）和为 SATA 接口的硬盘等供电的插头（图 2-37 左），以及为 CPU 或机箱风扇供电提供的插头等。

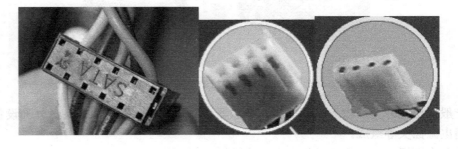

图 2-37　外设电源插头

为 IDE 驱动器供电的插头都由 4 根插针组成，其导线的颜色不同。1 号针对应黄色导线（+12V）；2、3 号针对应黑色导线（GND）；4 号针对应红色导线（+5V）。这种插头都有定位装置，一般不会插错。

（6）电源的功率。电源功率十分重要，若微机中扩展槽插件过多，或双硬盘、双光驱、双 CPU，则要求电源功率必须够用，否则会使电源的工作电压不正常，导致微机工作不正常，甚至损坏电源。所以在不同的微机、不同的配置的情况下应注意电源的功率。

若准备超频，多装一些风扇，或安装各种板卡或双硬盘、双 CPU，电源功率则必须要达到

400W 或 400W 以上。

　　电源有各种认证标准如 3C 认证、CCEE 认证、FCC 认证、UL 认证、CSA 认证和 CE 认证，选购电源的时候应该尽量选择更高规范版本的电源和较多认证的电源，高规范版本完全可以向下兼容，其次新规范的 12V、5V、3.3V 等输出的功率分配通常更适合当前计算机配件的功率需求，例如，ATX 12V 2.0 规范在总功率相同的情况下，会将更多的功率分配给 12V 输出，减少了 3.3V 和 5V 的功率输出，更适合最新的计算机配件的需求。

本章小结

　　计算机的主机包括主板、CPU、内存条、电源盒和机箱。目前，主流的 CPU 有 Intel 公司的酷睿系列、奔腾系列和赛扬系列，主要产品有酷睿 i7、酷睿 i5、酷睿 i3、酷睿四核、酷睿双核、奔腾双核、赛扬双核等，架构为 LGA 2011、LGA 1366、LGA 1156、LGA 1155 和 LGA 775。AMD 公司的是羿龙系列和速龙系列，主要产品有羿龙 II 六核、羿龙II 四核、羿龙 II 双核、速龙 II 四核、速龙 II 三核、速龙 II 双核等，架构为 Socket AM3 和 Socket AM2（AM2+）。主板必须与 CPU、内存条搭配合适才能正常工作，选择主板的依据是芯片组的功能和各种插座、插槽的功能，大部分主板集成了网卡和声卡的功能。

思考与练习 2

一、填空题

　　1. 微处理器内部结构可分为整数运算单元、浮点运算单元、MMX 单元、_____、L2 Cache、L3 Cache 单元和_____。

　　2. CPU 按架构分为 Intel 公司生产的 LGA775、LGA 1156、LGA_____、LGA 1366、LGA_____CPU 和 AMD 公司生产的 Socket AM2 或 AM2+、Socket_____CPU 等。

　　3. CPU 的超线程是一种同步多线程执行技术，采用此技术的 CPU 内部集成了_____单元，相当于_____实体，可以同时处理两个独立的线程。

　　4. CPU 的运算速度通常用每秒执行基本指令的条数来表示，常用的单位是 MIPS（Million Instruction Per Second），即_____。

　　5. 在硅材料上生产 CPU 时内部各元器件间的连线宽度，一般用纳米（nm）表示，称为_____技术。

　　6. 主板一般有几种分类方法：按_____划分、按使用的芯片组划分、按_____划分、按主板的应用范围划分、按主板的某些主要功能划分等。

　　7. PCI-Express 插槽的 x1、x2 以及_____三种规格是为普通计算机设计的。

　　8. ATX 电源插座是 20 芯或 4 芯双列插座，具有_____结构。在软件的配合下，ATX 电源可以实现_____关机和通过键盘、调制解调器唤醒开机等电源管理功能。

　　9. 并口一般有 4 种工作模式：单向、双向、_____和_____。多数 PC 的并口支持全部 4 种模式。

　　10. 在机箱的前面板，上面有电源开关（Power Switch）、_____指示灯、_____指示灯、复位按键（RESET）等。

　　11. 内存指计算机系统中存放数据和指令的半导体存储单元，包括 RAM（Random Access

Memory，随机存取存储器）、ROM（Read Only Memory，只读存储器）和＿＿＿＿＿＿存储器。

12．从内存的工作原理角度可分为只读存储器 ROM 和＿＿＿＿＿＿。

13．Flash Memory 属于 EEPROM（电擦除可编程只读存储器）类型。它既有 ROM 的特点，又有＿＿＿＿＿＿，而且易于＿＿＿＿＿＿，功耗很小。

14．一个 DRAM 单元由一个晶体管和一个小电容组成。晶体管通过小电容的电压来保持断开、接通的状态，当小电容有电时，晶体管接通＿＿＿＿＿＿；当小电容没有电时，晶体管断开＿＿＿＿＿＿。

15．计算机电源主要是指内部电源，即安装在机箱内部的电源，其主要功能是将 220V 交流电（AC）变成＿＿＿＿＿＿、＿＿＿＿＿＿和＿＿＿＿＿＿的直流电（DC），除此之外还具有一定的稳压作用。

二、选择题

1．LGA 2011 接口 CPU 的底部是（　　　），通过与对应的 LGA2011 插槽内的 2011 根触针接触来传输信号。

  A．引脚式   B．卡式   C．针式   D．触点式

2．LGA 1155 是目前应用于 Intel 封装的 CPU 所对应的接口，目前采用此种接口的有（　　　）等 CPU。

  A．Celeron D B．Pentium 4 C．Athlon 64 D．Intel 酷睿 i5

3．（　　　）是 2006 年 5 月底发布的支持 DDR2 内存的 AMD 64 位桌面 CPU 的接口标准，支持双通道 DDR2 内存，将逐步取代原有的大部分接口，从而实现桌面平台 CPU 接口的统一。

  A．Socket 939 B．Socket 754 C．Socket 462 D．Socket AM2

4．主板的数据传输的实际频率，即每秒钟 CPU 可接收的数据传输量，称为（　　　）。

  A．CPU 的频率 B．外部频率 C．前端总线频率 D．倍频

5．目前微型机的主板的结构主要是（　　　）结构的主板。

  A．ATX   B．AT   C．NLX   D．PC

6．主板的（　　　）芯片主要负责管理 CPU、内存、AGP 这些高速的部分。

  A．南桥   B．北桥   C．I/O   D．BIOS

7．微型机主板上的一块可读/写的 RAM 芯片，用来保存当前系统的硬件配置和用户对某些参数的设定。由主板的电池供电，该芯片称为（　　　）。

  A．BIOS   B．ROM   C．CMOS   D．FLASH ROM

8．目前 AGP 端口标准已发展到 AGP 8X，此时最大数据传输速率可高达（　　　）。

  A．2100 MB/s B．1832 MB/s C．2132MB/s D．2132Mbps

9．Serial ATA 采用串行连接方式，串行 ATA 总线使用嵌入式时钟信号，具备了更强的纠错能力，Serial ATA 1.0 定义的数据传输速率可达（　　　）。

  A．100MB/s B．133MB/s C．66MB/s   D．150MB/s

10．主板 USB 1.1 接口，它的传输速度仅为 12Mbps。USB 2.0 接口标准。设备之间的数据传输速度增加到了（　　　）。

  A．480MBps B．420Mbps C．180Mbps D．480Mbps

11．SRAM（Static RAM）的一个存储单元的基本结构是一个（　　　）电路，SRAM 的读/写速度很快，一般比 DRAM 快 2～3 倍。

  A．双稳态   B．电容   C．触发   D．单稳态

12．主存储器是用来存放程序和数据的存储器，由于主存储器的容量较大，为了降低费用、

减小体积，所以常采用（　　）。

　　A．Flash Memory　　B．SRAM　　　　　C．ROM BIOS　　　　D．DRAM

　　13．DDR3 内存每个时钟能够以（　　）外部总线频率的速度读/写数据。DDR3 内存采用 1.8V 左右的电压。DDR3 内存条有 240 个触点。

　　A．4 倍　　　　　　B．2 倍　　　　　　C．6 倍　　　　　　D．8 倍

　　14．数据宽度指内存同时传输数据的位数，以位（bit）为单位。DDR2 和 DDR 3 的数据宽度为（　　）。

　　A．32 位　　　　　　B．36 位　　　　　　C．64 位　　　　　　D．48 位

　　15．计算机电源作为 CPU 的输入电压，是（　　）电压。

　　A．+1.5V　　　　　B．+12V　　　　　C．+5V　　　　　D．+3.3V

三、简答题

1．请叙述 SSE3 的含义？

2．目前常见的 CPU 插座类型有哪些？

3．请叙述 CPU 64 位数据宽度的含义？

4．请叙述机箱面板指示灯及控制按键排针的主要作用、连接时注意事项？

5．请叙述 DDR 和 DDR2 或 DDR3 的不同点？

6．请叙述 DDR3 内存的标注方法、频率和传输带宽的关系？

7．什么是 CAS 信号（等待时间）？

实训 2

一、实训目的和要求

1．学会进行市场调查，能选择性能价格比高的 CPU、主板、内存条部件。

2．学会认识 CPU、主板、内存条部件的外观、型号，掌握其主要性能。

3．正确安装微型计算机的 CPU、主板、内存条、电源盒和机箱等。

二、实训条件

1．每组一张工作台和一套工具。

2．每组配备主板、CPU、内存条、机箱、电源盒、机箱和各种连接线。

3．DOS 软件。

三、实训主要步骤

1．将计算机的各种部件摆放在工作台上，认识各种部件并说明其主要参数和作用，消除人体静电。

2．安装最小硬件系统的部件，主要将主板、CPU、内存条、电源盒安装好。

3．观察 CPU 及其标注，记录其生产厂家、型号、频率、供电电压、定位脚的标记等数据。

4．观察主板的组成及布局，分清其主板型号、类型，分清总线类型，认识 BIOS、北桥、南桥等部件，认识各种插座、插槽、接口，明确该主板应如何配置 CPU 及内存条。

5．找出主板上的 CPU 插座，将 ZIF 插座的扳手扳起，将 CPU 的定位标记对准插座的定位标

记轻轻插入插座，确保 CPU 所有的针脚都插入插座后，一手按住 CPU，一手将 ZIF 插座扳手扳下（扳下扳手时如果比较吃力，不能硬扳，应松开扳手，将 CPU 从插座上取下，重新安放后再扳）。

6．在 CPU 的核心上均匀涂上导热硅胶，将散热风扇安装在 CPU 上并连接风扇电源。

7．将内存条打缺口一端与主板内存插槽有突起斜面一端对齐，直接对准插槽插入（注意方向）。内存条要与插槽配合紧密，否则应将内存条取下重新安装。

8．将电源盒固定在机箱中，连接主板和 CPU 的电源插头。

9．辨认机箱面板的指示灯和了解按键的排线作用和文字标识情况，连接各种排线到主板上，指示灯的排线要注意方向。

10．找到前置 USB 接口和前置音频接口的主板位置，连接前置 USB 插头和前置音频插头的排线，要注意方向。

11．将机箱固定孔使用塑料定位卡或铜质固定螺柱固定，将主板安装在机箱内，拧上与固定螺柱配套的金属螺钉。

12．按以上步骤连接后，两组之间进行互相检查，看是否连接错，同学检查后最后由老师检查确定安装是否正确。

第 3 章 存 储 设 备

目前微型机上配置的最重要的外存储设备主要有硬盘驱动器、光盘驱动器和移动存储设备。

3.1 硬盘驱动器

硬盘驱动器简称硬盘，是微机中广泛使用的外部存储设备，有速度快、容量大、可靠性高等特点。整个硬盘固定在机箱内，而目前也有活动式硬盘。常见硬盘的外观如图 3-1 所示。

图 3-1　硬盘的外观

3.1.1 硬盘的分类

硬盘可按安装位置、接口标准、盘径尺寸、驱动器的厚度及容量等几个主要方面进行分类。

（1）硬盘按安装的位置可分为内置式和外置式两种。内置式的硬盘一般固定在机箱内，而外置式的硬盘在机箱外面，可以安装或取下（热插拔式硬盘），可以带电作业，容量随所插入硬盘的容量和数量而定。目前有的外置式硬盘（活动式）可通过微机的 USB 接口和 eSATA 接口与计算机连接。

（2）按接口标准（类型）分类。其主要分类如下。

①　IDE/E-IDE 接口。

IDE（Integrated Drive Electronics）集成驱动器电子接口，又称为 AT-Bus 或 ATA 接口，IDE接口上只有一个 40 芯的插座，广泛应用于 286、386、486 等微机中。

E-IDE（Enhanced IDE）接口是在 IDE 基础上出现的且广泛使用的一种接口标准，又称为ATA-2，可支持 4 个 E-IDE 设备。E-IDE 可采用 40 芯或 80 芯扁平电缆。E-IDE 接口有两个 40 芯的插座，标有"Primary"的 E-IDE 为主插座，标有"Secondary"的 E-IDE 为辅插座。

E-IDE 接口硬盘的传输模式，经历过三个不同的技术变化，由 PIO（Programmed I/O）模式、DMA（Direct Memory Access）模式，直至现在的 Ultra DMA 模式（UDMA）。目前已发展到 UltraATA/100、Ultra ATA/133 和 Ultra ATA/150，其传输速度分别达 100MB/s、133MB/s 和 150MB/s。传输速度达 66MB/s 以上的硬盘，要采用 80 芯的信号线并使标有"SYSTEM"字样的一端同主板相连。

②SCSI 接口。SCSI 标准有 SCSI-1、SCSI-2 和 SCSI-3 三种。

SCSI-1 的传输速率达 5MB/s，可接 7 个外围设备。

SCSI-2 又分为 Fast SCSI、Wide SCSI 和 Ultra SCSI 三种。

- Fast SCSI：采用 8 位总线的传输速率达 10MB/s，可接 7 个外围设备。
- Wide SCSI：采用 16 位总线的传输速率达 20MB/s，可接 16 个外围设备。
- Ultra SCSI：采用 8 位总线的传输速率为 20MB/s，可接 7 个外围设备。

SCSI-3 和 Ultra SCSI-3 采用 32 位总线的传输速率为 80MB/s 和 160MB/s，可接 16 个外围设备。

③ Serial ATA 接口采用串行连接方式（图3-2），串行 ATA 总线使用嵌入式时钟信号，具备了更强的纠错能力，与以往相比其最大的区别在于能对传输指令（不仅仅是数据）进行检查，如果发现错误会自动矫正，这在很大程度上提高了数据传输的可靠性。串行接口还具有结构简单、支持热插拔的优点。

目前 Serial ATA 2.0 的数据传输速率将达到 300MB/s，Serial ATA 3.0 已实现 600MB/s 的最高数据传输速率。

图 3-2　SATA 接口

（3）按尺寸分类。常见的硬盘按其盘径尺寸分类可分为 3.5in、2.5in、1.8in 三种。目前的微机基本采用 3.5in 的硬盘；而 2.5in 以下的硬盘主要用于笔记本计算机中。

（4）按容量分类。目前标识硬盘的容量单位是 GB。一般硬盘的容量为 500GB～3TB。

3.1.2　硬盘的结构

硬盘驱动器主要由密封着的数张磁性金属圆盘、磁头组件、主轴、电路板和接口组成，如图 3-3 所示。硬盘的电路板由主控芯片、硬盘 BIOS 和缓冲存储器组成。硬盘电路板集成了用于调节硬盘盘片转速的主轴调整速度电路、控制磁头的磁头驱动器伺服电路和读/写电路，以及控制与接口电路等。

（1）硬盘的内部结构是全密封结构。将磁盘、磁头、电机和电路中的前置放大器等全部密封在净化腔体内。一方面创造了磁头稳定运行的环境，使其能在大气环境甚至恶劣环境下可靠地工作。另一方面，提高了磁头、磁盘系统的使用寿命。净化度通常分为 100 级，有的

图 3-3　硬盘的内部结构

厂家使用 50 级或更高净化度的厂房装配磁盘机。所以用户不能自行随意打开盘腔，当出现故障时只能寻求专门的维修服务。

（2）非接触的磁头、磁盘结构。硬盘的磁头悬浮在盘片表面，没有接触，即利用磁盘的高速旋转在盘面与磁头的浮动支承之间挤入了高速流动的空气，磁头好像飞行器一般在磁盘表面上航行，与磁盘脱离接触，没有机械摩擦。飞高只有 0.1～0.3μm，相当于一根头发丝的 1/1000～1/500。这样可获得极高的数据传输速率，以满足计算机高速度的要求。目前磁盘的转速已高达 7 200r/min

和 10 000r/min，而飞高则保持在 0.3μm 以下，甚至更低，以利于读取较大幅度的高信噪比的信号，提高存储数据的可靠性。

（3）高精度、轻型的磁头驱动、定位系统。这种系统能使磁头在盘面上快速移动，以极短的时间精确地定位在由计算机指令指定的磁道上。目前，磁道密度已高达 5400TPI，而且还在开发和研究各种新方法，如在盘面上挤压（或刻蚀）图形、凹槽、斑点，作为定位和跟踪的标记，以提高和光盘相等的道密度，从而在保持磁盘机高速度、高密度和高可靠性的优势下，大幅度提高存储量。

3.1.3 硬盘的主要技术参数

（1）柱面数。几个盘片的相同位置的磁道上、下一起形成一道道柱面，即柱面是盘片上具有相同编号的磁道。柱面数一般在几百至几千。

（2）磁头数。硬盘往往有几个盘片，一般每个盘片都有上、下两个磁头，所以硬盘的磁头数有几个，就能确定有几个盘片。

（3）扇区数。不同硬盘每个磁道的扇区数也不相同。每个扇区一般仍为 512 字节，硬盘的文件是按簇存放的，每个簇有两个以上的扇区。

（4）容量。硬盘的容量指单碟容量和总容量，单碟容量在 300GB 以上，总容量是用户购买时首先应考虑的。硬盘的容量目前为 500GB～3TB。

（5）数据传输速率。用每秒兆字节表示（MB/s），包括最大内部数据传输速率和外部数据传输速率。最大内部传输速率指磁头至硬盘缓存间的最大数据传输速率。外部数据传输速率通称突发数据传输速率指硬盘缓冲区与系统总线间（或内存条间）的最大数据传输速率。

（6）硬盘的主轴转速。用每分钟转数表示，硬盘旋转速度在 5 400～7 200r/min（Rotational speed Per Minute，每分钟转速）。

（7）存取时间。硬盘读/写一个数据时，首先必须把磁头移动到数据所在的磁道，然后等待所期望的数据扇区转到磁头下进行读/写，因此，存取时间=寻道时间+等待时间。

① 寻道时间：寻道时间通常用平均寻道时间（Average Seek Time）来衡量，因为寻找相邻的磁道所用时间短，而寻找离磁头当前位置较远的磁道用的时间长，容量越大，道密度越高的硬盘寻道时间越短。平均寻道时间越短越好，一般要选择寻道时间在 10ms 以下的产品。

② 等待时间又称平均潜伏时间：磁头找到所需要的磁道后等待所需的数据扇区转到磁头读/写范围内所需要的时间，一般为 5ms 左右。

（8）硬盘高速缓存。高档硬盘上有 4～64MB 的 Cache，目的是提高存取速度，它的功能和意义与 CPU 上的 Cache 相似。一般带有大容量高速缓存的硬盘要贵些，用这种方法提高硬盘存取速度的方式称为硬件高速缓存，另外一种是软件高速缓存。

3.2 移动存储设备

移动存储设备指存储内容后存储介质容易移动、拆装方便。移动存储设备的最大优势就在于容易保存并且防水、防静电、防霉。

3.2.1 移动存储设备的分类

移动存储设备可按存储容量、接口和结构来分类。

1. 按照存储容量分类

移动存储设备按照存储容量，可以分为小容量存储设备、中等容量存储设备和大容量存储设备。小容量存储设备，一般容量小于10GB。中等容量存储设备，其容量一般在10～50GB以内。大容量存储设备，容量超过50GB。

2. 按照接口分类

移动存储设备按照接口可分为并行接口、PCMCIA接口、USB接口、eSATA接口和IEEE1394接口。

（1）PCMCIA接口的移动硬盘是专为笔记本电脑用户设计的，它比并口移动硬盘要好用得多，首先是传输速度更快，其次是解决了热拔插的问题。

（2）USB接口的移动硬盘各方面的性能都比以前的移动硬盘要好得多，尤其是其对操作系统、机型的全面适应，为其迅速流行提供了很好的条件。

（3）IEEE 1394接口的移动硬盘传输速率达到400Mbps。目前除了体积略比USB接口的要大一点以外，几乎没有什么不同。

（4）eSATA接口的移动硬盘传输速率达到300MB/s以上。

3. 按照结构分类

移动存储设备按照结构可大致分为两类：介质/设备分离型和完全整合型的移动存储设备。

3.2.2　移动存储设备的性能指标

移动存储设备的性能指标如下。

（1）移动能力。移动存储设备的存在目的和价值绝大多数体现在"移动"这两个字上。因此，设备及介质的通用性和可靠性是其最重要的性能指标。通用性由体积是否小巧、接口是否统一、是否容易安装使用等因素组成，而可靠性则由抗振动程度、温度适用范围等物理因素决定。

（2）存储容量。移动存储设备作为存储设备，无可争辩容量是首要的需求。但受应用模式的不同，容量的需求是有很大差别的，而容量的差别又会导致我们对速度的要求。其容量一般为1～500GB。

（3）速度。目前小容量的移动设备都采用USB 2.0接口。高容量的移动存储设备都采用USB 3.0接口和eSATA接口，这样就大大提高了传输速度。

（4）价格。目前从移动存储设备的普及情况来看，价格无疑是一个不小的障碍。衡量一个具体产品的性能价格比时常用到"每兆字节成本"，而移动存储设备在这方面还存在差距。

3.2.3　移动存储设备产品

1. 闪存卡

闪存卡（Flash Card）是利用闪存（Flash Memory）技术达到存储电子信息的存储器，一般应用在数码相机、笔记本电脑、掌上电脑、MP3和MP4等小型数码产品中作为存储介质，因为样子小巧，犹如一张卡片，所以称为闪存卡。根据不同的生产厂商和不同的应用，闪存卡大概有Smart Media（SM卡）、Compact Flash（CF卡）、Multi Media Card（MMC卡）、Secure Digital（SD卡）、Memory Stick（记忆棒）、XD-Picture Card（XD卡）和微硬盘（Microdrive）。这些闪存卡虽然外观、规格不同，但其技术性能是基本相同的。表3-1所示为常见闪存卡的规格。

表 3-1 常见闪存卡的规格

类型	SM 卡	CF 卡		MMC 卡	记忆棒	XD 卡	SD 卡
		Type 1	Type 2				
长/mm	45	43	43	32	50	25	32
宽/mm	37	36	36	24	21.5	20	24
高/mm	0.75	3.3	5	1.4	0.28	1.7	2.1
工作电压	3.3V 或 5V	3.3V 或 5V	3.3V 或 5V	2.7~3.6V	2.7~3.6V	2.7~3.6V	2.7~3.6V
接口	22 针	50 针	50 针	7 针	10 针	18 针	9 针

（1）CF 卡（图 3-4）。CF 卡（Compact Flash）是 1994 年由 SanDisk 最先推出的。CF 卡具有 PCMCIA-ATA 功能，并与之兼容；CF 卡重量只有 14g，大小为 43mm×36mm×3.3mm，是一种固态产品，即工作时没有运动部件。CF 卡采用闪存（Flash）技术，是一种稳定的存储解决方案，不需要电池来维持其中存储的数据。对所保存的数据来说，CF 卡比传统磁盘驱动器的安全性和保护性都更高，比传统的磁盘驱动器及 PC 卡的可靠性高 5~10 倍，而且 CF 卡的用电量仅为小型磁盘驱动器的 5%。这些优异的条件使得大多数数码相机都选择 CF 卡作为其首选的存储介质。

图 3-4 CF 卡外观图

CF 卡同时支持 3.3V 和 5V 的电压，任何一张 CF 卡都可以在这两种电压下工作，这使得它具有广阔的使用范围。CF 卡的兼容性还表现在它把 Flash Memory 存储模块与控制器结合在一起，这样使用 CF 卡的外部设备就可以做得比较简单，而且不同的 CF 卡都可以用单一的机构来读/写，不用担心兼容性问题，特别是 CF 卡升级换代时也可以保证对旧设备的兼容性。

CF 卡有相当多的平台支持，包括 DOS、Windows 3.x、Windows 95、Windows 98、Windows XP、Windows 7、Windows CE、OS/2、Apple System 7、Linux 和许多种 UNIX 都能够支持。

（2）SD 卡（图 3-5）。SD 卡（Secure Digital Memory Card）是一种基于半导体快闪记忆器的一代记忆设备。SD 卡由日本松下、东芝及美国 SanDisk 公司于 1999 年 8 月共同开发研制。大小犹如一张邮票的 SD 记忆卡，重量只有 2g，但却拥有高记忆容量、快速的数据传输速率、极大的移动灵活性及很好的安全性。

SD 卡在 24mm×32mm×2.1mm 的体积内结合了 SanDisk 快闪记忆卡控制与 MLC（Multilevel Cell）技术和 TOSHIBA（东芝）0.16μm 及 0.13μm 的 NAND 技术，通过 9 针的接口界面与专门的驱动器相连接，不需要额外的电源来保持记忆的信息。而且它是一体化的固体介质，没有任何移动部分，所以不用担心机械运动的损坏。

图 3-5 SD 卡外观图

SD 卡数据传送和物理规范由 MMC 发展而来，大小和 MMC 差不多，长宽和 MMC 一样，只是厚了 0.7mm，以容纳更大容量的存储单元。SD 卡与 MMC 卡保持着向上兼容，也就是说，MMC 可以被新的 SD 设备存取，兼容性则取决于应用软件。

SD 接口除了保留 MMC 的 7 针外，还在两边多加了两针作为数据线。采用了 NAND 型 Flash Memory，基本上和 Smart Media 的一样，平均数据传输速率能达到 2MB/s。

SD卡的结构能保证数字文件传送的安全性，也很容易重新格式化，所以有着广泛的应用领域，音乐、电影、新闻等多媒体文件都可以方便地保存到SD卡中。因此，不少数码相机也开始支持SD卡。

（3）记忆棒（图3-6）。Memory Stick（记忆棒）是Sony公司开发研制的，尺寸为50mm×21.5mm×2.8mm，重4g，采用精致醒目的外壳，并具有写保护开关。与很多Flash Memory存储卡不同，Memory Stick规范是非公开的，没有什么标准化组织。采用了Sony自己的外形、协议、物理格式和版权保护技术。Memory Stick也包括了控制器在内，采用10针接口，数据总线为串行，最高频率可达20MHz，电压为2.7～3.6V，电流平均为45mA。可以看出这个规格和差不多同一时间出现的MMC颇为相似。

图3-6　记忆棒外观

Sony强调其带独立针槽的接口易于从插槽中插入或抽出，不轻易损坏，而且绝不会互相接触，大大降低针与针接触而发生的误差，令资料传送更为可靠，比起插针式存储卡也更容易清洁。

除了外形小巧、具有极高稳定性和版权保护功能，以及方便地用于各种记忆棒系列产品等特点外，记忆棒的优势还在于索尼推出的大量利用该项技术的产品，如DV摄像机、数码相机、VAIO个人电脑、彩色打印机、Walkman、IC录音机、LCD电视等，而PC卡转换器、并行出口转换器和USB读写器等全线附件使得记忆棒可轻松实现与PC及苹果机的连接。

记忆棒推出后，三星、爱华、三洋、卡西欧、富士通、奥林巴斯、夏普等一系列公司都表示了对此格式的支持。索尼公司目前还在寻求家用电子行业和IT行业对记忆棒格式的认同。

（4）固态硬盘（图3-7）。固态硬盘（Solid State Disk），即固态电子存储阵列硬盘，由控制单元和固态存储单元（Flash芯片）组成。固态硬盘的接口规范和定义、功能及使用方法与普通硬盘完全相同，在产品外形和尺寸上也完全与普通硬盘一致。固态硬盘广泛应用于军事、车载、工控、视频监控、网络监控、网络终端、电力、医疗、航空、导航设备等领域。

图3-7　固态硬盘外观图

固态硬盘的的结构：基于闪存的固态硬盘是固态硬盘的主要类别，其内部构造十分简单，固态硬盘内主体其实就是一块PCB，而这块PCB上最基本的配件就是控制芯片、缓存芯片和用于存储数据的闪存芯片。

2. 闪存

闪存（图3-8）多采用非易失性的存储芯片作为介质（绝大多数为Flash ROM芯片），同时集成控制器及接口。由于半导体芯片的先天优势，使得这类移动存储器体积较小（绝大多数产品的体积只相当于一根手指的大小，因而也有厂商称其为"拇指盘"）、可靠性最好（不怕碰撞/振动、温度适应范围大），在所有移动存储设备中具有最高的移动能力，容量一般在 2～256GB 之间，接口有 USB 2.0 和 USB 3.0。

图 3-8 闪存

3. 移动硬盘

移动存储设备（图 3-9）首要的设计重点在于超大的存储容量。许多设备制造商都采用了硬盘来做存储介质。不过，出于提高抗振能力和缩小体积的考虑，它们几乎清一色都是笔记本电脑的专用硬盘，其中又以 IBM 笔记本电脑专用硬盘居多。在接口类型上，这类掌上型移动存储设备也以 USB 2.0 接口和 USB 3.0 接口为主流，依然没能摆脱接口对存取速度的限制。事实上，由于硬盘的性能大大优于 Flash ROM 芯片，容量上也可以轻易突破 TB 级达到 2TB。

图 3-9 移动硬盘

3.3 光盘驱动器

光盘驱动器简称光驱，是读/写光盘片的设备，包括 CD 驱动器、DVD 驱动器和蓝光驱动器等。
光盘存储的最大优点是存储的容量大，而且光盘的读/写一般是非接触性的，因此比一般的磁盘更耐用。

3.3.1 光盘驱动器的分类

1. 根据光盘驱动器的使用场合和存储容量分类

（1）内置式光盘驱动器。其尺寸大小为 5.25in，直接使用标准的四线电源插头，使用方便，这也是最常见的一种光盘驱动器。

（2）外置式（外接式）光盘驱动器有 SCSI 接口、eSATA 接口、USB 接口和 IEEE 1394 接口，常用的是 USB 接口的外置式光驱。

（3）按存储容量的不同分为 CD 光盘驱动器、DVD 光盘驱动器和蓝光驱动器。DVD 的单面容量约为 CD 容量的 6 倍。

2. 根据光盘驱动器的接口分类

（1）E-IDE 接口。普通用户的光盘驱动器采用的是这种接口，它通过信号线可以直接连到主板 E-IDE2 接口上。目前主板 E-IDE 接口有两个，可连接 4 台 IDE 外部设备，若一条信号线连接两台设备时要注意主从跳线。

（2）SATA 接口（图 3-10）。当前光盘驱动器采用的基本是这种接口，接口传输速率可以达到了 150MB/s。

（2）SCSI 接口。SCSI 接口的光盘驱动器需要一块 SCSI 接口卡，该卡可以驱动多达 16 个包括光盘驱动器在内的不同的外设，且没有主次之分。

（3）USB 接口和 IEEE 1394 接口。主要用于外置式光驱，USB 有 USB 1.1 和 USB 2.0。

USB2.0 规范是由 USB 1.1 规范演变而来的。它的传输速率达 480Mbps。IEEE1394 接口的传输速率达 400Mbps。

图 3-10　SATA 接口的光盘驱动器

3. 根据光盘驱动器读/写方式分类

（1）只读型。即通常所说的 CD-ROM 或 DVD-ROM，其光盘上存储的内容具有只读性。

（2）单写型。即通常所说的光盘刻录机，所使用的光盘可以一次性地写入内容。写入后就与只读型光盘一样了。单写型光盘是利用聚集激光束，使记录材料发生变化实现信息记录的。信息一旦写入则不能再更改。

（3）可擦、可读、可写型。即光盘具有和硬盘一样的多次擦写的功能，可反复使用。目前这类光盘分为相变型光盘和磁光型光盘两大类。

① 相变型：利用激光与介质薄膜作用时，激光的热和光效应使介质在晶态、非晶态之间的可逆相变来实现反复读/写。

② 磁光型：利用热磁效应使磁光介质微量磁化取向上或向下来实现信号的记录和读出。

3.3.2　光盘驱动器的外观和传输模式

1. 光驱的外观

CD 光驱、DVD 光驱和蓝光驱动器外观基本一样。光盘驱动器外观如图 3-11 所示。

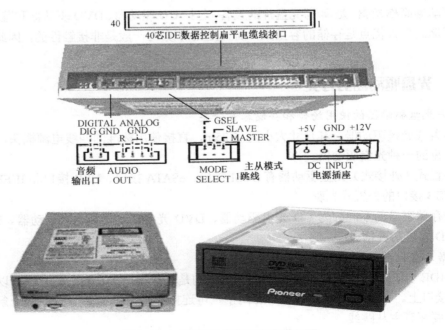

图 3-11　光盘驱动器的外观与背面图

由于生产厂家及规格品牌不同，不同类型的驱动器各部分的位置可能会有差异，但常用的按键和功能基本相同，各部分的名称及作用如下。

- 光盘托盘（Disc Drawer）：用于放置光盘。
- 耳机插孔（Headphone Jack）：在耳机插孔中插上耳机，可以听光盘播放出来的音乐。
- 音量旋钮（Headphone Volume Control）：播放音乐时，调节耳机音量的大小。
- 工作指示灯（Busy Indicator）：该灯亮时，表示驱动器正在读取数据；不亮时，表示驱动器没有读取数据。
- 紧急弹出孔（Emergency Eject Hole）：当停电时，插入曲别针，能够推出光盘托盘。
- 播放/向后搜索按键（Play/Skip Button）：要播放音乐时，按键按钮开始播放第一首，如果要播放下一首，再按此按键，直到播放要听的音乐。
- 打开/关闭/停止按键（Open/Close/Stop Button）：此按键可以打开或关闭光盘托盘。如果正在播放，按此按钮将停止播放。

光盘驱动器的背面：几乎所有的光驱背面都一样，有以下接口。

- 数字音频输出接口（Digital Audio Output Connector）：可以连接到数字音频系统或声卡。
- 模拟音频输出接口（Analog Audio Output Connector）：可以连接音频线，音频线的另一端连接声卡或主板的音频插座上。
- 若是 E-IDE 接口的光驱，有主盘/从盘/CSEL 盘模式跳线（Master/Slave/CSEL Jumper）：如果一条信号线连接两台 E-IDE 设备时要跳线，则一台 E-IDE 设备跳为主，另一台 E-IDE 设备跳为从。
- 数据线插座（Interface Connector）：连接数据线，数据线的另一端连接 E-IDE2 接口。
- 电源插座（Power-in Connector）：连接电源的四线电源线，提供光盘驱动器的电能。

2. 光驱的传输模式

光驱的速度与数据传输技术和数据传输模式有关。目前传输技术有 CLV、CAV、PCAV。传输模式主要是 UDMA 模式（如 UDMA33）。

（1）CLV（Constant Linear Velocity）——恒定线速度。恒定的线速度是指激光头在读取数据时，传输线速度保持恒定不变。

光盘在光驱电动机内旋转是一种圆周运动，光盘上数据轨道与半径有关，即在光驱的转速保持恒定时，由于光盘的内圈每圈的数据量要比外圈少，因此读取光盘最内圈轨道上的数据比外圈快得多。这样就很难做到统一的数据传输速率。而电动机转速的频繁变化和内外圈转速的巨大差异，都会缩短电动机的使用寿命和限制光盘数据传输速率的增加。

（2）CAV（Constant Angular Velocity）——恒定角速度。恒定角速度是指电动机的自转速度始终保持恒定。电动机转速不变，不仅大大提高了外圈的数据传输速率，改善了随机读取时间，也提高了电动机的使用寿命。但因线速度不断提高，在外圈读取时激光头接收的信号微弱，甚至有时无法接收到信号。这种技术不能实现全程一致的数据传输速率。

（3）PCAV（Partial-CAV）——部分恒定角速度。它结合了 CLA 和 CAV 的优点，在内圈用 CAV 方式工作，在电动机转速不太快的情况下，其线速度则不断增加。而当传输速度达到最大时，再以 CLV 方式工作，电动机的转速再逐渐变慢。这种技术一般用在 24 倍速以上的光驱。

3.3.3 光盘驱动器的基本工作原理

1. 只读光盘驱动器的基本工作原理

光盘直径为 120mm，这些数据被记录在高低不同的凹凸起伏槽上。盘片中心有一个半径为 15mm 的孔，向外 13.5mm 的环是不保存任何东西的，再向外的 38mm 区才是真正存放数据的地方，盘的最外侧还有一圈 1mm 的无数据区。

在光盘的生产中，压盘机通过激光在空的光盘上以环绕方式刻出无数条数据道，数据道上有高低不同的"凹"进和"凸"起槽，每条数据道的宽度为 1.6μm。

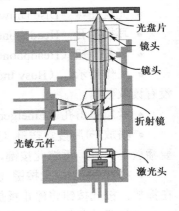

光盘的简要工作原理如图 3-12 所示。光盘驱动器是采用特殊的发光二极管产生激光束，然后通过分光器来控制激光光线，用计算机控制的电动机来移动和定位激光头到正确的位置读取数据。在实际的盘片读取中，将带有"凹"和"凸"那一面向下对着激光头，激光透过表面透明的基片照射到"凹"、"凸"面上，然后聚焦在反射层的"凹"进和"凸"起上。其中，光强度由高到低或由低到高的变化被表示为"1"，"凸"面或"凹"面持续一段时间的连续光强度为"0"。这样，反射回来的光线则被感光器采集并进一步解释成各种不同的数据信息，生成相应的数字信号。数字信号产生之后首先经过数模转换电路转换成模拟信号，然后再通过放大器放大，最终将它们解释成为我们所需要的数据即可。

图 3-12　光盘的简要工作原理

DVD-ROM 驱动器是只读光盘驱动器。DVD（Digital Video Disk），即数字视频光盘或数字影盘，如图 3-13 所示。它利用 MPEG2 的压缩技术来存储影像。DVD 驱动器能够兼容 CD-ROM 的盘片。

DVD 光盘不仅已在音/视频领域内得到了广泛的应用，而且将会带动出版、广播、通信、互联网等行业的发展。

（1）DVD 的信息存储量是 CD-ROM 的 25 倍或更多，DVD-ROM 的存储容量主要有单面单层的 DVD，最大存储容量为 4.7GB；单面双层的 DVD，最大存储容量为 9.4GB；双面单层的 DVD，能存储 8.5GB 的信息；双面双层的 DVD，目前最大存储量为 17.8GB。

（2）DVD-ROM 驱动器的结构。DVD-ROM 的核心部件是 DVD 激光头组件的构成。它在很大程度上决定着一台 DVD-ROM 的性能表现。

图 3-13　DVD 驱动器

由于 DVD 必须兼容 CD-ROM 光盘，而不同的光盘所刻录的坑点和密度均不相同，当然对激光的要求也有不同，这就要求 DVD 激光头在读取不同盘片时要采用不同的光功率。

2. 一次刻多次读光驱的基本工作原理

一次刻多次读的光驱就是在空白的盘片上烧制出"小坑"，这些"小坑"也就是记录数据的反射点。因此，所有刻录机刻出的光盘都可以在普通光驱上顺利读出。当光盘被记录时，光驱发出高功率的激光照射到盘的一个特定部位上，其中有机染料层就会熔化并发生化学变化，而这些被破坏掉的部位则无法顺利地反射激光，而没有被高功率激光照射过的地方就可以靠着盘片本身的黄金层反射激光。

一次刻多次读光驱的常见规格有 DVD+R、DVD-R。DVD-R 是一种类似 CD-R 的一次写入性介质，对于记录存档数据是相当理想的介质；DVD-R 盘可以在标准的 DVD-ROM 驱动器上播放。DVD-R 的单面容量为 3.95GB，约为 CD-R 容量的 6 倍，双面盘的容量还要加倍，这种盘使用一层有机燃料刻录，因而降低了材料成本。一次刻多次读的光驱中有的厂商采用 DVD+R 规格，

DVD+R 的结构和基本原理与 DVD-R 相同。

3. 多次刻多次读光驱的基本工作原理

多次刻多次读光驱即能擦写的光驱，其采用先进的相变（Phase Change）技术，刻录数据时，高功率的激光束反射到盘片的特殊介质，产生结晶和非结晶两种状态，制作出能够提供读取的反射点，并通过激光束的照射，介质层可以在这两种状态中相互转换，达到多次重复写入的目的。

多次刻多次读光驱常见的规格有 DVD-RAM、DVD+RW、DVD-RW 和 DVD-Dual 等。DVD 刻录机外观如图 3-14 所示。

（1）DVD-RW 规范。DVD-RW 是由 Pioneer（先锋）公司于 1998 年提出的，并得到了 DVD 论坛的大力支持，其成员包括苹果、日立、NEC、三星和松下

图 3-14 DVD 刻录机外观

等厂商，并于 2000 年完成 1.1 版本的正式标准。DVD-RW 刻录原理和普通 CD-RW 刻录类似，也采用相位变化的读/写技术，是恒定线速度 CLV 的刻录方式。

DVD-RW 的优点是兼容性好，而且能够以 DVD 视频格式来保存数据，因而可以在影碟机上进行播放。但是，它的一个很大的缺点是格式化需要花费 1.5h 的时间。另外，DVD-RW 提供了两种记录模式：一种称为视频录制模式，另一种称为 DVD 视频模式。前一种模式功能较丰富，但与 DVD 影碟机不兼容。用户需要在这两种格式中做选择，使用不甚方便。

（2）DVD+RW 规范。DVD+RW 是目前最易用、与现有格式兼容性最好的 DVD 刻录标准，而且也便宜。DVD+RW 标准由 Ricoh（理光）、Phlips（飞利浦）、Sony（索尼）、Yamaha（雅马哈）等公司联合开发，这些公司成立了一个 DVD+RW 联盟（DVD+RW Alliance）工业组织。DVD+RW 采用与现有的 DVD 播放器、DVD 驱动器全部兼容，即在计算机和娱乐应用领域的实时视频刻录和随机数据存储方面完全兼容的可重写格式。DVD+RW 不仅仅可以作为 PC 的数据存储，还可以直接以 DVD 视频的格式刻录视频信息。随着 DVD+RW 的发展和普及，DVD+RW 已经成为将 DVD 视频和 PC 上 DVD 刻录机紧密结合在一起的可重写式 DVD 标准。

DVD+RW 具有 DVD-RAM 光驱的易用性，而且提高了 DVD-RW 光驱的兼容性。虽然 DVD+RW 的格式化时间需要 1h 左右，但是由于从中途开始可以在后台进行格式化，因此，1min 以后就可以开始刻录数据，是实用速度最快的 DVD 刻录机。同时，DVD+R/RW 标准也是目前唯一获得微软公司支持的 DVD 刻录标准。DVD+RW 与 DVD-RW 的比较如表 3-2 所示。

表 3-2　DVD+RW 与 DVD-RW 比较

特性	DVD+RW	DVD-RW
有无防刻死技术	有	无
有无纠错管理功能	有	无
CLV（恒定线速度）	有	有
CAV（恒定角速度）	有	无
在 PC 机上对已刻录出来的 DVD 视频盘片有无导入再编辑的功能	有	无
有无类似于 CD 刻录中格式化拖曳式的刻录方式	有	无
光盘刻录封口时间	较短	较长

（3）蓝光刻录机是指基于蓝光 DVD 技术标准的刻录机。蓝光（Blu-Ray）是由索尼、松下、日立、先锋、夏普、LG 电子、三星、汤姆逊和 Philips 等 9 家电子巨头在 2002 年 2 月 19 日共同推出的一代 DVD 光盘标准。蓝光光盘的一个最大优势是容量大，单面单层的就高达 23.3/25/27GB。按照现有标准来计算，一张 27GB 的蓝光光盘可以存储 2h 的高清电视节目，或者超过 13h 的标清电视节目。与现有 CD 或 DVD 相同的是，蓝光光盘的直径是 120mm，厚度也是 1.2mm。

蓝光技术属于相变光盘（Phase Change Disk）技术，相变光盘利用激光使记录介质在结晶态和非结晶态之间可逆相变来实现信息的记录和擦除。在写数据时，聚焦激光束加热记录介质的目的是改变相变记录介质晶体状态，用结晶状态和非结晶状态来区分 0 和 1；读数据时，利用结晶状态和非结晶状态具有不同反射率的特性来检测 0 和 1 信号。

在光盘结构方面，蓝光光盘彻底脱离了 DVD 光盘"0.6mm+0.6mm"设计，采用了全新的"1.1mm 盘基+0.1mm 保护层"结构，并配合高 NA（数值孔径）值保证极低的光盘倾斜误差。0.1mm 覆盖保护层结构对倾斜角的容差较大，不需要倾斜伺服，从而减少了盘片在转动过程中由于倾斜而造成的读/写失常，使数据读取更加容易。但由于覆盖层变薄，光盘的耐损抗污性能随之降低，为了保护光盘表面，光盘外面必须加装光盘盒。这不但提高了蓝光光盘的生产成本，而且加大了薄型驱动器的开发难度。

3.3.4 光盘的规范

1. CD 光盘

CD 的格式大致有以下几种。

（1）CD-DA（Digital Audio，音频 CD）。数字音频光盘，其格式规定在"红皮书"中。红皮书是最早发布的音频光盘标准，于 1981 年由 Philips 和 Sony 两家公司联合制定，是关于音频数据的标准规范，并且成为其他 CD 标准建立的基础，被所有音频 CD 所采用。

CD-DA 要求与 MPC Level 1.0 兼容，也允许声音和其他类型的数据交叉，所以记录的声音可以伴有图像，即人们常说的 VCD。

CD-ROM 是在 CD 唱片技术的基础上产生的，因此，带有音频输出的 CD-ROM 驱动器可以播放 CD 唱片。

（2）CD-ROM（CD Read Only Memory）。只读光盘，其格式规定在"黄皮书"中。Sony 和 Philips 两家公司于 1985 年联合开发出 ISO 9660 标准，即平常所说的黄皮书规范。

该规范为如何对数字数据进行编码制定了基础规则，同时也对早先红皮书规范所规定的音频编码进行了扩展。

CD-ROM 可以像正文文件一样，存入文字、音频、图形和图像等。

（3）CD-I（Compact Disc Interactive）。交互式光盘，其格式规定在"绿皮书"中。

"绿皮书"于 1986 年由 Philips、Sony 和 Micro Ware 公司共同制定，是为了解决 CD 技术中存在的各种分歧而建立的标准，从而为 CD-ROM 的大规模生产铺平了道路。

CD-I 盘用于存放用 MPEG 压缩算法获得的立体声视频信号，大多数影视产品均以该标准制作发行。主要通过 CD-I 播放机，在普通电视机或立体声系统中欣赏 CD-I 盘中的内容。这种光盘也能在解压缩卡或解压软件下播放。一般来说，CD-I 盘不能在 CD-ROM 驱动器上读出，有个别牌子的 CD-ROM 驱动器，在专用软件的驱动下也可读出 CD-I 盘上的多媒体信息，但不具备交互性能。

（4）CD-ROM/XA（Extended Architecture）。只读光盘扩展结构，其格式规定在"黄皮书"中。

由 Philips、Sony、Microsoft 公司于 1989 年共同开发。CD-ROM/XA 可以在 CD-ROM 中交叉存储音频和其他类型的数据，并且允许同时存取，可以同时播放视频动画、图片和音频信息等，与 CD-I 兼容。

CD-ROM/XA 需要在 CD-ROM/XA 系统上才能播放，但通过软件驱动也能在 CD-ROM 驱动器上读出。

（5）CD-R（Record able）。可记录光盘，又称为一次写多次读的 CD 盘，有的盘片是金色的又称为"金盘"，也有绿色和蓝色的盘片。

其内部结构类似于 CD-ROM，信息存放格式与 CD-ROM 盘相同，区别仅在于用户在专用的 CD-R 刻录机上可以向 CD-R 盘中写入数据。这种盘由 CD 刻录机刻制出母盘，提供给厂家大批量生产 CD 光盘。

（6）CD-RW（ReWritable）。多次写多次读光盘。采用相变技术刻录数据时，激光束射到 CD-RW 盘片的介质上，产生结晶和非结晶两种状态，介质层可以在这两种状态中相互转换，达到多次重复写入的目的。

（7）Photo-CD 。Photo-CD 是柯达和 Philips 公司制定的存储彩色照片到光盘上的标准，一张 Photo-CD 盘最多可存储 99 张照片。

（8）VCD（Video Compact Disc）。VCD 格式又称为"白皮书"，是由 Philips、JVC、Matsushita 和 Sony 公司于 1993 年联合提出的。VCD 用于保存采用 MPEG 标准压缩的声音、视频信号，可以存储 74min 的动态图像。在电影解压缩卡（MPEG 解压缩卡）或解压软件的支持下，CD-ROM 驱动器可以读取和重现视频信号。

从上面可以看出，CD 具有多种规格，但是市场上的 CD-ROM 驱动器和光盘，除了特别声明，一般都遵循 ISO 9660 标准，即"黄皮书"规范。

2. DVD 光盘

从 DVD 多功能光盘开始，制订了 DVD 的 Book A 至 Book E 5 种规格，分别定义了 DVD 多功能光盘的 5 种不同规格，称为第二代光盘。

① Book A：定义为 DVD-ROM 标准，即微型机光盘，用途类似于 CD-ROM。

② Book B：定义为 DVD-Video 标准，即电影光盘，用途类似于 LD 或 Video CD。

③ Book C：定义为 DVD-Audio 标准，即音乐光盘，用途类似于音乐 CD。

④ Book D：定义为 DVD-R 标准，即可刻录的光盘，用途类似于 CD-R。

⑤ Book E：定义为 DVD-RAM、DVD-RW、DVD+RW、DVD Dual 标准，即可读写的光盘，用途类似于 MO。

刻录用途的 DVD 光盘，目前常用的只能在盘片的单面记录层里记录 4.7GB 的数据，支持双层刻录的功能是指支持单面双层 DVD 光盘刻录，也就是支持 DVD-9 规格刻录的 DVD 刻录机。当然，要想实现双层刻录，除了刻录机需要支持外，还要有盘片和刻录软件的支持。

在专用 DVD 机播放的 DVD，由两张超薄盘片黏合而成（双面双层），因而其单面最大可以记录 8.5GB 的数据。黏合而成的 DVD 第一层是在半透明的反射膜上记录数据，因而可以通过透过第一层的光读取第二层上的数据。双面双层记录时，由于黏合了两张双层盘片，因而最大容量可达 17GB。

3. 蓝光光盘

一个单层的蓝光光盘的容量为 25GB 或 27GB，足够烧录一个长达 4h 的高解析影片。新力集团称，以 6x 倍速烧录单层 25GB 的蓝光光碟只需大约 50min。而双层的蓝光光碟容量可达到 46GB 或 54GB，足够烧录一个长达 8h 的高解析影片。而容量为 100GB 或 200GB 的，则分别是 4 层和 8 层。

采用波长 405nm 的蓝色激光束进行读/写，之所以能存储庞大容量，主要是因为采用了以下三种写入模式：

（1）缩小激光点以缩短轨距（0.32μm）增加容量，蓝光光盘构成 0 和 1 数字数据的讯坑（0.15μm）变的更小，因为读取讯坑用的蓝色激光波长比红色激光小。

（2）利用不同反射率达到多层写入效果。

（3）沟轨并写方式，增加记录空间。蓝光的高存储量是从改进激光光源波长（405nm）与物镜数值孔径（0.85）而来的。

3.3.5 刻录机的使用

下面以 Nero 刻录软件（以下简称 Nero）为例，介绍 DVD 刻录机的使用方法。

（1）普通数据盘刻录。

启动 Nero，在"新编辑"对话框中选择光盘类型为"DVD"，然后双击"DVD-ROM（ISO）"选项。

单击"ISO"选项卡，在"文件名长度"选项中提供的是刻录方式可支持的文件、文件夹命名方式设置。如果需要刻录中文文件名的文件，建议选择"多位"选项。在"放宽限制"选项组中提供了刻录所允许的文件夹和文件命名方式设置，建议全部选中，这样可保证刻录的文件路径最大限度保持不变，如图 3-15 所示。单击"标签"选项卡，在这里提供的是刻录光盘的卷标描述信息设置。

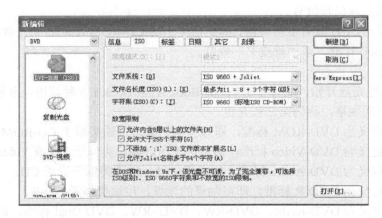

图 3-15　刻录机的设置

单击"日期"选项卡，在这里提供的是刻录文件的原始创建日期、光盘的创建日期等相关设置。直接选中相应的复选框即可。

单击"其他"选项卡，在这里只提供了两个选项，一般选择程序的默认设置"硬盘或网络缓存文件"选项即可。

单击"刻录"选项卡，在这里提供的是刻录方式设置。在"操作"选项组中提供了刻录方式设置，包括"确定最大速度"、"模拟"、"写入"、"结束光盘"等选项，此外还提供了"写入方式"、"刻录份数"等选项，可以根据自己的需要选择即可。

上面的设置完成后，在刻录机中放入一张空白的刻录盘，然后单击"新建"按钮进入程序的主界面，如图 3-16 所示。

在主界面左边给出的是上面创建的刻录窗口，右边是文件列表窗口。现在可以在界面右边选择需要刻录的文件，然后用鼠标拖曳到界面刻录窗口中，以添加刻录对象。程序会在界面下边给出所有添加的文件总容量。

单击"刻录当前编译"按钮,在打开的对话框中单击"刻录"按钮即可进行光盘的刻录操作。

图 3-16　程序的主界面

(2)光盘复制。

我们经常会遇到要复制多个光盘的情况,为了将刻录的 DVD 光盘快速复制到另外的 DVD 光盘中,使用 Nero 和 DVD 复制光盘工具(如 DVD-Cloner)就可以方便快速地完成。

使用 Nero 复制光盘,启动 Nero,在"新编辑"对话框中选择光盘类型为"DVD",然后双击"复制光盘"选项,根据自己的需求对刻录选项进行设置。在"来源光驱"中放入 DVD 光盘,在"目的光盘"中放入被复制的 DVD 光盘。完毕后单击"复制"按钮即可。

要实现 DVD 光盘的复制,不仅要有 DVD 刻录机,还必须有 DVD 光驱。而且某些光盘可能无法复制,可能会出现复制保护或错误,这时可以单击"更多"按钮,并选择"模拟"选项即可。

使用 DVD-Cloner 复制光盘,DVD-Cloner 是复制多个光盘的一个超级实用工具。DVD-Cloner 复制 DVD 光盘的方法很简单:运行 DVD-Cloner,将 DVD 光盘放入 DVD 光驱中,在"源光驱"中选择该光驱。接着将 DVD 盘片放入 DVD 刻录机中,并选择相应的盘符,单击"Start"按钮进行 DVD 光盘的复制。

(3)刻录 DVD 视频光盘。由于 DVD 播放机的普及,将 DVD 视频刻录到光盘中,拿到任意有 DVD 播放机的地方就可以与他人共享。但由于 DVD 视频文件结构的不同,其操作有别于普通 DVD 数据盘的刻录。

下面,我们用 Nero Vision Express(以下简称 Nero Vision)进行视频编辑,以 Nero 刻录为例,介绍制作过程。

① 了解 DVD 文件结构。实际上,能在 DVD 播放机上识别的盘片都是采用 Micro-UDF 格式的。Micro-UDF 格式是 UDF 文件系统的一个子集,由于 Micro-UDF 格式并没有指定一个头信息排序,因此如果要让 DVD 播放机可以识别,就必须有固定的文件存放规范或格式。例如,所有的 DVD 视频内容都存放在 Video-TS 目录中,一个标准的 Video-TS 目录中包含三种类型的文件。

● VOB 文件。VOB 即 Video Objects,视频目标文件。它主要用来保存 DVD 影片中的视频数据流、音频数据流、多语言字幕数据流及供菜单和按钮使用的画面数据。

● IFO 文件。IFO 即 InFOrmation,信息文件。它主要用来控制 VOB 文件的播放。

● BUP 文件。BUP 即 BackUP,备份文件。该类型的文件和 IFO 文件的内容完全相同,是 IFO

文件的备份。

② 制作 DVD 视频文件。DVD 视频的视频数据流为 MPEG2 格式，因此，在进行 DVD 视频制作以前必须将这些视频文件转换成 MPEG2 格式。

启动 Nero Vision，在主窗口右侧依次选择"制作光盘"→"视频光盘"选项，然后单击"下一个"按钮。

在"目录"窗口中，选择"添加视频文件"选项，在打开的对话框中选择需要添加的视频文件（可同时添加多个）。添加后视频文件的第一帧图像及视频属性将显示在左边的项目内容框中，如图 3-17 所示。右击添加的文件，在出现的菜单中可选择"编辑"、"删除"、"重命名"等操作命令。

图 3-17　刻录 DVD 视频主窗口

添加的视频文件，可以是 MPEG2 文件，也可以是 AVI、ASF、WMV 文件。还可以选择"编辑电影"选项对电影进行简单编辑。

针对项目中的单个文件，选择"创建章节"选项，在出现的对话框中对文件可进行添加、修改和自动检测标题的章节等操作，即将文件分为多段，每段被认为一个章节，可以制作每章的菜单，DVD 播放时可分章播放。拖动播放条到需要分段的位置，单击"添加章节"按钮即可将分段位置后的视频单独列为一章。另外，也可单击"自动检测章节"按钮，让程序自动检测。操作完毕，单击"下一个"按钮。

在"选择菜单"窗口中，单击"编辑菜单"按钮，在出现的对话框中设置视频的播放菜单、背景、按钮和文字等属性。操作完毕，单击"下一个"按钮，如图 3-18 所示。

在"预览"窗口中，可对上面设置的菜单进行预览。这里有一个模拟的遥控器，可测试菜单设计是否符合设想，如果满意，单击"下一个"按钮。

在"刻录选项"窗口中，可查看项目的详细资料，选择"刻录到"→"Image Recorder"选项，将 DVD 视频写入到硬盘中即可。

③ 刻录 DVD 视频。启动 Nero，在"新编辑"对话框中选择光盘类型为"DVD"，然后双击"DVD-视频"选项，根据自己的需求对刻录选项进行设置。完毕后单击"新建"按钮进入程序主界面，将上面创建的 DVD 视频 Video-TS 目录中的所有文件拖曳到刻录窗口 Video-TS 目录中。单击"刻录当前编译"按钮，在打开的对话框中单击"刻录"按钮即可。

图 3-18 刻录 DVD 视频操作窗口

（4）刻录 DVD 音频光盘。DVD 上刻录音乐的方法：利用一张 CD 或多张 CD，将各种 MP3、WAV 文件转换成 DVD 音频，并使用 DVD 刻录机刻录成 DVD 音频光盘。

启动 Audio DVD Creator，在主界面中单击"New Project（新项目）"按钮，在出现的对话框中单击"Audio DVD"按钮以新建一个项目。

在打开的设置界面中，在"Project Name（项目名称）文本"框中输入项目的名称，如"我的 DVD-Audio"。在"Audio Format（音频格式）"选项组中选择音频格式，这里选择"PCM"或"AC3"选项。在"TV Mode（电视模式）"选项组中选择 TV 模式，这里选择"NISC"或"PAL"选项。在"Theme（主题风格）"选项中选择封套背景图片。单击"Next"按钮继续，如图 3-19 所示。

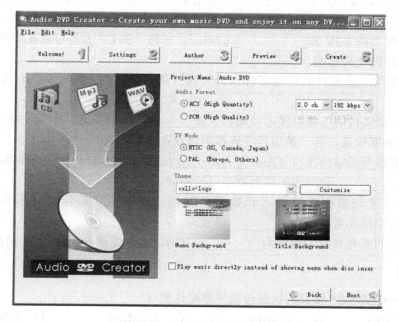

图 3-19 刻录 DVD 音频窗口

在打开的设置界面中，单击"Add Audio CD（添加音频 CD）"按钮，在出现的对话框中添加 CD 光盘中的文件。单击"Add Music Files（添加音乐文件）"按钮，可以在出现的对话框中选择添加 MP3、WAV 文件。添加完毕后，单击"Next"按钮继续。

在打开的设置界面中，选择"Bum Audio DVD Directly（立即刻录 DVD 音频）"选项，在"DVD Writer"列表中选择 DVD 刻录机。单击"Go！"按钮进行刻录。

对于经常要进行数据备份的行业用户来说，其刻录碟片的次数可能非常多，这就对 DVD 刻录机的使用寿命提出了要求。当前市场上不同品牌 DVD 刻录机的质保时间也有差别，一般小品牌的质保时间较短，而大品牌提供的服务相对来说较好。所以，可以根据 DVD 刻录机的质保时间并参考自己的使用频率进行选择。

本章小结

选择硬盘主要考虑存储容量、传输速率、高速缓存容量和接口形式。

移动存储设备有闪存卡、闪存（U 盘）和存储容量大的移动硬盘，要根据使用的条件、需要的容量及性能指标进行选择。

目前光驱的主流配置是 DVD+RW 光驱，DVD+RW 光驱能够向下兼容，读/写 CD 光盘和 DVD 光盘，具有只读光盘、一次刻多次读光盘和擦写光盘的读/写功能。

思考与练习 3

一、填空题

1．硬盘的几个盘片相同位置的磁道上下一起形成一道道_____。

2．磁头找到所需要的磁道后等待所需的数据扇区转到磁头读/写范围内所需要的时间，一般为几毫秒，称为_____。

3．CF 卡同时支持 3.3V 和_____的电压，任何一张 CF 卡都可以在这两种电压下工作，这使得它具有广阔的使用范围。

4．闪存多采用非易失性的存储芯片作为介质（绝大多数为 Flash ROM 芯片），同时集成_____。

5．光盘驱动器通过信号线直接可以连到主板_____接口上。目前主板 E-IDE 接口有两个，可连接 4 台外部设备，若一条信号线连接两台设备时要注意_____。

6．光驱的模拟音频输出接口（Analog Audio Output Connector）：可以连接音频线，音频线的另一端连接_____。音频线的排列顺序可能不同。

7．光驱的速度与数据传输技术和数据传输模式有关。目前传输技术有 CLV、CAV、_____。传输模式主要是_____模式。

8．一个单层的蓝光光盘的容量为_____GB，足够烧录一个长达 4h 的高解析影片。

二、选择题

1．硬盘 Serial ATA 2.0 接口的数据传输速率将达到（   ）。
    A．120MB/s   B．166MB/s   C．266MB/s   D．300MB/s
2．硬盘缓冲区与系统总线间（内存条间）的最大数据传输速率，称为（   ）。

　　A．内部数据传输速率　　　　　　　　B．最大数据传输速率

　　C．硬盘传输速率　　　　　　　　　　D．突发数据传输速率

3．外接式光驱 USB 2.0 规范是由 USB 1.1 规范演变而来的。它的传输速率达到了（　　）。

　　A．48Mbps　　　　B．360Mbps　　　　C．480MB/s　　　　D．480Mbps

4．双面双层的 DVD 光盘，目前最大存储量为（　　）。

　　A．17.8GB　　　　B．17.8MB　　　　C．17.8Gb　　　　D．8.5GB

5．蓝光光碟容量为 100GB 或 200GB 的，分别是（　　）和 8 层。

　　A．3 层　　　　　B．4 层　　　　　C．5 层　　　　　D．6 层

6．CD-ROM（CD Read Only Memory）。只读光盘，其格式规定在（　　）中。

　　A．"白皮书"　　　B．"黄皮书"　　　C．"红皮书"　　　D．"绿皮书"

三、简答题

1．请叙述硬盘的结构特点？

2．请叙述硬盘最大内部数据传输速率和外部数据传输速率的不同点？

3．简述移动存储设备的接口有哪些？

4．请叙述固态硬盘的内部结构特点？

5．根据读/写方式光盘驱动器是如何分类的？

6．根据光盘驱动器的工作原理，说明光盘 "1" 和 "0" 的表示方法？

7．请叙述多次刻多次读光驱的基本工作原理？

8．为什么蓝光刻录机能实现大容量读/写数据？

实训 3

一、实训目的和要求

1．学会进行市场调查，选择性能价格比高的硬盘、光驱、移动存储设备部件。

2．学会认识硬盘、光驱、移动存储设备部件的外观、型号，掌握其主要性能。

3．正确安装微型计算机的硬盘、光驱、移动存储设备等。

4．正确识别微型机存储设备的插座和连线，正确连接排线。

二、实训条件

1．每组一张工作台和一套工具。

2．每组配备能运行的微型机一台。

3．每组配备硬盘、光驱、移动存储设备和各种连接线。

4．DOS 软件。

三、实训主要步骤

1．固定安装硬盘、光驱。

2．连接硬盘、光驱电源线和信号线；对光驱进行刻录操作。

3．在微型机的 USB 接口连接移动存储设备，对移动存储设备进行高级格式化。

第4章 多媒体设备

多媒体设备主要是声卡、音箱、摄像头等，只有装上了这些配件的微型机才能算是多媒体微型机。

4.1 声卡

声卡（图 4-1）主要用于娱乐、学习、编辑声音等。利用微型机听 CD、看 DVD 或是玩游戏都少不了声卡，因为它微型机才能发出典雅、美妙、动听的音乐和逼真的模拟声音。

目前声卡主要是集成在主板上，有的是一块能够实现音频和数字信号相互转换的硬件电路板，声卡可以把来自光盘、磁带、话筒的载有原始声音信息的信号加以转换，输出到耳机、音响、扩音机及录音机等音响设备，或者通过音乐设备数字接口（MIDI）乐器发出美妙的声音。

扬声器输出端口
线性输入端口
话筒输入端口
线性输出端口
第二个线性输出端口

图 4-1 声卡

4.1.1 声卡简介

1．声卡的结构

常见的声卡，主要有声音处理芯片（组）、功率放大器、总线连接端口、输入/输出端口、MIDI 及游戏杆接口（共用一个）、音频连接器等主要结构组件。不同的声卡布置虽不尽相同，但是即便是最简单的声卡也具有以下结构组件。

（1）声音处理芯片。通常是最大的 4 个边都有引线的那只集成块，上面标有商标、型号、生产日期、编号、生产厂商等重要信息。声音处理芯片基本上决定了声卡的性能和档次，其基本功能包括对声波采样和回放的控制、处理 MIDI 指令等，有的厂家还加进了混响、合声、音场调整等功能。

（2）功率放大芯片。功率放大芯片简称功放。从声音处理芯片出来的信号还不能直接推动扬声器发出声音，绝大多数声卡都带有功率放大芯片，以实现这一功能。

（3）总线连接端口。声卡插入计算机主板上的那一端称为总线连接端口，它是声卡与计算机互相交换信息的"桥梁"。大部分总线为 PCI，PCI 声卡插到该总线上。

（4）常见的输入/输出端口。声卡要具有录音和放音功能，就必须有一些与声音和录音设备相连接的端口。在声卡与主机机箱连接的一侧总有一些插孔（3～4 个），通常为"Speaker Out"、"Line Out"、"Line In"、"Mic In"等，其外形与名称如图 4-1 所示（不同声卡上下顺序不尽相同）。如果是三个插孔，则是"Speaker Out"与"Line Out"共用一个插孔，一般可通过声卡上的跳线来定义该插孔为何功能。

● 线性输入端口：标记为"Line In"。Line In 端口将品质较好的声音、音乐信号输入，通过计算机的控制将该信号录制成一个文件。通常该端口用于外接辅助音源，如影碟机、收音机、录像机及 VCD 回放卡的音频输出。

● 线性输出端口：标记为"Line Out"，用于外接音响功放或带功放的音箱。

● 第二个线性输出端口：一般用于连接四声道以上的后端音箱。

● 话筒输入端口：标记为"Mic In"，用于连接麦克风（话筒），可以将自己的歌声录下来实现基本的"卡拉 OK"功能。

● 扬声器输出端口：标记为"Speaker"或"SPK"，用于外接有源音箱的音频线插头。

● MIDI 及游戏摇杆接口：标记为"MIDI"。几乎所有的声卡上均带有一个游戏摇杆接口来配合模拟飞行、模拟驾驶等游戏软件，这个接口与 MIDI 乐器接口共用一个 15 针的 D 型连接器（高档声卡的 MIDI 接口可能还有其他形式）。该接口可以连接游戏摇杆、模拟方向盘，也可以连接电子乐器上的 MIDI 接口，实现 MIDI 音乐信号的直接传输。

（5）音频连接器。它位于声卡的中上部，通常是 3 针或 4 针的小插座，与 DVD-ROM 的相应端口连接实现 DVD 音频信号的直接播放。不同 DVD-ROM 上的音频连接器也不一样，因此，大多数声卡都有两个以上的这种连接器。

（6）电话应答设备接口（TAD）。TAD 用来提供标准语音 Modem 的连接，并向 Modem 传送话筒信号，所以如果配合 Modem 卡和软件，可使计算机具备电话自动应答功能。

（7）辅助设备接口（AUX-IN）。它用于将电视卡、解压卡等设备的声音信号输入声卡、并通过音箱播放。

（8）在声卡上通常有一个 S/PDIF 的两针插座（索尼/飞利浦数字交换格式接口）。通过同轴电缆或光纤传输数字音频信号，可以取得更好的音质，从 DAT 等数字音响设备输出的信号可以通过它直接输入到声卡，再通过软件的控制实现录制和播放等功能。高档的声卡能够实现数字声音信号输入、输出的全部功能。

2. 声卡的工作原理

声卡从话筒中获取模拟信号，通过模拟转换器（ADC），将声波振幅信号转换成一串数字，然后采样、存储到计算机中。当重放声音时，这些数字信号送到一个数/模转换器（DAC），以同样的采样速度还原为模拟波形，待放大后送到扬声器发声。这一技术又称为脉冲编码调制技术（PCM），PCM 技术的两个要素是采样速率和样本规模。人类听力的范围大约为 20Hz～20kHz，一般当采样频率高于声音最高频率的两倍才可以获得满意的效果，因此，激光唱盘的采样速率为 44.1kHz，这也是 PCM 标准的基本要求。

4.1.2　声卡的分类

声卡的分类如下。

（1）按其采样精度可分为 8 位、16 位和 32 位的声卡。采样精度是指声卡在进行声音采样时用多少位来表示采样值。显然精度越高就越精确地反映采样声音的原始面貌，这是声卡的一个重要指标。

目前普通声卡为 8 位和 16 位，32 位的属于专用场合使用的声卡。

（2）按采样频率可分为 22.05kHz、44.5kHz 和 48kHz 的声卡。采样频率指声卡采样时在单位时间内采样的个数，用 kHz 表示。由于数字表示的声音是不连续的，将模拟量换成数字量时，每隔一个时间间隔在模拟声音波形上取一个幅度值，称为"采样"。

（3）按工作方式分为半双工和全双工。半双工是指既能输入又能输出，但两次工作不能同时进行。全双工是指输入、输出能够同时进行，目前市场上大多数为全双工的声卡。

（4）按声卡的结构主要分为板卡式、集成式和外置式三种接口类型。

① 板卡式：板卡式产品涵盖中、高档次，售价从几十元至上千元不等。板卡式产品多为 PCI 接口，有较好的性能及兼容性，支持即插即用，安装使用都很方便。

② 集成式：将声卡集成在主板上。虽然板卡式产品的兼容性、易用性及性能都能满足市场需求，但为了追求廉价与简便，出现了集成式声卡。目前大部分声卡是集成式声卡。

③ 外置式声卡：外置式声卡如图 4-2 所示，它通过 USB 接口与微型机连接，具有使用方便、便于移动等优势。但这类产品主要应用于特殊环境，如连接笔记本电脑实现更好的音质等。目前市场上常见的声卡有创新的 Extigy、Digital Music、MAYA EX 和 MAYA 5.1 USB 等。

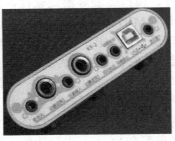

图 4-2　外置式声卡

（5）按声卡的声道分有单声道、立体声、四声道、环绕 5.1 声道、7.1 声道等。

① 单声道。单声道是比较原始的声音复制形式，当通过两个扬声器回放单声道信息的时候，我们可以明显感觉到声音是从两个音箱中间传递到我们耳朵里的。

② 立体声。单声道缺乏对声音的位置定位，而立体声技术则彻底改变了这一状况。声音在录制过程中被分配到两个独立的声道，从而达到了很好的声音定位效果。这种技术在音乐欣赏中显得尤为重要，听众可以清晰地分辨出各种乐器声音来自的方向，从而使音乐更富想象力，更加接近于临场感受。

③ 四声道环绕。四声道环绕规定了 4 个发音点：前左、前右、后左、后右，听众则被包围在这中间。同时还建议增加一个低音音箱，以加强对低频信号的回放处理（这也是如今 4.1 声道音箱系统广泛流行的原因）。就整体效果而言，四声道系统可以为听众带来来自多个不同方向的声音环绕，可以获得身临各种不同环境的听觉感受，给用户以全新的体验。

④ 5.1 声道。5.1 声道已广泛运用于各类传统影院和家庭影院中，一些比较知名的声音录制压缩格式，如杜比 AC-3（Dolby Digital）、DTS 等都是以 5.1 声音系统为技术蓝本的，其中".1"声道，则是一个专门设计的超低音声道，这一声道可以产生频响范围为 20~120Hz 的超低音。其实 5.1 声音系统来源于 4.1 环绕，不同之处在于它增加了一个中置单元。这个中置单元负责传送低于 80Hz 的声音信号，在欣赏影片时有利于加强人的话语声，把对话集中在整个声场的中部，以增加整体效果。

更强大的 7.1 系统在 5.1 系统的基础上又增加了中左和中右两个发音点，以求达到更加完美的境界。由于成本比较高，没有被普及。

4.1.3 声卡的主要技术指标

声卡的主要技术指标如下。

（1）声音合成方式。

FM（Frequency Modulation）调频合成，这种方式通过纯正弦来发出声音，合成出来的音效听起来流畅、动听，但音色有一定程度的失真现象。不能将 MIDI 音乐很好的完全回放出来，效果一般。

波表（Wave Table）合成，通过对乐器声音进行取样，是利用波表合成器以预先制作固化到 ROM 波表芯片中的波形声音为合成元素进行音响合成的，音色逼真。现在的 PCI 声卡都可以提供 2MB 以上的波表库，少数还高达 8MB。波表合成又分为软波表和硬波表。

（2）复音数。复音是指 MIDI 在回放时 1s 内发出的最大声音数目，复音数越大，播放 MIDI 时所能听到的声部就越多，音乐越细腻。目前声卡的硬件复音数不超过 128，但通过软件（驱动程序）模拟得到的复音数就多得多。

（3）信噪比的全称为 Signal To Noise Ratio，缩写为 SNR，是一个诊断声卡抑制音频噪声能力的重要指标。通常用信号和噪声信号的功率比值就是 SNR，单位为分贝（dB）。信噪比值越大则声卡的滤波效果越好。

（4）AC'97（Audio Codec 97）。Intel 公司在 1996 年制定的多媒体音效标准，主板厂商为了节约成本，把声卡中最昂贵的主音频芯片舍弃，将它的任务交给性能越来越强劲的 CPU 来完成。这样，原来的硬件运算在 AC'97 上变成了软件模拟，AC'97 也就成了"软声卡"的代名词。Intel 的 AC'97 规范建议，为了减少声音信号在转换过程中的失真和减少电磁干扰，数模/模数转换部分应该同主芯片分离，采用独立的处理单元进行声音采样编码，这个处理单元就称为 Codec，一般是 48 针或 64 针的小芯片。AC'97 声卡由于搭配的 Codec 不同，它们的表现也略有不同。

（5）声卡的声道。声卡主要有 2.1 声道、4.1 声道、5.1 声道和 7.1 声道。4.1 声道规定了 4 个发音点：前左、前右、后左、后右，听众则被包围在这中间。

（6）API 是声卡编程接口的含义，包含了关于声音定位与处理的指令。它的性能直接影响三维音效的表现力。三维音效中的 API 主要有 Direct Sound 3D、A3D 和 EAX 等。

4.2 音箱

多媒体计算机自然少不了音箱（图 4-3），否则只有声卡、无音箱，声音无从发出。多媒体计算机应配备一对有源音箱或一台功放加上一对无源音箱，目前微机所配的音箱大多是有源音箱。

图 4-3 音箱的外观

音箱是将音频信号还原成声音信号的一种装置，音箱包括箱体、扬声器单元、分频器、吸音材料4个部分，并有调节的按键。

4.2.1　音箱的分类

音箱的分类如下。

（1）按箱体材质分，有塑料音箱和木质音箱。

（2）按声道数量分，有 2.1 式（双声道另加一超重低音声道）、4.1 式（四声道加一超重低音声道）、5.1 式（五声道加一超重低音声道）、7.1 式（七声道加一超重低音声道）等音箱。

（3）按扬声器单元的结构分，有普通扬声器单元、平面扬声器单元、铝带扬声器单元等。多媒体音箱现在以质量较好的丝膜和成本较低的 PV 膜等软球顶的居多。

（4）按功率放大器的内外置分，有有源音箱（放大器内置，最常见）和无源音箱（放大器外置，非常高档的或特别要求的才采用）。

（5）按使用场合来分，有专业音箱与家用音箱两大类。

（6）按放音频率来分，有全频带音箱、低音音箱和超低音音箱。

（7）按用途来分，一般可分为主放音音箱、监听音箱和返听音箱等。

（8）按照发声原理及内部结构的不同，音箱可分为倒相式、密闭式、平板式、号角式、迷宫式等几种类型，其中最主要的形式是密闭式和倒相式。

密闭式音箱就是在封闭的箱体上装上扬声器，效率比较低；而倒相式音箱与它的不同之处就是在前面或后面板上装有圆形的倒相孔。它是按照赫姆霍兹共振器的原理工作的，优点是灵敏度高、能承受的功率较大和动态范围广。因为扬声器后面的声波还要从导相孔放出，所以其效率也高于密闭箱。

4.2.2　音箱的主要性能指标

音箱的主要性能指标如下。

（1）防磁。微机所配的有源音箱与普通有源音箱有些不同，微机所配的是磁屏蔽音箱，通常称为防磁音箱。这种音箱可以屏蔽扬声器自身向外辐射的磁场，使周围的电器不受干扰和磁化。这对 CRT 显示器来说非常重要，即使音箱靠近显示器，也不会使显像管磁化导致屏幕颜色不正。

（2）频响范围。频响范围是指音箱在音频信号播放时，在额定功率状态下，在指定的幅度变化范围内，音箱所能重放音频信号的频响宽度。音箱的频响范围当然是越宽越好，一般为20Hz～20kHz。

（3）灵敏度。灵敏度是指在给音箱输入端输入 1W/1kHz 信号时，在距音箱扬声器平面垂直中轴前方 1m 的地方测试所得的声压级。灵敏度的单位为分贝（dB）。音箱的灵敏度越高则需要放大器的功率越小，普通音箱的灵敏度在 85～90dB 范围内。

（4）失真度。失真度是指由放大器传来的电信号经过音箱转换为声音信号后，输入的电信号和输出的声音信号之比的差别，一般单位为百分比。当然失真度越少越好，多媒体音箱声音的失真允许范围是 10%以内。

（5）输出功率。输出功率是音箱能发出的最大声强，对于多媒体计算机，其功率在 30～80W之间较为合适。若房间较大，且经常用其欣赏音乐，可适当选功率大一点的音箱。输出功率分标准功率和最大（峰值）功率。标准功率是指音箱谐波失真在标准范围内变化时，音箱长时间工作输出功率的最大值；最大功率是在不损坏音箱的前提下，瞬间功率的最大值。

（6）信噪比。信噪比是指音箱回放的正常声音信号强度与噪声信号强度的比值。信噪比低，小信号输入时噪声严重，在整个音域的声音明显变得混浊不清，听不出发的什么音，影响音质。

信噪比一般不低于 70dB。

4.3　摄像头

　　随着 CCD（Charge Coupled Device，电荷耦合器）/CMOS 成像技术被大量用于摄像头，摄像头的成本迅速降低。微型机终于配上了眼睛，拥有了微型机摄像头，使用普通电话线、微型机、摄像头就可将微型机装成可视电话。摄像头的外观如图 4-4 所示。

图 4-4　摄像头外观

4.3.1　摄像头的主要技术参数

　　摄像头的主要技术参数如下。

　　（1）感光元器件 CCD（Charge Coupled Device，电荷耦合器）。同数码相机一样，数码摄像头的核心也是 CCD 感光电子元器件。CCD 是应用在摄影、摄像方面的高端技术元件，它具有成像灵敏度高、抗振动、体积小等优点，但其价格也相对比较高，且耗能大。另外，还有一种新型的感光器件 CMOS（Complementary Metal Oxide Semiconductor，互补金属氧化物半导体），则具有价格低、反应快、耗能低等特点。因此，在数码摄像头的实际应用中，采用 CCD 和 CMOS 的可以说是平分秋色，这和数码相机中全采用 CCD 作为其感光器件相比是有明显区别的。另外，由于现在先进的影像控制技术的推出，CMOS 产品与 CCD 之间的差距已经越来越小了。

　　（2）像素值。像素值是影响数码摄像头质量的重要指标，也是判断其优劣的比较重要的标志。现在主流产品的像素值一般在 35 万左右。不过，光考虑像素值也是不必要的，因为像素值越高的产品其解析图像的能力也就越强，这样，在数码摄像头进行工作的时候，就必须要有更宽的和计算机进行数据交换的通道，否则就会造成系统的延迟。

　　（3）数据接口。采用 USB 接口，不仅使得摄像头的硬件检测、安装比较方便，更主要的是由于 USB 数据传输的高速度决定了数码摄像头的应用，较好地打破了影像文件大量数据传输的瓶颈，使得微型机接收数据更迅速，使动态影像的播放效果更平滑、流畅。当然，USB 数据传输也不是没有缺点的，如图像压缩方面还存在问题。

　　（4）分辨率。除了看像素值以外，分辨率也是一个重要因素。分辨率就是数码摄像头解析辨别图像的能力。当然，与 CCD 的好坏是有直接关系的。一般可分为照相解析度和视频解析度两种，即静态画面捕捉时的分辨率和动态画面捕捉时的分辨率。在实际应用中，一般是照相解析度高于视频解析度。现在基本上稳定在 640×480 这一档上。当然，也有更高的分辨率出现在某些产品上。有些分辨率的标识是指这些产品利用软件所能达到的插值分辨率（和扫描仪有点类似），虽然说也能适当提高所得图像的精度，但和硬件分辨率相比还是有一定的差距的。

　　（5）镜头。和数码相机一样，镜头也是数码摄像头的关键部分。不过，由于价格上的原因，一般的数码摄像头上的镜头并没有什么特别之处，大部分都是通过软件控制来实现模拟的焦距调节的，也有一部分摄像头在镜头上花了一定的工夫，如提供变焦能实现微距拍摄等。

　　（6）软件、硬件的配合。数字摄像头作为一种微型机辅助配件，并不像硬盘、CPU 一样，只要用微型机就必须有配置。要发挥数字摄像头的作用必须有软件来支持，这部分软件又往往不属于常用软件的范畴，因而数字摄像头是否捆绑功能强大的软件，也直接关系到数字摄像头的实际使用。大多数数字摄像头都有一个专用的控制程序，实现最基本的如拍照、摄像、管理影像文件、设置等功能，作为用户直接控制、使用摄像头的工具。这个软件对于大多数用户来说，其易用程度直接决定了用户的实际使用感受。各厂商的产品也会配上诸如视频通信、照片编辑、防盗侦测等功能的软件。其中一些软件往往都是针对初级用户的，例如，照片编辑软件会有大量的模板和创作工具，即使是刚接触图形编辑的用户也可以发挥想象力，对照片进行后期加工处理。视频通信软件可以引导用户进行视频 E-mail、视频电话等。通过这些捆绑软件，用户可以得到更多应用方案。因此，捆绑软件的质量和功能也是选购数字摄像头时要重点考虑的因素。另外，TWAIN 软件接口驱动程序也是非常重要的。

在购买时，最好当场试用一下。首先看的是视频播放的速度。可以把摄像头调到最高分辨率，然后观察其流畅度。一般不好的摄像头会出现明显的跳跃感或延迟。当然，如果有条件的话，也可以采用专门的软件进行测试。一般来说，达到 30FPS（Frames Per Second，帧/s）的播放速度，基本上就可以正常使用了。此外，镜头的灵敏性也是一个要观察的方面。质量差的摄像头，在通过激活应用软件启动摄像头后，界面的预视框中会是模模糊糊的昏暗一片，必须经过一定的环境适应时间、甚至要人为地调节环境光源，才能看到清晰的画面，而好的摄像头则一般不会出现这种情况。

4.3.2 摄像头的安装与使用

目前主流的摄像头采用的是 USB 接口，驱动程序正常安装后，再将摄像头的 USB 接口正确连接至计算机的 USB 接口。重新启动计算机后，系统便会自动检测到设备并发现 USB 设备的提示，稍待片刻，摄像头就安装成功了。此时打开"设备管理器"，会发现页面中已经有了摄像头设备。

有了摄像头，当然要享用它的最基本功能——视频聊天，在此以大家最常用的腾讯 QQ 为例进行讲解。

1. 用 QQ 进行视频聊天

（1）在 QQ 安装成功后，双击桌面上生成的快捷方式让其运行，在出现的主界面窗口上，单击下方的"菜单"按钮，在出现的菜单列表中依次选择"工具"→"视频调节"菜单命令。此时会出现"视频调节向导"对话框，单击"请选择上网类型"栏旁的下拉箭头，可根据自己的上网环境在出现的下拉列表中选择相应的选项。倘若对音频、视频不太熟悉，那么建议使用"系统自动设置"选项。

如果对网络设置有些基础，可以用"手动设置"选项进行调节，以获得更好的效果。选择"手动设置"选项，单击"下一步"按钮进入声音调节对话框。若上网的带宽较高，可以在"语音质量"一栏中选择"更高质量"选项，否则为了节省带宽，可以选择"更小的带宽"选项，但这时声音就不会处于最佳效果。在下方的"声音属性调节"栏中，可拉动相应的滑块将声音调整到最佳状态即可。

单击"下一步"按钮，进入视频调节对话框，可根据需要分别选择"优先保证画面质量"选项或者"优先保证视频流畅"选项，这样就可以根据设置参数的不同而表现出不同的视频播放效果。如果对这两项设置参数都不满意，也可选择"自定义"选项，然后分别拉动"图像质量"和"图像速度"滑块自行调整。对图像质量不满意，还可以单击"画质调节"按钮，即可调出摄像头自身的设置参数列表，进一步进行调整。不过在进行这些设置时，要根据自己的上网环境合理规划，让各项指标达到最佳状态。

（2）进行视频聊天。

双击面板上好友的 ID，在打开的对话窗口中单击菜单栏上的"视频"按钮，即可向好友发出聊天邀请，对方接受邀请后即可进行视频聊天。在聊天面板中，还可以单击视频窗口下的"画中画"按钮，这样便可同时看到双方的聊天画面，以随时监测自己的摄像头是否工作正常，如图 4-5 所示。

图 4-5　QQ 视频聊天窗口

若视频画面过小，可单击视频窗口上的"放大视频窗口"按钮，便可让画面以浮动窗口的形式表现出来；若想中断视频聊天，只需按下视频窗口下的"关闭视频聊天"按钮即可。

2. 用 MSN 进行视频聊天

作为许多办公场合唯一指定允许使用的聊天工具，MSN 的使用人群也为数众多，利用 MSN 同样可以实现视频聊天。

（1）用网络摄像机进行视频聊天。

在好友的对话窗口中，可依次选择"工具"→"网络摄像机设置"菜单命令，在打开的对话框中可对视频图像进行对比度、亮度等多项调整。单击"高级"按钮，还可调出摄像头自带的设置参数列表进行高级设置，最后单击"关闭"按钮完成设置。然后单击工具栏上"网络摄像机"按钮，便可向对方发送邀请。当对方接收邀请后，便可直接欣赏到从你的摄像头发来的视频画面。

（2）应用视频语音聊天。

利用"网络摄像机"只能看到视频，若要进行视频语音聊天，可以选择 MSN 的"视频会议"功能。与进行"网络摄像机"的设置一样，首次使用"视频会议"也必须对视频、音频进行设置。依次选择"工具"→"音频/视频调节向导"菜单命令，便可进入调节向导对话框，选择视频源依次单击"下一步"按钮，便可对视频画面、音频进行调整，除了没有根据网络带宽不同而进行不同的设置外，其他都与 QQ 的设置相似。设置完毕后，选择"操作"→"开始视频会议"菜单命令，便可向对方发送视频会议邀请，当对方接受后，就可以进行视频语音聊天了。

本章小结

目前声卡在多集成在主板上，一般对音质没有特殊要求的集成声卡就能满足用户需要，对音质要求高的和需要多声道的用户可以选择板卡式的声卡。

选择音箱时主要考虑低音音箱的性能，还要考虑多个音箱的组合效果。

摄像头使用时主要考虑技术参数和摄像头的安装位置，摄像头结合软件可以满足用户不同的需要。

思考与练习 4

一、填空题

1. 声卡主要有声音处理芯片（组）、_____、总线连接端口、_____、MIDI 及游戏杆接口（共用一个）、CD 音频连接器等主要结构组件。

2. 声卡与主机机箱连接的一侧总有一些插孔（3～4 个），通常是"Speaker Out"、_____、"Line In"、_____等。

3. _____是指在给音箱输入端输入 1W/1kHz 信号时，在距音箱扬声器平面垂直中轴前方 1m 的地方测试所得的声压级。

4. 声卡既能输入又能输出，但两次工作不能同时进行称为_____；输入、输出能够同时进行称为_____。

5. 声卡按结构主要分为板卡式、_____和_____三种接口类型。

6. 摄像头的主要技术参数有感光元器件（CCD）、_____、数据接口、_____、镜头及软件、硬件的配合。

二、选择题

1. 声卡标记为"Mic In"的接口，用于连接（　　）。
   A．录音机的声音输入　　　　　　　　B．音箱
   C．收音机的声音输入　　　　　　　　D．话筒

2. 声卡进行声音采样时用多少位来表示采样值称为（　　）。
   A．采样效率　　　B．采样频率　　　C．采样精度　　　D．采样位数

3. 5.1 声音系统即 5.1 声道，其中".1"声道，则是一个专门设计的（　　）声道。
   A．超低音　　　B．超高音　　　C．中音　　　D．高音

4. 声音的信号和噪声信号的功率比值就是 SNR，单位为分贝（dB），称为（　　）
   A．功率比　　　B．信噪比　　　C．效率比　　　D．噪信比

5. 音箱的频响范围当然是越宽越好，一般为（　　）。
   A．20Hz～20kHz　B．20～80dB　　　C．10Hz～30kHz　　　D．10～90dB

三、简答题

1. 请叙述声卡的工作原理？
2. 请叙述声卡调频（Frequency Modulation）合成和波表（Wave Table）合成的不同点？
3. 什么是 AC，97？
4. 音箱的频响范围如何定义的？
5. 请叙述音箱的失真度含义？

实训 4

一、实训目的和要求

1. 了解声卡的作用。

2．掌握音箱的连接方法。

3．掌握摄像头的使用方法。

二、实训条件

1．每组一张工作台和一套工具。

2．能够运行的微型机一台。

3．每组一套音箱、摄像头和连接线。

三、实训主要步骤

1．在微型机上连接音箱，播放一首歌曲。

2．连接摄像头进行设置实现视频聊天。

第 5 章　计算机联网

目前有微型机就需要联网，联网的途径很多，联网的效果不同。主要联网的目的是要形成微型机对等网络和连接 Internet。

5.1　对等网络的组建

如果有两台以上微型机最好能够组建成对等网络，这样微型机的资源能够达成共享，从而最大程度地发挥计算机的作用。

5.1.1　网络设备

当前使用计算机离不开网络，最常用的网络设备包括用于拨号上网的 ADSL Modem、网卡和连接局域网的集线器或交换机。

1. 网卡

网卡又称为网络适配器或网络接口卡（Network Interface Card，NIC），如图 5-1 所示。把它插在计算机主板的扩展槽中，通过它尾部的接口与网络线缆相连。目前大部分的网卡集成到了主板上。在局域网中，计算机只有通过网卡才能与网络进行通信。

图 5-1　RJ-45 接口网卡和无线网卡

（1）网卡的类型。

① 按网络的类型来分，有以太网卡、令牌环网卡、ATM 网卡等，常用的是以太网卡。

② 按网卡与主板的接口方式来分，有板卡式、集成在主板上的集成式网卡和外置式。

③ 按网络的传输速度来分，有 10Mbps 的网卡、10/100Mbps 自适应网卡和 1 000 Mbps 的网卡。

④ 按网卡的尾部接口与线缆连接方式来分有多种，如 RJ-45 接口，用于星状网络中连接双绞线；BNC 接口，用于总线状网络中连接细同轴电缆；ST 接口，用于连接光纤；无线网卡。

一个网卡上一般有一个或多个不同的接口，如图 5-2 所示。

⑤ 按网卡与计算机连接位置来分，有插在计算机内的内插网卡和外置式网卡，如图 5-3 所示。

在一些特定的网络中，为了节省投资或其他一些目的需要无盘工作站。无盘工作站就是计算机没有硬盘，它要启动就需要网络服务器来替它完成。这时网卡就需要远程启动 ROM（Remote

Boot ROM），远程启动 ROM 内固化的程序。当无盘工作站开机后，首先完成自检，然后执行远程启动 ROM 里固化的程序，该程序就会自动通过网络去寻找服务器。找到服务器后，就把服务器上为它准备的启动程序通过网络传送到它的内存中，然后执行，这样就完成了无盘工作站的启动。启动后的无盘工作站和其他有盘工作站一样，能在网络中享用网络资源。

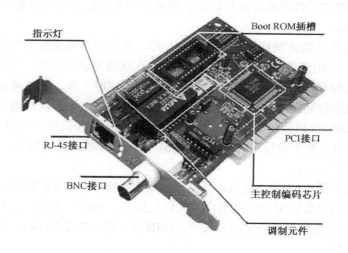

图 5-2　BNC+RJ-45 接口的网卡

图 5-3　USB 外置式网卡和光纤接口网卡

远程启动 ROM 是一块独立的芯片，需要时买一块插在网卡上就可以了。网卡上有一个芯片插槽就是为远程启动 ROM 准备的。

近几年来，无线局域网开始应用。要建立无线局域网，就需要为每台工作站装一个无线网卡。无线网卡实际上就是在一般的网卡上配置一个天线，这样就可把计算机传送的电信号数据转变为电磁波数据在空间中传送。

（2）网卡的基本工作原理。

网卡是网络中最基本、最关键的硬件，它的性能好坏直接影响整个网络的性能。

网卡连接到计算机上，要想网卡正常工作还需要对网卡进行配置。网卡配置时，主要有三个相关的参数：IRQ 中断号、I/O 端口地址和 DMA 通道号。IRQ 中断号、I/O 端口地址和 DMA 通道号由系统自动处理分配。

计算机要在网络上发送数据时，把相应的数据从内存中传送给网卡，网卡便对数据进行处理，把这些数据分割成数据块，并对数据块进行校验，同时加上地址信息，这种地址信息包含了目标网卡的地址及自己的地址，以太网卡和令牌环网卡出厂时，已经把地址固化在了网卡上，这种地址是全球唯一的，然后观察网络是否允许自己发送这些数据，如果网络允许则发出，否则就等待时机再发送。

反之，当网卡接收到网络上传来的数据时，它分析该数据块中的目标地址信息，如果正好是自己的地址时，它就把数据取出来传送到计算机的内存中交给相应的程序处理，否则将不予理睬。

2. ADSL Modem

ADSL Modem 与传统的调制解调器和 ISDN 一样，也是使用电话线作为传输的媒介。当安置了 ADSL Modem 时，利用现代分频和编码调制技术，在这段电话线上将产生三个信息通道：高速下传通道、双工通道和普通的电话通道。这三个通道可以同时工作，也就是说它能够在现有的电话线上获得最大的数据传输能力，在一条电话线上既可以上网，还可以打电话或发送传真。

ADSL 的工作流程：电话线传来的信号首先通过滤波分离器（信号分离器），如果是语音信号，就传到电话机上；如果是数字信号，则被传到 ADSL Modem，数据经过转换，然后传入计算机中，就接收到 Internet 上的信息了。

根据接口类型的不同，ADSL Modem 可以分为以太网接口、PCI 接口和 USB 接口三种类型。USB 接口和 PCI 接口类型适用于家庭用户，性价比较高，小巧、方便、实用，而以太网接口的 ADSL Modem 更适用于企业和办公室的局域网。USB 接口的 ADSL Modem 只有电源接口、RJ-11 电话线接口和 USB 接口。

根据 ADSL Modem 的安装位置，又分为外置式和内置式两种，上面所说的 USB 接口和以太网接口的 ADSL Modem 是外置式的，而 PCI 接口的 ADSL Modem 则属于内置式的。

（1）以太网接口的 ADSL Modem。

以太网接口的 ADSL Modem 最为常见，属于外置式的。这种 Modem 的性能是最好的，功能也最齐全。普通型的适用于家庭用户，而带有桥接和路由功能的则适用于企业和办公场所的局域网，图 5-4 所示是一款家用型以太网接口的 ADSL Modem。该 ADSL Modem 内置了滤波分离器，所以插口上有两个 RJ-11（电话线）接口，一个称为"Line"的电话入户线接口，另一个则是连接电话的"Phone"接口。至于 RJ-45（网线）接口，则用于与计算机网卡上的网线连接。

以太网接口的 ADSL Modem 需要计算机上有一块 10Mbps 的网卡配合工作。

而应用于企业办公环境的外置式以太网接口的 ADSL Modem，在外观上只是多出了几个 10Mbps/100Mbps 自适应的以太网接口，外观如图 5-5 所示。但它内部的变化是非常大的，能够同时连接几台计算机，同时提供上网服务。

图 5-4　家用型以太网接口的 ADSL Modem

图 5-5　外置式 ADSL Modem

很多外置式以太网接口的 ADSL Modem 还提供 R232 的接口，这样用户就可以通过使用串口线将它与计算机上的 COM 串口连接，进行 ADSL 的内部参数设置。

（2）USB 接口的 ADSL Modem。

USB 接口的 ADSL Modem 最大的特点和优势就在于它与计算机的连接是通过 USB 数据线实现的。这样计算机上就不需要另外配置一块网卡了，直接接上 USB 接口就行了，因此要方便很多，主要适用于家庭用户。

USB 接口的 ADSL Modem 一般有一个 USB 接口和一个电话线接口，USB 接口是用来连接计算机用的，而电话线接口则是连接滤波分离器的。

（3）PCI 接口的 ADSL Modem。

PCI 接口的 ADSL Modem 外观类似 PCI 声卡，如图 5-6 所示。它主要适用于家庭用户。把它插在计算机主板的 PCI 插槽中，通过金手指与插槽接触进行数据传送和供电，这种 ADSL Modem 运行速度较慢、容易掉线，而且主要数据处理工作要通过 CPU 承担，因而加重了 CPU 的工作负荷，但它最大的优点就是价格便宜，使用简单。

ADSL Modem 内置了滤波分离器，所以有两个电话线接口，一个是可以连接电话入户线的"Line"接口，一个是连接电话机的"Phone"接口。

PCI 接口的 ADSL Modem 的特点就是简单方便，可直接安装到计算机，然后接上电话线就行了，无需其他的设备和连接器件。

3. 交换机

交换机（图 5-7）可以对信息进行重新生成，并经过内部处理后转发至指定端口，具备自动寻址能力和交换能力。交换机的作用和连接方法基本与集线器相同，但功能较强、速度也快。

图 5-6 PCI 接口的 ADSL Modem

图 5-7 快速以太网交换机外观

（1）交换机的分类。

① 根据网络覆盖范围划分，有局域网交换机和广域网交换机。

② 根据传输介质和传输速度划分，有以太网交换机、快速（百兆）以太网交换机、千兆以太网交换机、10 千兆以太网交换机、ATM 交换机、FDDI 交换机和令牌环交换机等。

③ 根据交换机应用网络层次划分，有企业级交换机、中心网交换机、部门级交换机和工作组交换机、桌机型交换机。

④ 根据交换机端口结构划分，有固定端口交换机和模块化交换机。

⑤ 根据工作协议层划分，有第二层交换机、第三层交换机和第四层交换机。

⑥ 根据是否支持网管功能划分，有网管型交换机和非网管型交换机。

⑦ 根据交换技术划分，目前主要有三种交换技术，分别是端口交换、帧交换和信元交换。

（2）交换机工作原理。

在计算机网络系统中，交换机是针对共享工作模式的集线器的弱点而推出的。交换机的所有端口都挂接在这条背部总线上，当控制电路收到数据包以后，处理端口会查找内存中的地址对照表以确定目的 MAC（网卡的硬件地址）的 NIC（网卡）挂接在哪个端口上，通过内部交换矩阵迅速将数据包传送到目的端口。目的 MAC 若不存在，交换机才广播到所有的端口，接收端回应后交换机会"学习"新的地址，并把它添加到内部地址表中。

4. 无线路由器

目前家庭上网或小型办公室上网离不开无线路由器，如图 5-8 所示，家用无线路由器接口如图 5-9 所示，该路由器能实现无线上网和有线上网。

图 5-8　家用无线路由器

图 5-9　家用无线路由器接口

（1）无线路由器主要特点。

① 启动快：通电后无须等待，立刻就能上网。

② 设置简单：所有设置通过 Web 浏览器即可完成。

③ 经济实用：内建 4 端口交换机和 108Mbps 无线接入点（常用型）。

④ 功能齐全：支持国内常见的各种宽带连接，支持各种网络应用，如个人创建网站，网络游戏等。

⑤ 免维护：固化的操作系统，不会感染病毒。

⑥ 安全性能：支持 64、128 位 WEP 及 WPA（访问保护）协议、WPA-PSK（公用密钥）、802.1x 协议，保证网络安全。

⑦ 智能天线：可以让多个信号在频带上交迭而不互相干扰，能更可靠地获得信号。

⑧ 传输距离：室内 100m，室外 400m。

⑨ 其他功能：支持动态域名解析、DHCP、MAC 地址克隆、VPN、UPNP、远程管理、LOG 日志查看、家长控制功能、过滤不良网页、设定时间等。

某家用无线路由器的主要参数如表 5-1 所示。

表 5-1　某家用无线路由器的主要参数

WAN 接口	1×10/100Mbps
LAN 接口	4×10/100Mbps
天线接口	SMA 接口
协议	TCP/IP、RIP-1、RIP-2、DHCP、NAT、PPTP、PPPOE、IPSEC、L2T

续表

VPN 支持	是
防火墙	支持
无线标准	IEEE 802.11b、IEEE 802.11g
传输速率	108、54、48、36、24、18、12、11、9、6、5.5、2、1Mbps
最高传输速率/Mbps	108
工作频段	2.4～2.5GHz
覆盖范围	300m
安全	40 位（又称为 64 位）、128 位、152 位（02.11g only）WEP 有线等效加密，WPA-PSK（Wi-Fi Protected Access）
管理	基于 Web 的图形用户界面，用户名和口令保护。智能向导和自动检测可用于基本参数设置。通过 IP 地址或 IP 地址范围和口令进行认证的远程管理支持、配置和升级

（2）无线路由器的分类。

① 根据无线路由器与广域网连接的接口分类有 RJ-45 接口、高速同步串口、异步串口和 ISDN BRI 端口。

利用 RJ-45 接口也可以建立广域网与局域网之间的 VLAN（虚拟局域网），以及建立与远程网络或 Internet 的连接。

高速同步串口（SERIAL）端口主要用于连接目前应用非常广泛的 DDN、帧中继（Frame Relay）、X.25、PSTN（模拟电话线路）等网络连接模式。

异步串口（ASYNC）主要应用于 Modem 或 Modem 池的连接，用于实现远程计算机通过公用电话网拨号接入网络。

ISDN BRI 端口用于 ISDN 线路通过路由器实现与 Internet 或其他远程网络的连接，可实现 128Kbps 的通信速率。

② 根据天线的常见接口分类有 SMA 接口、TNC 接口和 MMCX 接口的天线。

SMA 接口的天线：SMA 的天线接口全称为 SMA 反极性公头，即天线接头内部有螺纹而里面触点是针（无线设备一端外部有螺纹而里面触点是管）。这种接口的无线设备是最普及的，70% 以上的 AP、无线路由器和 90% 以上的 PCI 接口的无线网卡都采用这个接口，这个接口大小适中。

MMCX 接口的天线：多见于 AP 和无线路由器内置的 PCMCIA 接口无线网卡，AP 和无线路由器的发射部分有两种：一种是无线网卡，这个卡一般是 PCMCIA 的（也有的是 MiniPCI 的）。另外也有的是无线发射模块，如微星的纯 AP、Linksys 的 11S4 无线路由器等。

③ 根据无线路由器的传输速度分类。无线路由器产品的传输速度是指设备在某种网络协议标准下的数据发送和接收的能力。这个数值取决于设备依赖于何种标准支持及环境等因素。常见无线协议标准下的设备数据传输速率如表 5-2 所示。

表 5-2　常见无线协议标准下的设备数据传输速率

标准	802.11	802.1b	802.11a	蓝牙
频率	2.4GHz	2.4GHz	5GHz	2.4GHz
速率	1～2Mbps	可达 11 Mbps	可达 54Mbps	1 Mbps

④ 根据无线路由器的覆盖范围分类。按照 IEEE 802.11 标准，一般无线路由器所能覆盖的最大距离通常为 300m，不过覆盖的范围主要应视环境的开放与否有关，在设备不加外接天线的情况下，会在视野所及约 300m 处；若属于半开放性空间，或有隔离物的区域，则传输大约在 35～50m

左右；如果借助于外接天线（做链接），传输距离则可达到 30～50km 甚至更远，这要视天线本身的增益而定。因此，需视用户的需求而加以应用。

（3）无线路由器的性能指标。

无线路由器的性能主要指无线性能，无线性能主要是无线天线功能，无线设备本身的天线都有一定距离的限制，当超出这个限制的距离，就要通过一些外接天线来增强无线信号，达到延伸传输距离的目的。

① 频率范围：它是指天线工作的频段。这个参数决定了它适用于哪个无线标准的无线设备。例如，802.11a 标准的无线设备就需要频率范围在 5GHz 的天线来匹配，所以在购买天线时一定要认准这个参数对应的产品。

② 增益值：此参数表示天线功率放大倍数，数值越大表示信号的放大倍数就越大，也就是说当增益数值越大，信号越强，传输质量就越好。

③ 天线接口：主要是针对可以拆装外接天线的无线设备，针对不同的接口正确匹配相应的天线，达到增大信号及延伸距离的功能。

5.1.2 对等网络的组建

在计算机网络中若每台计算机的地位平等，都允许使用其他计算机内部的资源，这种网就称为对等局域网（Peer To Peer LAN，对等网）。对等网非常适合小型的、任务轻的局域网，如在普通办公室、家庭、游戏厅、学生宿舍内建立的小型局域网。通常采用 Windows XP 操作系统或 Windows 7 操作系统组建对等网。

1. 硬件连接

硬件的连接方法如下。

（1）网卡的安装。像安装其他任何硬件适配卡一样，打开机箱，将网卡插入主板的一个空闲的 PCI 插槽中，固定好即可。

（2）双绞线的制作。剪裁适当长度的双绞线，用剥线钳剥去其端头 1cm 左右的外皮，（注意内芯的绝缘层不要剥除）一般内芯的外皮上有配对的颜色，按两端 RJ-45 接头中插线颜色的顺序完全一致地排列好，将线头插入水晶头接头，用钳子压紧，确定没有松动，这样一个接头就完成了。按照上述方法将双绞线的各端都连好接头。

（3）无线路由器或交换机的安装与连接。把接好接头的双绞线的一端插入计算机的网卡上，另外一端插入无线路由器或交换机的接口中，接口的次序不限，接上电源。最后的结果是每一台计算机都用一根双绞线与无线路由器或交换机连接，这种网络的布线方式称为星状拓扑，如图 5-10 所示。

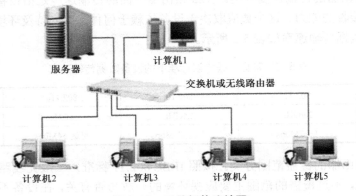

图 5-10 星状拓扑连接图

2. 软件设置

如果计算机已经安装了 Windows XP，那么打开计算机电源，开机时系统会提示发现新设备，并加载网卡设备驱动程序，这时 Windows XP 自带的驱动程序进行自动安装，然后再进行网络属性的相关设置。

（1）在"网上邻居"上单击右键，选择"属性"菜单命令，或者进入控制面板，选择"图络连接"→"本地连接"选项，如图 5-11 所示，打开"本地连接属性"窗口，如图 5-12 所示。

（2）进入"本地连接属性"窗口。在默认的本地连接属性里，安装了"Microsoft 网络客户端"、"QoS 数据包计划程序"、"Microsoft 网络文件和打印机共享"、"TCP/IP 协议" 4 个项目，如图 5-12 所示。这 4 个项目就能基本保障 Windows XP 网络运行了。

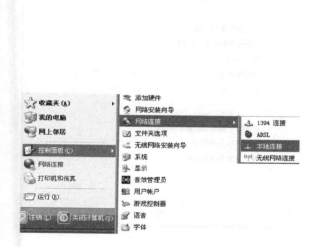

图 5-11 选择本地连接

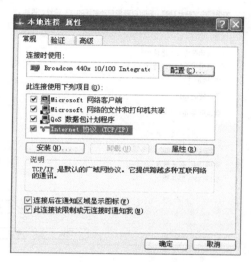

图 5-12 安装了 4 个项目界面

（3）双击"Internet 协议（TCP/IP）"选项，进入"Internet 协议（TCP/IP）属性"窗口，就可以在这里设置 IP 地址了，如图 5-13 所示。

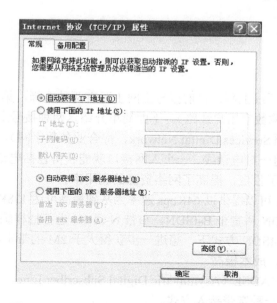

图 5-13 "Internet 协议（TCP/IP）属性"窗口

（4）选中"使用下面的 IP 地址"单选按钮，这时，下面的"IP 地址"、"子网掩码"、"默认网关"处于激活状态，如图 5-14 所示，在它们后面的地址栏里就可以输入数字了。

（5）在"IP 地址"栏里输入"192.168.0.5"，将光标移入"子网掩码"栏的第一位，系统会自动填入"255.255.255.0"，"默认网关"栏一般填"192.168.0.1"。单击"确定"按钮后 IP 地址就设置完毕了，如图 5-15 所示，在局域网中的计算机 IP 地址不能重叠。

这样局域网中的微型机对等网络设置就完成了，微型机之间就可以互相访问了。

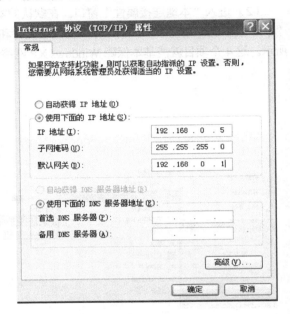

图 5-14　使用 IP 地址界面　　　　　　图 5-15　IP 地址设置界面

5.2　计算机上网方法

5.2.1　上网方法

1. 拨号上网方法

拨号上网指的是用电话线上网，目前拨号上网主要有两种选择，第一种用 ISDN（一线通），第二种是用 ADSL（非对称数字用户线路）。下面简单介绍这两种拨号上网的基本情况。

（1）ISDN（Integrated Services Digital Network，综合业务数字网）。

ISDN 一线多能，使用一对电话线、一个入网接口就能获得包括电话、文字、图像、数据等在内的各种综合业务，节省了投资，提高了网络资源的利用率。

在一根普通电话线上，可以提供以 64Kbps 速率为基础最高可达 128Kbps 上网速度的数字连接。

ISDN 分为窄带 N-ISDN 和宽带 B-ISDN，窄带 N-ISDN 进行抽样编码划分信道，将 2MHz 的带宽充分利用，在窄带 N-ISDN 方式下，想进一步获得大于 2M 的带宽，只能转向宽带 B-ISDN。但宽带 B-ISDN 设备复杂，成本极高。

（2）ADSL MODEM。ADSL（Asymmetric Digital Subscriber Line，非对称数字用户线路），由中国电信承办，是常见的一种宽带接入方式。

在安装方面，电信对 ADSL 拥有优势。ADSL 可直接利用现有的电话线路，通过 ADSL Modem 进行数字信息传输。因此，凡是安装了电信电话的用户都具备安装 ADSL 的基本条件。用户只需到当地电信局开通即可。

虽然 ADSL 的最大理论上行速率可达到 1Mbps、下行速率可达 8Mbps，但目前国内电信为普通家庭用户提供的实际速率多为下行 512Kbps，提供下行 1Mbps 甚至以上速度的地区很少。值得注意的是，这里的传输速率为用户独享带宽，因此，不必担心多家用户在同一时间使用 ADSL 会造成网速变慢。

ADSL 具有的优点：工作稳定，出故障的几率较小，一旦出现故障可及时与电信联系，通常能很快得到技术支持和故障排除。

电信会推出不同价格的包月套餐，为用户提供更多的选择。

带宽独享，并使用公网 IP，用户可建立网站、FTP 服务器或游戏服务器。

ADSL 速率，以 512Kbps 带宽为例，最大下载实际速率为 87KB/s 左右，即便升级到 1M 带宽，也只能达到一百多 KB。

但 ADSL 对电话线路质量要求较高，如果电话线路质量不好易造成 ADSL 工作不稳定或断线。

一般来说，只要用户家中有电话线，基本都可以开通 ADSL（必须是当地电信已提供这项服务）。

2.　ADSL Modem 的硬件安装

ADSL 的硬件安装，准备以下设备：一块 10/100M 自适应网卡；一个 ADSL 调制解调器；另外还有两根两端做好 RJ-11 接头的电话线和一根两端做好 RJ-45 接头的双绞线。有的滤波分离器被内置在 ADSL Modem 中，而有的是独立的设备。常见的 ADSL 滤波器从左到右的连线依次是标记为 "Line" 的接口连接电话入户线；输出语音信号的标记为 "Phone" 的接口连接电话机；标记为 "Modem" 的接口连接 ADSL Modem 的数据信号输出线。

（1）实现共享连接。下面以天邑 HASB-100A 为例讲述 ADSL Modem 无服务器共享连接的使用方法。天邑 HASB-100A 采用 CONEXANT（科胜讯）的芯片，Web 界面管理。因为有多台计算机，所以采用无线路由器加 ADSL Modem 模式上网，用 PPPoE 拨号，这样就可以实现 "开机即上网"，而且多台计算机均可随时独立访问网络，并能实现有线上网和无线上网，如图 5-16 所示。

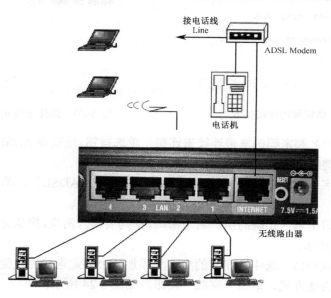

图 5-16　ADSL Modem 直接连接到无线路由器

在 Windows XP 下不需要安装其他的拨号软件，利用其自带的拨号程序就可以进行 ADSL 拨号。在开始菜单中选择"新建连接向导"菜单命令，如图 5-17 所示。

打开的界面将告诉你连接向导能帮助完成哪些设置，直接单击"下一步"按钮继续，如图 5-18 所示。

图 5-17　新建连接向导 1

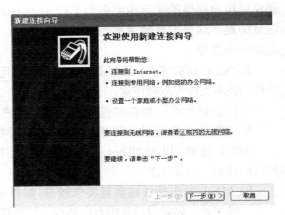

图 5-18　新建连接向导 2

在图 5-19 所示的界面中要求选择网络连接类型，这里选中"连接到 Internet"单选按钮并单击"下一步"按钮继续。

选中"手动设置我的连接"单选按钮，单击"下一步"按钮继续，如图 5-20 所示。

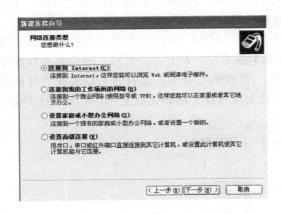

图 5-19　选择网络连接类型

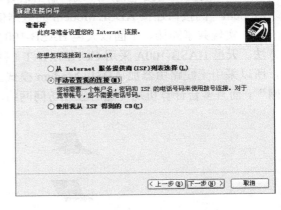

图 5-20　选择连接 Internet 方式 1

选中"用要求用户名和密码的宽带连接来连接"单选按钮，也就是 ADSL 的 PPPoE 连接方式，单击"下一步"按钮继续，如图 5-21 所示。

在打开的"连接名"界面中，输入这次连接的名称，如"ADSL"，单击"下一步"按钮继续，如图 5-22 所示。

在用户名设置窗口中填入正确的用户名与密码，密码要输入两次，确认无误后单击"下一步"按钮继续，如图 5-23 所示。

最后出现程序完成画面，选中"在我的桌面上添加一个到此连接的快捷方式"复选框以便在桌面上创建此连接的快捷方式，单击"完成"按钮，如图 5-24 所示。

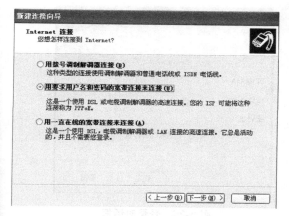

图 5-21　选择 Internet 连接方式 2 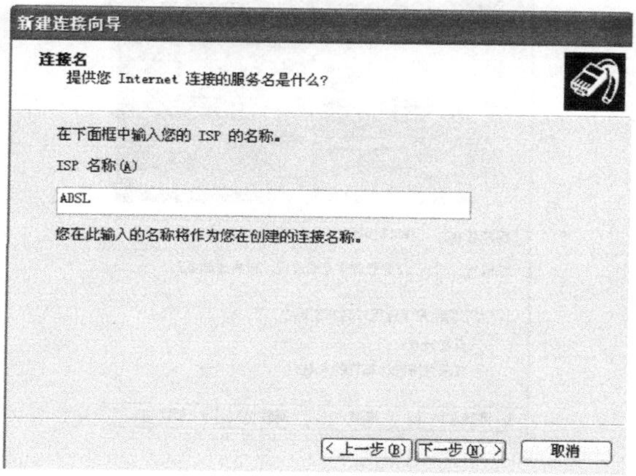　　　　图 5-22　输入连接名

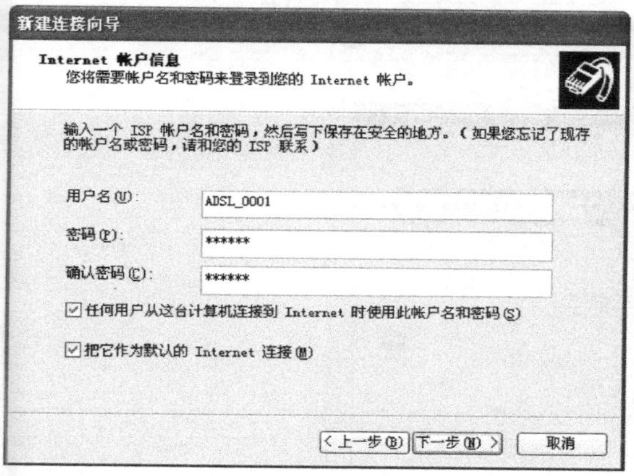

图 5-23　输入 Internet 账号信息 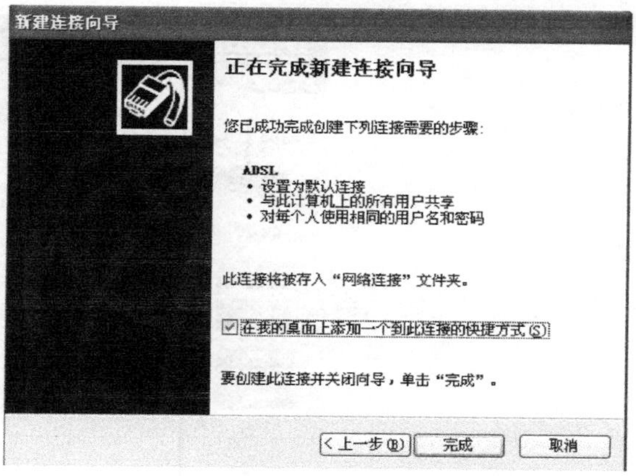　　　　图 5-24　完成新建连接向导

这时，就可以在桌面上看到图标了，双击图标出现拨号界面，确认用户名与密码正确后，单击"连接"按钮开始拨号，如图 5-25 所示。

（2）无线路由器的设置。下面以型号为"D-Link DI-624+A"的无线路由器为例，介绍无线路由器的设置方法。D-Link DI-624+A无线路由器的主要参数如下。

① 标准：符合 802.11g 54M 无线标准，兼容 802.11b。

② 传输速率：1、2、5.5、6、9、11、12、18、22、24、36、48、54Mbps。

③ WAN 接口：10/100M 自适应接口一个。

④ LAN 接口：10/100M 自适应接口 4 个。

双击 Internet 浏览器图标，地址栏输入"http//192.168.0.1"，按 Enter 键，出现 DI-624+A 登录对话框，用户名输入"admin"，密码为空，按 Enter 键，如图 5-26 所示。

单击"确定"按钮，进入 DI-624+A 的主设置页面，如图 5-27 所示。

单击"设置向导"选项卡下的"联机设定精灵"按钮，出现设置向导步骤，如图 5-28 所示。

单击"下一步"按钮，设置新密码，如图 5-29 所示，单击"下一步"按钮。

图 5-25　连接 ADSL

图 5-26　登录对话框

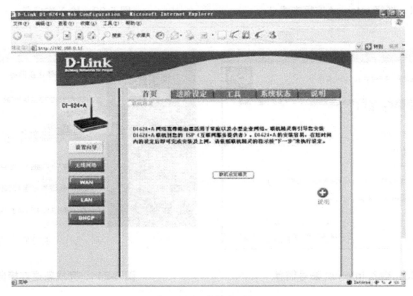

图 5-27　主设置页面

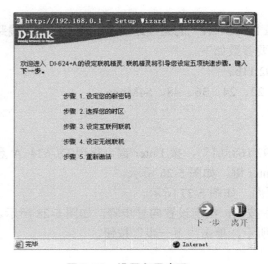

图 5-28　设置向导步骤

图 5-29　设置新密码

设定新时区，单击"下一步"按钮。选择网络连接类型，单击"下一步"按钮。如果选择 PPPoE 的联机方式，请输入 ADSL 账号、密码，如图 5-30 所示。单击"下一步"按钮，进行无线设置，选择安全方式为"WEP"，WEP 加密选择"64Bit"，加密方式为 HEX，如图 5-31 所示。单击"下一步"按钮设置完成。重新激活后完成快速安装。

图 5-30　输入 ADSL 账号、密码

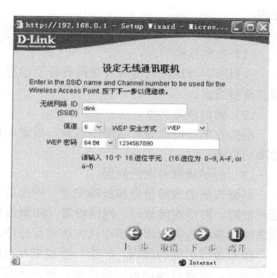

图 5-31　选择安全方式

5.2.2　小区宽带上网

小区宽带一般指的是光纤到小区，也就是 LAN 宽带。整个小区共享这根光纤，在用户不多的时候，速度非常快，下载东西时会感觉到速度很快。理论上最快可到 100MB，但到晚上高峰时，速度就会慢很多。

这是大中城市目前较普及的一种宽带接入方式，网络服务商采用光纤接入到楼（FTTB）或小区（FTTZ），再通过网线接入用户家，为整幢楼或小区提供共享带宽（通常是 10Mbps）。目前国内有多家公司提供此类宽带接入方式，如网通、长城宽带、联通和电信等。

这种宽带接入通常可以由小区出面申请安装，网络服务商也受理个人服务。用户可询问所居住小区物业管理部门或直接询问当地网络服务商是否已开通本小区宽带。这种接入方式对用户设备要求最低，只需一台带 10/100Mbps 自适应网卡的计算机。如果家庭有多台计算机，宽带接入时可以接在无线路由器上，无线路由器再用双绞线连接台式计算机或用无线连接的办法连接笔记本电脑。

LAN 宽带的速度还是比较高的，不但下行速率高，而且上行速率也一样高。比 ADSL 非对称接入还是有一定的带宽优势。

5.3　网络故障排除

5.3.1　局域网常见故障与排除

在进行局域网故障的处理时，先对网络故障进行诊断，辅助各种工具手段，以确定故障发生的位置，然后采取相应的方法排除故障，恢复网络的正常运行。

当局域网运行过程中发生故障时，首先需要进行网络查杀病毒操作，完成后，如果网络仍存在故障，则确定网络故障不是由网络病毒引起的。如果局域网安装了网络监控软件，可测试一下网络流量情况，确定是否是由于网络攻击或某一台计算机频繁发送 Ping 包等因素导致的网络故障。

如果在排除网络病毒和网络攻击等因素后故障仍存在，则说明网络故障是由于局域网内部引起的。

1. 排除局域网故障的一般步骤

（1）收集故障信息。

收集所有与局域网故障有关的有价值信息，特别是系统提示信息，从这些提示信息可得到故障的重要线索。

（2）确定故障类型。

根据收集的信息分析故障的现象，确定局域网故障类型是单机故障还是局部故障，确定网络故障的范围。

（3）列举故障可能的原因。

根据收集的故障信息和故障类型，网络管理人员应当考虑导致故障的各种可能原因，如网卡硬件故障、网络连接故障、网络设备（如集线器、交换机）故障、TCP/IP 协议配置不当等，并按照故障现象将这些原因按操作优先级进行排序。

按照故障可能的原因，一个一个地进行故障的排除。当排除一个可能的原因后，就测试一下网络情况，查看故障是否完全排除，如果故障仍然存在，则进行下一个可能原因的排除，直到排除所有的局域网故障为止。

2. 单机故障排除

单机故障只涉及某一台计算机，是最常见的局域网故障，其故障的排除步骤如下。

（1）使用正确的 IP 地址、子网掩码、网关和 DNS 等设置另一台计算机（测试用的如笔记本电脑）的 TCP/IP 协议。

（2）在集线器或交换机端，拔掉与某一台计算机连接的网线，记住与此计算机连接的端口，并使用正确的直通双绞线将另一台计算机的网卡接口与此端口连接起来。

（3）如果另一台计算机能正确实现网络功能，则说明集线器或交换机的端口没有故障，反之，说明此端口发生故障，换一个端口重试一遍，直到找到正确的端口为止。

（4）使用另一台计算机测试一下计算机使用的双绞线，如果测试正确，则说明原双绞线没有问题，否则，需要重做或替换原双绞线。

（5）拔掉网线，使用测试好的双绞线将计算机的网卡与集线器或交换机端口相连，如果计算机能正确连接网络，则单机故障已经排除。

（6）进入 MS-DOS 方式，输入"ping 127.0.0.1"命令，如果本机 TCP/IP 协议能正常工作，则该地址可以 Ping 通。

（7）使用同样的方式 Ping 本机 IP 地址，如果无法 Ping 通，说明网络适配器（网卡或 Modem）出现故障，否则需要检查计算机使用的网络应用程序。

3. 局部故障排除

局部故障一般与网络计算机没有关系，多是由于集线器或交换机的故障引起的。其故障的排除步骤如下。

（1）根据网络拓扑结构找到局部故障共用的集线器或交换机。

（2）确定该交换机下的所有计算机是否都无法联网，如果是，则使用某台计算机确定该交换机与上一级交换机连接的线路或端口是否发生故障，如果发生故障，替换连接线路或端口，查看故障是否已经排除。

（3）如果交换机支持 VLAN 或第三层功能，则查看其配置信息，看是否存在配置错误，特别是端口状态是否为 UP 状态，查看故障是否已经排除。

（4）按照该网段的配置信息设置某台计算机的 TCP/IP 协议，使用正确的直通双绞线连接某台计算机的网卡和交换机的某一端口，测试某台计算机能否正确联网，如果所有端口都无法正确联网，则使用备用的交换机替换现有的交换机，否则将网线插入到能正确联网的端口，查看故障是否已经排除。

（5）如果还没有排除故障，则继续向下查找，直到找到不能联网的计算机为止。

4. 局域网常见故障的排除方法

局域网故障大多出现在网卡故障、网络连接故障、TCP/IP 协议配置故障、网络设备（如交换机等）故障 4 个方面。

（1）网卡常见故障。网卡故障是比较常见的局域网故障，包括网卡硬件故障和配置网卡故障等情况。当网卡发生故障时，首先应查看网卡的指示灯是否正常。在正常情况下，在不传送数据时，网卡的指示灯闪烁较慢，传送数据时，闪烁较快。如果网卡的指示灯不正常，则说明网卡存在故障。

网卡故障常见的是系统找不到网卡，即在安装网卡时，将一块网卡插入到计算机插槽、启动计算机操作系统后，系统无法找到网卡，无法自动完成网卡驱动程序的安装。

当出现此类故障时，首先确定网卡是否配置了自己的安装程序，如果网卡厂商提供自己的安装程序，则使用其安装程序进行硬件安装。

如果使用厂商提供的安装程序安装后仍找不到网卡，则需要检查网卡是否牢靠地插入插槽中。如果网卡已牢靠地插入插槽中，将网卡插入到其他插槽中试试。

如果仍找不到网卡，则可能是网卡损坏或网卡与计算机不兼容，可换一块网卡试试。

（2）网络连接故障。网络连接故障也是局域网常见的故障，由于双绞线是比较常见的网络连接，下面以双绞线为例介绍网络连接的故障排除。

网络连接故障首先要确定使用的双绞线是否发生故障。

判断双绞线是否有问题，首先需要确定双绞线是直通双绞线还是交叉双绞线，然后，使用双绞线测试仪进行测试，如果正确通过测试，则说明双绞线没有故障。

如果没有双绞线测试仪，可先使用一条已确认没有问题的双绞线替换此双绞线，先排除网卡端口和集线器或交换机的端口是否存在故障，然后，确认此双绞线是否存在故障。

如果双绞线没有故障，则故障出现在双绞线两端连接的端口上。在集线器/交换机端口处，使用某台计算机确认一个正常的端口，将双绞线连接到此端口，查看集线器/交换机相应端口的指示灯是否显示为绿色，如果是，则故障排除；如果不是，则故障发生在双绞线另一端连接的端口上。

如果另一端连接的是网卡，则需要替换网卡；如果另一端连接的是集线器或交换机，则需要将双绞线插入到另一个正常的端口上。

网络连接故障也可先使用某台计算机测试两端的端口是否正常，然后，将双绞线两端的水晶头分别插入到正常的端口中，测试双绞线是否发生故障。

（3）交换机故障。目前大多数企业使用星形拓扑结构组建局域网，对于星形拓扑结构来说，交换机是重要的网络设备，一旦交换机出现故障，就会导致网络故障。

交换机一般有端口损坏、模块故障、VLAN 配置和网络设备故障等类型的故障。

在排除交换机故障时，可通过观察交换机连接端口的指示灯是否发亮，判断网络连接是否正常，因此，使用交换机有利于网络的维护。

对于 10/100Mbps 自适应交换机来说，还可通过连接端口指示灯的不同颜色来判断交换机是处于 10Mbps 状态下，还是处于 100 Mbps 状态下。

交换机设备损坏会影响与此交换机连接的所有计算机。如果所有计算机都不能正常与局域网的其他计算机进行网络通信，可怀疑网络设备故障导致的网络故障。

重新启动交换机，查看是否是由于交换机死机造成的故障。如果重新启动后，故障仍然存在，先断开与交换机连接的所有计算机，然后，使用某台计算机逐一连接所有的端口，测试是否能与其他计算机进行网络通信。如果能，则说明故障是由于连接的计算机或网络连接故障导致的，使用前面的方法逐一排除。如果不能，则测试此交换机与上级交换机的网络连接是否存在故障，如果不是，则一般是网络设备损坏导致的故障，需要更换交换机。

5.3.2　ADSL 上网的常见故障与排除

1. 造成 ADSL 故障的因素

一般说来，导致 ADSL 故障的主要原因如下。

（1）ADSL 常见的硬件故障大多数是接头松动、网线断路、计算机系统故障等方面的问题，一般都可以通过观察指示灯来确定。

（2）电压不正常、温度过高、雷击等也容易造成故障。电压不稳定的地方最好为 Modem 配小功率 UPS，Modem 应保持干燥通风，避免水淋，保持清洁。遇雷雨天气时，务必将 Modem 电源和所有连线拔下。如果 Modem 的指示灯不亮，或只有一个灯亮，或更换网线、网卡之后 10 Base-T 指示灯仍不亮，则表明 Modem 已损坏。

（3）线路距离过长、线路质量差、连线不合理，也是造成 ADSL 不能正常使用的原因。其表现是经常丢失同步、同步困难或一贯性速度很慢。解决的方法是将需要并接的设备如电话分机、传真、普通 Modem 等放到分线器的 PHONE 接口以后；检查所有接头接触是否良好，对质量不好的接线应改造或更换。

（4）软件设置故障。此类故障种类繁多，有因为拨号设置导致的故障，也有拨号软件导致的故障，还有病毒等其他因素导致的故障。

2. 判断 ADSL 故障的基本方法

判断 ADSL 故障有以下几个原则。

① 留心指示灯和报错信息。

② 先硬件后软件，先内部后外部，先本地后外网。

根据上述原则，可以使用以下方法判断 ADSL 故障的原因。

（1）检查电源指示灯是否正常。电源指示灯，持续点亮为正常。

利用 ADSL Modem 中的 POWER 指示灯，可以简单地判断电源是否出现故障。如果 ADSL Modem 在接通电源的情况下，发现 POWER 指示灯不亮的话，可以断定该设备的电源出了问题，或是 ADSL 电源转换器有故障。

（2）数据指示灯是否正常。数据指示灯有 CD 指示灯或 LINK 指示灯，持续点亮为正常。通过查看该灯的工作状态，能够简单识别出与 ADSL Modem 相连接的通信线路的连接故障。

① CD 指示灯或 LINK 指示灯一直闪烁不停，表示当前线路上的通信信号不稳定，倘若过一阵子就恢复为正常，表明该指示灯闪烁是由电信公司的内部线路调整引起的。

② 如果该指示灯一直闪烁不停而无法恢复为正常时，就表示通信线路有故障。此时可以测试一下电话线中是否有信号存在，有信号就表示线路工作正常；如果没有测试到信号，就表明线路可能出现短接或断路现象，这时必须请专业检修人员来修复线路故障。

③ 如果在电话线路上有信号的情况下，该指示灯还处于一直闪烁状态，那就表示端口有问题。检查一下 ADSL 线的分离器有没有连接好。看看在分离器之前，还有没有连接其他设备，如使用了分机或防盗系统等。如果上面的问题全部排除了，该指示灯的状态还不恢复正常的话，就需要请通信公司的工作人员来重新设置网络端口。一般来说，重设网络端口时都会产生信号，如果还不行的话，可以考虑更换一个新的 ADSL Modem。

（3）网卡、网线是否正常。网卡经网线连接 Modem 后，其指示灯会闪亮，如该指示灯不能正常闪亮，说明用户网卡或网线有故障。

① 利用 ADSL Modem 中的 TEST 指示灯或 DIAG 指示灯，可以清楚自己的设备是否顺利通过自检测试。一般来说，该指示灯在刚接通 ADSL Modem 的电源时，会出现闪烁现象，这表明 ADSL 正处于自检状态之中，当自检任务完成后，该指示灯就会自动熄灭。如果该指示灯一直处于长亮状态，就表明该 ADSL Modem 没有顺利通过自检，此时可以先关闭 ADSL Modem，然后再接通电源看看，或者直接按复位按键，看是否能解决故障。如果故障不能解决，基本上就可以断定是硬件设备有问题，必须重新更换。

② 利用 ADSL Modem 中的 LAN 指示灯，可以简单地诊断出与计算机相连的网络设备的连接是否正常。正常情况下，该指示灯处于常亮状态；如果不常亮的话，就表明网络连接可能出现故障，具体诊断方法如下。

● 在 CD 指示灯或 LINK 指示灯常亮的条件下，如果 LAN 指示灯不亮，就表示 ADSL Modem 和网卡之间的网络连接有故障出现，必须更换新网卡才能解决问题。

● 如果 LAN 指示灯常亮，但不能正确使用 ADSL 拨号，可能就是拨号软件出现问题。此时可以将拨号软件从系统中彻底删除，并重新正确地安装拨号软件，并使用正确的拨号用户名与密码。如果还无法正常工作的话，就必须按下 ADSL Modem 中的复位按键，让 ADSL Modem 采用默认的网络参数来工作。

本章小结

组建网络首先要了解网络的主要设备如网卡、交换机、路由器、ADSL 调制解调器的基本原理和作用，以便合理选择网络设备。

家庭上网当前主要采用小区宽带 ADSL Modem 或小区 LAN 上网，可以通过无线路由器设备构建家庭小型局域网，实现有线上网和无线上网。

为了使组建的网络处于正常的运行状态，必须随时维护网络的各种设备，出现问题认真分析，通过故障现象找出处理故障的方法。

思考与练习 5

一、填空题

1．网卡按网络的类型来分，有以太网卡、令牌环网卡、ATM 网卡等，常用_____。

2．网卡按其传输速度来分可分为 10M 网卡、_____自适应网卡和_____网卡。

3．网卡按网卡的尾部接口与线缆连接方式来分，有_____、_____细缆口、ST 接口和无线网卡及综合了这几种插口类型于一身的两合一、三合一网卡。

4．无线路由器与广域网连接的接口有_____、高速同步串口、_____和 ISDN BRI 端口。

5．根据交换机应用网络层次划分，有＿＿＿＿＿＿交换机、中心网交换机、部门级交换机和工作组交换机、＿＿＿＿＿＿交换机。

6．在交换技术上，目前主要有三种交换技术，分别是＿＿＿＿＿＿交换、帧交换和＿＿＿＿＿＿交换。

7．ADSL（Asymmetric Digital Subscriber Line），中文称为＿＿＿＿＿＿线路，由中国电信承办，是最常见的一种宽带接入方式。

二、选择题

1．目前市场上的主流网卡与计算机的连接是（　　　　）接口的网卡。
A．PCI B．ISA C．USB D．串行

2．交换机根据网络覆盖范围划分，有局域网交换机和（　　　　）交换机。
A．工作组 B．企业级 C．以太网 D．广域网

3．在计算机网络中若每台计算机的地位平等，都允许使用其他计算机内部的资源，这种网称为（　　　　）。
A．对等网 B．相等网 C．以太网 D．局域网

4．根据交换机端口结构划分，主要有固定端口交换机和（　　　）交换机。
A．模块化 B．椎叠 C．中心网 D．局域网

5．如果网卡的指示灯不正常，则说明网卡存在故障。在正常情况下，在不传送数据和传送数据时，网卡的指示灯状态分别是（　　　　）。
A．暗和亮 B．闪烁较慢和闪烁较快
C．亮和闪烁 D．暗和闪烁较快

6．ADSL Modem 相连接的通信线路的连接故障通过 CD 指示灯或 LINK 指示灯判断。若 CD 指示灯或 LINK 指示灯一直（　　　），表示当前线路上的通信信号不稳定。
A．闪烁不停 B．常亮 C．常暗 D．闪烁很慢

三、简答题

1．请叙述交换机根据传输介质和传输速度划分有哪些？
2．请叙述交换机的基本工作原理？
3．请叙述无线路由器增益值的含义？
4．请叙述排除局域网故障的一般步骤？
5．请叙述系统找不到网卡可能的故障原因？
6．如何判断双绞线是否有问题？

实训 5

一、实训目的和要求

1．了解网卡、ADSL Modem、交换机和无线路由器的作用。
2．掌握局域网的连接方法。
3．掌握家庭使用 ADSL Modem 上网方法。
4．熟悉网络连接的软件设置。

二、实训条件

1．每组配备能运行的微型计算机一台。

2．每组配置网卡、ADSL Modem、交换机和无线路由器。

3．电话线、申请能上网的账号和密码及若干双绞线。

三、实训步骤

1．将各组的微型机安装网卡通过双绞线连接到交换机上。

2．接通交换机的电源通过交换机的指示灯判断是否连通。

3．设置 TCP/IP 协议，IP 地址及子网掩码，用 Ping 工具测试网卡和协议工作是否正常、双绞线是否接通、局域网是否连通，检查对等局域网工作是否正常。

4．将 ADSL Modem 和无线路由器的电源接通。

5．双绞线一端连接到 ADSL Modem 上，另一端连接到无线路由器上。

6．将 ADSL Modem 与市话线相连接。

7．将微型机通过双绞线连接到无线路由器上。

8．打开 ADSL Modem 和无线路由器的电源，检查指示灯情况。

9．进行无线路由器的软件设置并检查能否顺利地进行有线上网和无线上网。

第6章 输入设备

微型机主要的输入设备有键盘、鼠标、扫描仪和数码相机等。

6.1 键盘与鼠标

6.1.1 键盘

键盘是最常用也是最主要的输入设备，通过键盘，可以将英文字母、汉字、数字、标点符号等输入到计算机中，从而向计算机发出命令、输入数据等。键盘分为主键盘区、数字辅助键盘区、F键功能键盘区、控制键区，对于多功能键盘还增添了快捷键区。如图6-1所示为标准的104/105键盘。

图6-1　标准104/105键盘

1. 键盘的分类

（1）按照应用可以分为台式机键盘、笔记本电脑键盘和工控机键盘。

（2）根据台式机键盘按键的数量划分，经历了83键、93键、96键、101键、102键、104键、107键等。Windows 95面世后，在101键盘的基础上改进成了104/105键盘，增加了三个快捷键（其中有两个重复的Windows按键）。107键盘又称为Windows键盘，比104键盘多了睡眠、唤醒、开机等电源管理按键。大部分的107键盘在右上方多出这三个键位。近几年内紧接着107键盘出现的是新兴的多媒体键盘和无线多媒体键盘，它在传统的键盘基础上又增加了不少常用快捷键或音量调节装置（图6-2），使PC操作进一步简化，如收发电子邮件、打开浏览器软件、启动多媒体播放器等都只需要按一个特殊按键即可。

图 6-2　多媒体键盘和无线多媒体键盘

（3）根据键盘按键开关方式的不同，可以把键盘分为电容式开关的键盘、塑料薄膜式键盘和导电橡胶式键盘三类。电容式开关的键盘，主要原理是通过按键改变电极间的距离产生电容量的变化，暂时形成震荡脉冲允许通过的条件。理论上这种开关是无触点非接触式的，磨损率极小甚至可以忽略不计，也没有接触不良的隐患，噪声小，容易控制手感，可以制造出高质量的键盘，但工艺较机械结构复杂。塑料薄膜式键盘内部共分 4 层，实现了无机械磨损。其特点是低价格、低噪声和低成本，市场占有相当份额。导电橡胶式键盘触点的结构是通过导电橡胶相连。键盘内部有一层凸起带电的导电橡胶，每个按键都对应一个凸起，按下时把下面的触点接通。这种类型被键盘制造厂商所普遍采用。

（4）根据键盘与主板的连接分为 PS/2 键盘插头、USB 键盘插头和无线接口，如图 6-3 所示。现在的台式机大多数主板都提供 PS/2 键盘接口。一些公司又迅速推出了 USB 接口的键盘，现在为了摆脱键盘线的限制，红外键盘和无线键盘也已经被不少计算机爱好者使用了。在不少品牌计算机中，设计者在键盘上配置了上网及控制音响功能的一些控制键，使上网和多媒体操作更加方便。

图 6-3　PS/2 和 USB 键盘插头

（5）根据键盘的外形分为标准键盘和人体工程学键盘。为了使人操作计算机更舒适，出现了人体工程学键盘，如图 6-4 所示，人体工程学键盘是在标准键盘上将指法规定的左手键区和右手键区这两大板块左右分开，并形成一定角度，使操作者不必有意识的夹紧双臂，保持一种比较自然的形态，这种设计的键盘被微软公司命名为自然键盘（Natural Keyboard），对于习惯盲打的用户可以有效地减少左、右手键区的误击率，如字母 G 和 H。有的人体工程学键盘还有意加大常用键如 Space 键和 Enter 键的面积，在键盘的下部增加护手托板，给以前悬空的手腕以支持点，减少由于手腕长期悬空导致的疲劳。这些都可以视为人性化的设计。

图 6-4　人体工程学键盘

2. 键盘工作的基本原理

键盘主要由电路板、键盘体和按键组成。目前台式 PC 的键盘都采用活动式键盘，键盘作为一个独立的输入部件，具有自己的外壳。键盘面板根据档次采用不同的塑料压制而成，部分优质键盘的底部采用较厚的钢板以增加键盘的质感和刚性。

键盘工作的基本原理是把键盘上的按键动作转换成相应的编码传送给主机。它由一组排列成矩阵方式的按键开关组成，使用硬件或软件方式对矩阵的行、列按键开关进行扫描，判断是哪个按键按下去了，这一工作由键盘电路板上的单片机完成。键盘的按键是一个触点式开关，当按键按下时，该按键开关接通；当按键弹起时，该按键开关断开。

薄膜式键盘，这种键盘内部是双层胶片，胶片中间夹有相互导通的印制线。胶片与按键对应的位置有一触点，按下按键时，触点连通相应的印制线，产生该按键的编码。

6.1.2 鼠标

1. 鼠标的分类

目前市场上流行的鼠标按照结构不同划分主要有三种：机械鼠标（半光电鼠标）、光电鼠标和无线鼠标。每种鼠标的特点、用途和选购上都稍有不同。按照接口的不同划分常用的鼠标主要是 PS/2 接口、USB 接口和无线接口的鼠标（图 6-5）。

2. 鼠标的工作原理

（1）机械鼠标（半光电鼠标）。它是一种光电和机械相结合的鼠标（图 6-6）。它的原理：紧贴着滚动橡胶球有两个互相垂直的传动轴，轴上有一个光栅轮，光栅轮的两边对应着有发光二极管和光敏三极管。当鼠标移动时，橡胶球带动两个传动轴旋转，而这时光栅轮也在旋转，光

图 6-5　无线鼠标

敏三极管在接收发光二极管发出的光时被光栅轮间断地阻挡，从而产生脉冲信号，通过鼠标内部的芯片处理之后被 CPU 接收，信号的数量和频率对应着屏幕上的距离和速度。

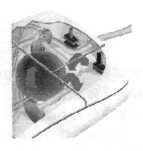

图 6-6　机械鼠标及其内部结构

（2）光电鼠标。光电鼠标产品（图 6-7）按照其年代和使用的技术不同可以分为两代产品，其共同的特点是没有机械鼠标必须使用的鼠标滚球。第一代光电鼠标由光断续器来判断信号，最显著的特点就是需要使用一块特殊的反光板作为鼠标移动时的垫。

目前市场上的光电鼠标产品都是第二代光电鼠标。第二代光电鼠标的原理其实很简单：其使用的是光眼技术，这是一种数字光电技术，较之以往的机械鼠标完全是一种全新的技术突破。在鼠标底部有一个小的扫描器对摆放鼠标的桌面进行扫描，然后对比扫描前后结果确定鼠标移动的

位置。光电鼠标的定位精度要比机械鼠标高出许多，由于不需要控制球，重量也要比机械鼠标轻，使用者的手不易疲劳。

图 6-7 光电鼠标

6.1.3 键盘与鼠标的日常维护

1. 键盘的维护

（1）击键要轻快。按键应养成轻捷地一敲键就立即松手的习惯。使用键盘时，按键动作要准确、力度要适当，若用力过大容易使按键的机械部件受损而失效。当按下某键并保持不动时，将会以每秒若干次的频率重复该键字符，因此，不要养成按下键后停住不放或放开很慢的习惯，以免输入不必要的多余字符。所以，使用键盘时，用力和频率都应适中。

（2）保持键盘清洁。在不使用键盘时，可用塑料罩或柔软布盖上，以免灰尘侵入。要经常清洁键帽之间的灰尘和杂物，以免由于灰尘过多造成按键接触不良或按键反应迟滞。若键盘沾上汗渍、油污等，可用柔软的湿布沾上少许肥皂擦洗。但应注意，擦洗工作一定要在断电的情况下进行；清洁过程中不要让水流入键盘内，以免造成短路，损坏器件。

（3）安装正确。安装和拆卸键盘时，应先关掉主机的电源，然后再插拔电缆插头。带电插拔键盘易造成主板键盘接口故障。

2. 鼠标的正确使用及维护

在日常使用中，无论是半光电鼠标还是光电鼠标，都应保持其工作环境的清洁，尤其是鼠标垫和光电板。对于光电鼠标来说，若光电板脏污，会造成发光二极管的光线不能有效反射至光敏元件，从而影响鼠标的指点精度和效率；对于半光电鼠标而言，如果鼠标垫不清洁，而使橡胶球沾上了灰尘、发屑等污物，将导致其灵活性降低，指点准确性下降，甚至暂时性的鼠标指针不能移动。这时，将鼠标翻过来检查一下，一般情况下，若橡胶球脏污，将污物清除，鼠标即可恢复正常。

半光电鼠标能够灵活操作的最基本条件是它的橡胶球要具有一定的悬垂度，长期使用后会发现，随着鼠标座上的小垫被磨得越来越薄，鼠标的灵活性会逐渐下降，这是由于橡胶球的悬垂度不足，使球的滚动不能有效地带动滚轴而导致的。这时，只需在鼠标座的小垫上贴上一层或几层透明胶带，即可解决。

鼠标一般都应在专用的鼠标垫上使用。若没有专用的鼠标垫，至少应选择一个平整、干净、摩擦力适中的平面来运行鼠标。要避免橡胶球在过于粗糙的表面长时间过度摩擦而变成椭圆形，影响小球运动精度。

使用鼠标时还应注意如下问题。

（1）在使用鼠标之前，除了需运行鼠标驱动程序外，使用的软件必须具有支持鼠标的功能。

（2）鼠标驱动程序必须正确安装，否则鼠标不工作。

（3）正确选择鼠标的工作方式，使其与启动程序一致。

保持鼠标清洁，特别是机械鼠标，如果滚动球脏了，可以将球取出，洗干净后再用，否则光标会移动不畅。

6.2 扫描仪

扫描仪（Scanner）是一种高精度的光电一体化的高科技产品，它是将各种形式的图像信息输入计算机的重要工具。人们通常将扫描仪用于计算机图像的输入，而图像信息是一种信息量最大的形式。从最直接的图片、照片、胶片到各类图纸图形及各类文稿都可以用扫描仪输入到计算机中，进而实现对这些图像信息的处理、管理、使用、存储、输出等。

6.2.1 扫描仪的类型

按其操作方式和用途的不同，目前市面上的扫描仪大体上分为平板式扫描仪、名片扫描仪、底片扫描仪、馈纸式扫描仪、文件扫描仪。除此之外还有手持式扫描仪、鼓式扫描仪、笔式扫描仪、实物扫描仪和 3D 扫描仪等。

平板式扫描仪又称为台式扫描仪，是办公室和家庭常用的扫描仪，如图 6-8 所示。

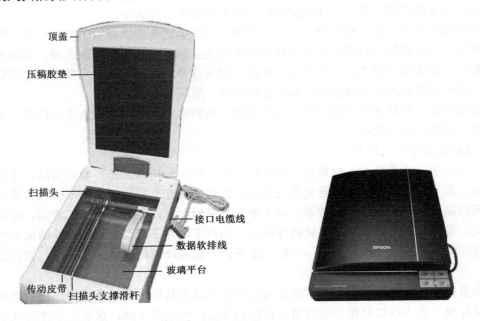

图 6-8　平板式扫描仪

6.2.2 扫描仪的基本工作原理

扫描仪主要由光学部分、机械传动部分和转换电路三部分组成。扫描仪的核心部分是完成光电转换的光电转换部件。目前大多数扫描仪采用的光电转换部件是感光器件（CCD、CIS 和 CMOS）。冷阴极荧光灯具有体积小、亮度高、寿命长的特点，但工作前需要预热。该类光源已经广泛应用于平板式扫描仪中。

扫描仪工作时，首先由光源将光线照在要输入的图稿上，产生表示图像特征的反射光（反射稿）或透射光（透射稿）。光学系统采集这些光线，将其聚焦在感光器件上，由感光器件将光信号转换为电信号，然后由电路部分对这些信号进行 A/D（Analog/Digital）转换及处理，产生对应的数字信号输送给计算机（图 6-9）。机械传动机构在控制电路的控制下带动装有光学系统和 CCD 的扫描头与图稿进行相对运动，将图稿全部扫描一遍，一幅完整的图像就输入到计算机中去了。

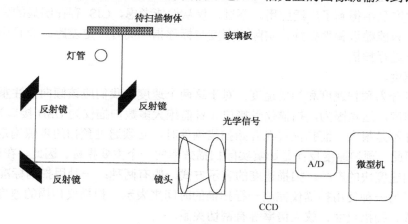

图 6-9 平板扫描仪的结构原理图

在整个扫描仪获取图像的过程中，有两个元件起到关键作用：一个是光电器件，它将光信号转换成为电信号；另一个是 A/D 变换器，它将模拟电信号变为数字电信号。这两个元件的性能直接影响扫描仪的整体性能指标，同时也关系到我们选购和使用扫描仪时如何正确理解和处理某些参数及设置。

6.2.3 扫描仪的主要技术指标

影响扫描仪性能的指标主要有以下几方面。

（1）分辨率。

扫描仪的分辨率通常指每英寸上的点数，即 dpi。市场上主流的扫描仪其光学分辨率通常有 1200×2400dpi、2400×2400dpi、2400×4800 dpi 、3200×6400dpi。除了光学分辨率之外，扫描仪的包装箱上通常还会标注一个最大分辨率，如光学分辨率为 600×1200dpi 的最大分辨率为 9600dpi，这实际上是通过软件在真实的像素点之间插入经过计算得出的额外像素，从而获得插值分辨率。插值分辨率对于图像精度的提高并无实质上的好处，事实上只要软件支持而主机又足够快的话，这种分辨率完全可以做到无限大。

（2）色深和灰度。

色深是指扫描仪对图像进行采样的数据位数，是每个像素点能表示的颜色数量用二进制位表示，也就是扫描仪所能辨析的色彩范围。较高的色深位数可以保证扫描仪反映的图像色彩与实物的真实色彩尽可能一致，同时使图像色彩更加丰富。扫描仪的色彩深度值一般有 36 位、42 位和 48 位等几种，一般光学分辨率为 2400×2400dpi 的色彩深度值为 48 位等。而灰度值是指进行灰度扫描时对图像由纯黑到纯白整个色彩区域进行划分的级数，编辑图像时一般都要用到 16 位，而主流扫描仪通常为 16 位。

（3）感光器件。

扫描仪采用何种感光元件对扫描仪的性能影响也很大，扫描仪的核心部分是完成光电转换的部件——扫描元件（感光器件）。目前市场上扫描仪所使用的感光器件有 4 种：电荷耦合元件 CCD （硅氧化物隔离 CCD 和半导体隔离 CCD）、接触式感光器件 CIS、光电倍增管 PMT 和互补金属氧化物导体 CMOS。

光电倍增管实际上是一种电子管，一般只用在昂贵的专业滚筒式扫描仪上；目前，CCD 已成为应用最广泛的感光元件；CIS 技术最大的优势在于生产成本低，仅有 CCD 的 1/3 左右，所以在一些低端扫描仪产品中得到了广泛应用。不过，仅从性能考虑，CIS 存在明显的先天不足，由于不能使用镜头，只能贴近稿件扫描，实际清晰度与标称指标尚有一定差距。而且由于没有景深，无法对立体物体进行扫描。

（4）扫描速度。

扫描速度可分为预扫速度和扫描速度。对于这两个速度，我们应该倾向于注重预扫速度而不是实际的扫描速度。这是因为，扫描仪受接口（目前绝大多数扫描仪为 USB 接口）带宽的影响，通常速度差别并不是很大。而扫描仪在开始扫描稿件时，必须通过预扫的步骤确定稿件在扫描平台上的位置，因此，预扫速度反而是影响实际扫描效率的一个主要指标。因此，在选择扫描仪时，应尽量选择预扫速度快的产品。扫描速度的表示方式一般有两种：一种用扫描标准 A4 幅面所用的时间来表示，另一种使用扫描仪完成一行扫描的时间来表示。扫描仪扫描的速度与系统配置、扫描分辨率设置、扫描尺寸、放大倍率等有密切关系。

（5）接口。

扫描仪的常见接口包括 SCSI、IEEE 1394 和 USB 接口，目前的家用扫描仪以 USB 接口居多。USB 2.0 接口是最常见的接口，易于安装，支持热插拔。

SCSI 接口的扫描仪安装时需要 SCSI 卡的支持，成本较高。

采用 IEEE 1394 接口的扫描仪的价格比使用 USB 接口的扫描仪高许多。IEEE 1394 也支持外设热插拔，可为外设提供电源，省去了外设自带的电源，能连接多个不同设备，支持同步数据传输，速率可达 400Mbps。

（6）扫描幅面。

扫描幅面指可扫描的纸张的大小，台式扫描仪主要有 A4 和 A3 规格，一般扫描仪的扫描幅面为 A4 规格。

6.2.4 扫描仪的安装和使用

1. 扫描仪的安装

（1）打开扫描单元的锁扣。

在连接扫描仪和计算机之前要打开扫描单元的锁扣。如果保持在锁定状态，扫描仪可能会发生故障。打开扫描单元的锁扣的具体步骤如下。

① 撕下扫描仪上的封条。

② 轻轻地将扫描仪翻过来。

③ 将锁扣开关推向解锁标志一侧，如图 6-10 所示。

④ 重新将扫描仪水平放置。

（2）连接扫描仪。

如果是 SCSI 接口的扫描仪，需要将计算机电源关掉，打开计算机机箱，将接口卡插好，然后盖好机箱，将数据线一端连接扫描仪接口，另一端连接计算机 SCSI

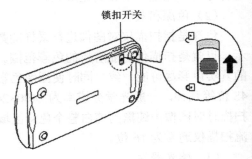

图 6-10　锁扣开关推向解锁标志一侧

卡接口；如果是 USB 接口，连接扫描仪按以下步骤进行。

① 撕下扫描仪上的警告封条。

② 用随机提供的 USB 接口电缆将扫描仪连接到计算机中，如图 6-11 所示。

③ 将随机提供的交流适配器连接到扫描仪上，如图 6-12 所示。

本扫描仪无电源开关。插入 AC 适配器，扫描仪的电源即接通。

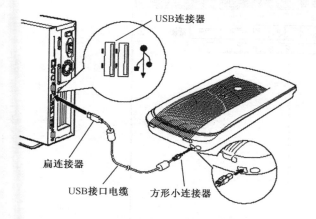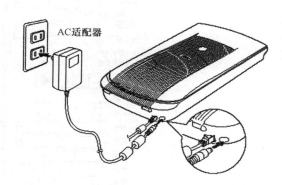

图 6-11　USB 接口电缆将扫描仪连接到计算机中　　　　图 6-12　交流适配器连接到扫描仪上

（3）安装驱动程序。

接通扫描仪的电源，启动计算机，将扫描仪的驱动程序安装盘放入驱动器中，按说明书和屏幕提示完成安装即可。

2．扫描仪的使用

扫描仪可以扫描照片、印刷品及一些实物。扫描时通常要使用 Photoshop 或扫描仪自带的图像编辑软件。下面以 Photoshop 为例，简单介绍扫描仪扫描图像的步骤。

安装好扫描仪后，打开扫描仪的电源，安装扫描仪的驱动程序，打开 Photoshop，打开"文件"菜单，如图 6-13 所示。

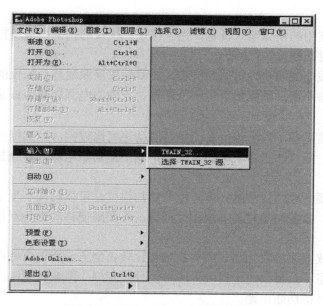

图 6-13　在 Photoshop 中使用扫描仪

选择"输入"菜单中的"TWAIN_32"菜单命令，即可打开扫描操作的画面，如图6-14所示。该画面有两个窗口，在左边的窗口中，可以对扫描的类型、分辨率和输出图像尺寸等内容进行设置；在右边的窗口中，有"预览"和"扫描"两个文字按钮，扫描前，先单击"预览"按钮，进行预览，在预览画面上选择扫描范围，然后再进行扫描。

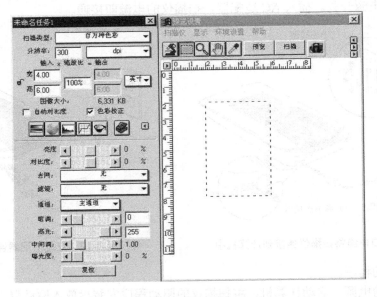

图 6-14　扫描仪操作画面

6.2.5　扫描仪的维护与维修

在连接扫描仪和计算机之前要打开扫描单元的锁扣，通过 USB 接口连接扫描仪，将随机提供的交流适配器连接到扫描仪上，接通扫描仪的电源，启动计算机，将扫描仪的驱动程序安装盘放入驱动器中运行。

1. 扫描仪的维护

扫描仪是目前最实用的图像输入设备，为了保证扫描仪的扫描质量及扫描仪的使用寿命，可以从以下几个方面来对扫描仪进行维护。

（1）不要经常插拔电源线与扫描仪的接头。经常插拔电源线与扫描仪的接头，会造成连接处的接触不良，导致电路不通，维修起来也十分麻烦。正确的电源切断应该是拔掉电源插座上的直插式电源变换器。

（2）不要中途切断电源。由于镜组在工作时运动速度比较慢，当扫描一幅图像后，它需要一部分时间从底部归位，所以在正常供电的情况下不要中途切断电源，等到扫描仪的镜组全部归位后，再切断电源。

（3）放置物品时要一次定位准确。有些型号的扫描仪是可以扫描小型立体物品的，在使用这类扫描仪时应当注意：放置物品时要一次定位准确，不要随便移动以免刮伤玻璃，更不要在扫描过程中移动物品。

（4）不要在扫描仪上面放置物品。因为扫描仪比较占地方，所以有些用户常将一些物品放在扫描仪上面，时间长了，扫描仪的塑料板受压将会导致变形，影响其使用。

（5）长期不使用时请切断电源。

（6）建议不要在靠窗口的位置使用扫描仪。由于扫描仪在工作中会产生静电，时间长了会吸附灰尘进入机体内部影响镜组工作，所以尽量不要在靠窗口或容易吸附灰尘的位置使用扫描仪，另外要保证使用环境的湿度，减少浮尘对扫描仪的影响。

（7）机械部分的保养。扫描仪长期使用后，要拆开盖子，用浸有缝纫机油的棉布擦拭镜组两轨道上的油垢，擦净后，再将适量的缝纫机油滴在转动的齿轮组及皮带两端的轴承上，最后装机测试，噪声就会小很多。

2. 扫描仪的维修

（1）扫描仪的故障类型。

① 安装不正确：扫描仪的驱动程序版本过早或安装错误，以及扫描仪数据线松脱等原因都可能造成此类故障。

② 本身故障：主要是由扫描仪内部硬件的故障所造成的。例如，扫描仪内部的反射镜不干净，扫描出来的图像就会不清晰。

③ 接口故障或 SCSI ID 冲突：是扫描仪经常发生故障的原因之一。

④ 扫描图片太大：当扫描一些大型彩色图片时，有时会出现"磁盘空间不足"的错误提示。

（2）扫描时出现"磁盘空间不够"的信息。

扫描时出现"磁盘空间不够"的信息，可能的原因有以下几种。

① 扫描的图像所需的内存大小超过可用的磁盘空间时，Windows 的虚拟内存会占去一部分磁盘空间，导致程序和扫描进来的图像可用磁盘空间减少。

② 选用了"去除网纹"功能。使用"去除网纹"功能时，需要的内存空间是图像大小的 8 倍。如果不使用去除网纹功能，需要的磁盘空间是图像大小的 2.5 倍。

（3）扫描的图像色彩模糊不清。

扫描的图像色彩模糊不清，故障主要原因的检查方法如下。

① 检查扫描仪的平板玻璃是否很脏，可用专用玻璃纸将其擦拭干净。

② 检查扫描仪所使用的分辨率是否合适。例如，使用 300dpi 的扫描仪扫描 900dpi 的图像，则比较模糊，相当于将像素放大三倍。

③ 检查显示器的色彩显示是否为 16 位彩色或更高。

6.3 数码相机

6.3.1 数码相机的常见种类

数码相机（图 6-15）主要按以下方法分类。

图 6-15 数码相机外观

按照结构类型划分有单反、卡片、长焦、广角、可更换镜头相机等。

按照像素划分有 2000 万以上、1001～2000 万、1000 万以内像素。

按照变焦功能划分有 2～5 倍、5.1～10 倍、10.1～20 倍、20 倍以上等。

按照摄像清晰度划分有高清晰度和全高清晰度。

按照屏幕划分有触摸屏、旋转屏、双屏幕和高清屏等。

6.3.2　数码相机的基本工作原理

数码相机用 CCD（电荷耦合元件）光敏器件替代胶卷感光成像，其原理是利用 CCD 元件的光电转化效应。CCD 元件根据镜头成像之后投射到其上的光线的光强（亮度）与频率（色彩），将光信号转化为电信号，记录到数码相机的内存中，形成计算机可以处理的数字图像信息，因而有人又将这种元件称为"电子胶卷"。数码相机中内存记录的图像信息直接下载到计算机中进行显示或加工。数码相机光学成像部分的原理和装置与传统相机基本相同。

6.3.3　数码相机的主要技术指标

（1）有效像素数。

有效像素数的英文名称为 Effective Pixels。与最大像素数不同，有效像素数是指真正参与感光成像的像素值。最高像素的数值是感光器件的真实像素，这个数据通常包含了感光器件的非成像部分，而有效像素是在镜头变焦倍率下所换算出来的值。以美能达的 Dimage7 为例，其 CCD 像素为 524 万（5.24Megapixel），因为 CCD 有一部分并不参与成像，有效像素只有 490 万。

数码图片的存储方式一般以像素（Pixel）为单位，每个像素是数码图片里面积最小的单位。像素越大，图片的面积越大。要增加一个图片的面积大小，如果没有更多的光进入感光器件，唯一的办法就是把像素的面积增大，这样一来，可能会影响图片的锐力度和清晰度。所以，在像素面积不变的情况下，数码相机能获得最大的图片像素，即为有效像素。

（2）变焦。

变焦分为光学变焦和数码变焦。

光学变焦英文名称为 Optical Zoom，数码相机依靠光学镜头结构来实现变焦。数码相机的光学变焦方式与传统 35mm 相机差不多，就是通过镜片移动来放大与缩小需要拍摄的景物，光学变焦倍数越大，能拍摄的景物就越远。如今数码相机的光学变焦倍数大多为 2～5 倍，即可把 10m 以外的物体拉近至 5～3m；也有一些数码相机拥有 20 倍以上的光学变焦效果。

数码变焦是通过数码相机内的处理器，把图片内的每个像素面积增大，从而达到放大目的。这种手法如同用图像处理软件把图片的面积改大，不过程序是在数码相机内进行的，把原来 CCD 影像感应器上的一部分像素使用"插值"处理手段放大，将 CCD 影像感应器上的像素用插值算法将画面放大到整个画面。目前数码相机的数码变焦一般在 6 倍左右。

（3）色彩深度。

这一指标的含义同扫描仪的色彩深度相同，每个像素点能表示色彩的数量，描述数码相机对色彩的分辨能力，它取决于"电子胶卷"的光电转换精度。目前几乎所有的数码相机的颜色深度都达到了 36 位，可以生成真彩色的图像，某些高档数码相机甚至达到了 48 位。

（4）存储能力。

数码相机内存的存储能力及是否具有扩充功能，是数码相机的重要指标，它决定了在未下载信息之前相机可拍摄照片的数目。而同样的存储容量，所能拍摄照片的数目还与分辨率有关，分辨率越高则存储的照片数目越少，当然还与照片的保存格式有关。使用哪一种分辨率拍摄，要在图像质量与拍摄数量间进行折中考虑。随机存储体一般为 XD 卡和 SD 卡，容量原配为 32～64MB。用户通常要另外买存储体，否则仅凭随机存储体可记录的图片和文件非常有限。存储卡的种类也有很多种，如 CF 卡、SD 卡、索尼的记忆棒及 SM 卡等。

（5）光圈与快门。

光圈是一个用来控制光线透过镜头进入机身内感光面的光量的装置，它通常是在镜头内。光圈 F 值=镜头的焦距/镜头口径的直径。快门包括电子快门、机械快门和 B 门。电子快门是用电路控制快门线圈磁铁的原理来控制快门时间的，齿轮与连动零件大多为塑料材质；机械快门控制快门的原理是，齿轮带动控制时间，连动与齿轮的材质为铜和铁的居多。当需要超过 1s 的曝光时间时，就要用到 B 门了。使用 B 门的时候，快门释放键按下，快门便长时间开启，直至松开释放键快门才关闭。

6.3.4 数码相机的使用

1. 数码相机的外观

适马数码相机（SIGMA DP2S）是一种性能价格比较高的数码相机。该相机的外观与各部分的名称如图 6-16、图 6-17、图 6-18 和表 6-1 所示。

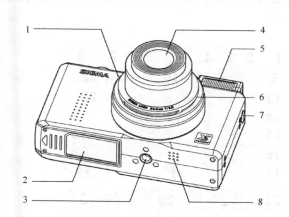

图 6-16 DP2S 数码相机的前视图

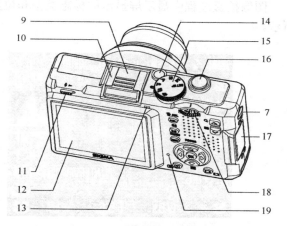

图 6-17 DP2S 数码相机的俯视图

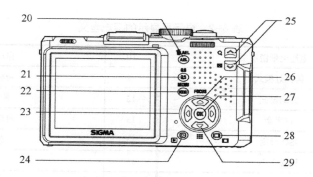

图 6-18 DP2S 数码相机的后视图

表 6-1　适马 DP2S 相机各部分的名称

1	麦克风	16	快门释放按钮
2	电池/记忆卡遮盖	17	端子遮盖
3	三脚架连接孔	18	MF 距离表尺转盘
4	镜头	19	工作中显示灯
5	闪光灯	20	自动曝光锁定/删除键
6	镜头盖接环	21	快速设定键
7	肩带连接环	22	选单键
8	扬声器	23	四方向控制盘
9	闪光灯热靴盖	24	浏览图像键
10	闪光灯热靴	25	上键、下键
11	闪光灯弹升推杆	26	对焦模式键
12	彩色液晶显示屏	27	确认键
13	自动对焦灯	28	显示键
14	电源开关	29	对焦点键
15	模式转盘		

图像拍摄过程中显示屏显示的标志类型和位置如图 6-19 所示。显示屏显示的标志含义如表 6-2 所示。

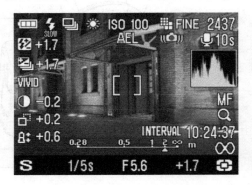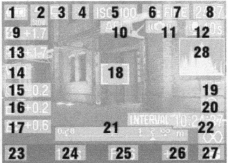

图 6-19　显示屏显示的标志类型和位置

表 6-2　显示屏显示的标志含义

1	电池电量指示	10	自动曝光锁定
2	闪光灯模式	11	相机震动提示
3	驱动模式	12	附声音图像
4	白平衡	13	自动包围曝光
5	ISO 设定	14	色彩模式
6	图像大小	15	对比度
7	图像质素	16	清晰度
8	剩余拍摄数量	17	饱和度
9	闪光灯曝光补偿值	18	对焦方框

19	对焦模式	24	快门速度
20	手动对焦放大显示	25	光圈 F 数值
21	手动对焦比例尺	26	曝光补偿值/测光值
22	间歇定时拍摄	27	测光模式
23	曝光模式	28	矩形图

2. 数码相机的使用

下面以适马数码相机（SIGMA DP2S）为例介绍其使用方法。

（1）拍摄前的准备工作。准备工作主要是电池充电，随机的锂电池必须使用随机附带的专用充电器充电。安装电池，将电池放置在机底电池仓内。设定时间和日期。安装记忆卡。启动相机，移除镜头遮盖和启动电源开关。

（2）自动曝光拍摄照片。

① 选定曝光模式（图 6-17），将机械转盘设定为"P"（程序自动曝光）。自动曝光适合简易拍照方法，相机按照物体的光亮度，自动选择适合的快门、速度和光圈数值组合。

② 对焦。利用相机上的彩色显示屏，对要拍摄的影像进行构图，并半按下快门释放键以启动测光系统。DP2S 数码相机快门释放分为两个部分：当按下快门至一半时，相机的自动对焦功能和测光/曝光系统即时生效；若继续按下快门释放键至最尽点，快门即行释放进行拍摄，动作才算完成。如物体太亮或太暗，快门速度和光圈值指示便会闪动及显示限制值。若以此数值拍摄，便会出现曝光过度或曝光不够的问题。

③ 拍摄。完全按下快门释放键以拍摄影像。

（3）使用手动曝光拍摄。根据测光表指示，调校快门速度和光圈数值，均可依据个人喜好来更改曝光。

① 将模式转盘设定为 M（快门值提示将以绿色显示，光圈数值以橙色显示）。

② 使用上、下选择键设定所需的快门值。

③ 使用 ◄► 左右选择键设定曝光值为±0.0，曝光误差值最大读数为+/-3 级，以每 1/3 级为单位。若误差值超过此范围，测光读数将会闪动。

④ 半按下快门释放键取焦距及锁定被摄体，然后全按下拍摄。

（4）使用闪光灯。当在夜晚、室内或阴影很浓的室外拍照时，需要使用闪光灯。闪光灯的模式有正常闪光灯（标准闪光模式）、防红眼（减除红眼闪光）、慢速同步（慢速闪光同步模式）、防红眼+慢速同步（减除红眼闪光+慢速闪光同步模式）。

① 标准闪光模式。当内置闪光灯启用时，相机将以正常标准闪光灯模式操作。使用此模式作为日常拍摄用途。

② 减除红眼闪光。使用闪光灯进行人像拍摄时，通常被摄人物在照片中的眼睛，不时会出现红斑点现象，称为"红眼"。为减免上述情况，闪光灯在正式发射前，先以微弱光度向被摄体闪亮数次，让眼球先适应才正式发射，以减少红眼的出现。

防红眼功能将根据被摄人物所处的环境情况和光亮度不同而不同；所以并不是任何情况下都可以产生满意的效果。

③ 慢速闪光同步模式。在使用此 P/A 模式时，快门值将规定以 1/40s 为最高值，慢速闪光同步值自 15s 起，将视现场光亮度而变化；此模式特别适合夜景拍摄用途。

（5）实时和快速预览图像。

① 实时浏览图像。按相机背面上的浏览图像键，以单张形式浏览存储卡中的图像。当以单张形式检视图像时，按▶键，浏览下一图像；按◀键，浏览上一图像。

② 快速浏览。DP2S 可设定在拍摄后，即时自动显示所拍摄的每幅图像，这样有利于即时浏览曝光和构图状况。调节快速浏览的时间，快速浏览图像可以自行设置图像浏览时间或关闭功能。快速浏览的显示时间设定，可在（拍摄设定）→进入（快速浏览）中设置。若需要停止快速浏览，半按快门释放键就可以了。

（6）删除单一和多张照片。

① 删除单一照片。

● 使用四方控制盘，在相关页面或单一图片浏览时，选择所需删除的照片。

● 按删除键，显示删除选单。

● 按 OK 键，确定删除照片。若照片没有锁定，按删除键将即时删除，不需 OK 键。若照片已经锁定，在删除时画面将显现"此档案已被锁定，要删除？"，如确需要删除，可按◀▶键，选择"是"，然后按 OK 键确认，如不需删除可选择"否"，然后按 OK 键确认。

② 删除多张图像。

● 按删除键，显示删除选单。

● 使用上下键，选择"已全部标记"。已锁定图像不能删除，如果要删除先解锁。若存储卡中并没有标记的图片，便无法选用全标记。

● 按 OK 键，显示"确认"对话框。

● 删除所有图像，使用◀▶键选择"是"，接着按 OK 键；若删除某一照片，选择"否"，接着按 OK 键。

在选择删除"已全部标记"时，已锁定和标记的照片将受保护，不会被删除的。若被锁定的记号被解除，则全部照片和带有标记的均被删除。

（7）短片的拍摄和重播。可拍摄附声音短片。影像大小为 QVGA（320×240）每秒拍摄速度（幅/s）为 30 幅。短片档案以 AVI 档案格式存储。

① 短片的拍摄。

● 将模式设定于 📹 位置。

● 按下快门释放键，启动拍摄短片（进入拍摄时，短片模式标志和工作中显示灯将会闪动）。

● 如需要停止拍摄，可按下快门释放键。

注意：若对焦模式设定为 AF 自动对焦，在"半按"快门释放键时，焦点即自行锁定；以上若在短片摄录时，焦点将保持锁定不变。

② 短片的重播。

● 在选定重播短片设定后，短片中首幅图像将以静止形式显示在屏幕上。（短片模式标志会在屏幕上部显示，操作标志同时在屏幕右下角出现。）

● 按▼键，启动重播短片；按▲键，停止重播；按▼键，暂停重播；按▶键，快速往前重播。按◀键，快速往后重播。

（8）数码相机与计算机连接。DP2S 数码相机可以使用 USB 接线，直接连接计算机。在连接计算机前，先关闭数码相机。而数据传输速度与用户的计算机硬件和操作系统有关。

在相机设定中 "USB 模式"的选项已定为"储存装置"，使用所附上的 USB 接线将相机连接到微型机中。当使用 USB 接线时，快门释放键和彩色 LCD 显示屏将不适用。这样就可以将数码相机中的照片传输到计算机中了。

6.3.5 数码相机的维护

（1）防水防潮。数码相机的最大敌人莫过于水气的侵蚀，不小心进水或者长时间不用暴露在潮湿的空气中，都会对其内部的电子元件造成不同程度的腐蚀或氧化。

处理方法：首先，要避免淋雨、溅水和落水这类情况的发生；其次，避免暴露在潮湿的空气中，建议在放置机套内放入干燥剂。

（2）防摔防振。数码相机是脆弱的，内部元器件和镜头组件都经不起摔打。

处理方法：首先，拍摄时要尽量把相机带挂在脖子上，防止由于持机不稳跌落相机的状况；其次，放置相机时要找一个平稳的地方放置相机，防止由于撑托物不稳让相机滑落，放置时也要注意摆放位置，要立式摆放，平躺放置很容易磕破镜头前面的玻璃导致成像不良或者是让硬物划伤 LCD。

（3）防尘防污。这主要是对镜头部分而言，镜头镜片过脏会影响成像，镜筒内部保护不当也会进灰而影响 CCD 感光，还有 LCD 污垢较多也会影响我们的视觉效果。

处理方法：首先，数码相机在有风沙等灰尘较大的环境里使用时，拍摄完成后动作要快，用完马上装入机套；数码相机的镜头更是我们要重点保护的对象，不使用时要及时盖上镜头盖，拍摄中间也要注意不让手指在镜片上留下指纹。其次，擦拭镜头也是平时保养的重要一环，无论擦拭镜头还是 LCD，只能使用擦拭眼镜的软质眼镜布，正式擦拭镜头时的方向必须从中心向外旋转擦拭，眼镜布也要保证干燥。

（4）防冷防热。摆放数码相机还需要避开高温或寒冷的环境。高温有可能使相机内部的机械部分所使用的润滑油溢出，如变焦镜头的镜筒内部漏油；冷空气则会使镜头镜片凝结水珠，内部的电路板也会凝结水气，这样后果是严重的。

处理方法：数码相机都需要保存在常温环境下，夏天要防止从空调房间立即拿出到户外使用，否则往往由于骤冷骤热的温差影响，使机身各个部分都会不同程度地凝结水气；如果在夏天高温的天气下使用，更加要注意防暑，在工作中本身就会产生相当大的热量，加上环境的高温，必定会留下隐患，不使用时也要避免暴露在空气中暴晒。

本章小结

微型机优先选择薄膜式键盘、光电鼠标或无线鼠标。

扫描仪和数码相机是计算机的主要输入设备，成像原理基本相同，即光照射到物体后反射到感光元件，感光元件的电信号经 A/D 转换元件转化为数字信号存储到存储器中，然后计算机对存储的物体信息照片或文字进行处理。

计算机的输入设备品种多，要充分了解各种外部设备的作用和类型，根据外部设备的各种性能合理进行选择。

思考与练习 6

一、填空题

1. 按照应用可以分为_____、笔记本计算机键盘和工控机键盘。

2. 在标准键盘上将指法规定的左手键区和右手键区这两大板块左右分开，并形成一定角度，使操作者不必有意识地夹紧双臂，保持一种比较自然的形态，称为_____。

3. 目前市场上流行的鼠标按照结构不同划分主要有三种：机械鼠标（半光电鼠标）、_____和无线鼠标。

4. 键盘由一组排列成_____方式的按键开关组成，使用硬件或软件方式对行、列按键开关进行扫描，判断是哪个键按下去了，这一工作由键盘电路板上的_____完成。

5. 目前市面上的扫描仪大体上分为_____、名片扫描仪、底片扫描仪、馈纸式扫描仪、文件扫描仪。除此之外还有手持式扫描仪、鼓式扫描仪、笔式扫描仪、实物扫描仪和_____等。

6. 扫描仪冷阴极荧光灯具有体积小、亮度高、_____的特点，但工作前需要_____。该类光源已经广泛应用于平板式扫描仪中。

7. 扫描仪有两个元件起到关键作用：一个是_____器件，它将光信号转换成为电信号；另一个是_____变换器，它将模拟电信号变为数字电信号。

8. 目前市场上扫描仪所使用的感光器件有4种：电荷耦合元件CCD（硅氧化物隔离CCD和半导体隔离CCD）、_____、_____和互补金属氧化物导体CMOS。

9. 扫描仪的常见接口包括_____、_____和USB接口，目前的家用扫描仪以USB接口居多。USB 2.0接口是最常见的接口，易于安装，支持热插拔。

二、选择题

1. 键盘与主机连接主要的接口是（　　）接口或USB接口，现在为了摆脱键盘线的限制，红外键盘和无线键盘已经被不少计算机爱好者使用了。

    A. 并行口　　　　　　B. 串行口　　　　　　C. AT接口　　　　　　D. PS/2

2. 每种鼠标的特点、用途和选购上都稍有不同。按照接口的不同常用的主要是PS/2接口和（　　）接口的鼠标。

    A. SCSI　　　　　　B. USB　　　　　　C. COM　　　　　　D. RJ-45

3. 光电鼠标要比机械鼠标定位精度和重量分别为（　　）。使用者的手不易疲劳。

    A. 高、轻　　　　　　B. 高、重　　　　　　C. 低、轻　　　　　　D. 低、重

4. 目前市场上的光电鼠标产品都是（　　）光电鼠标。这一代光电鼠标的原理其实很简单：其使用的是光眼技术，这是一种数字光电技术，较之以往的机械鼠标完全是一种全新的技术突破。

    A. 第一代　　　　　　B. 第二代　　　　　　C. 第三代　　　　　　D. 第四代

5. 扫描仪的分辨率通常指（　　）上的点数，即dpi。

    A. 每平方厘米　　　B. 每平方毫米　　　C. 长与宽　　　　　　D. 每英寸

6. 色深是指扫描仪对图像进行采样的数据位数，也就是扫描仪所能辨析的色彩范围，单位是（　　）。

    A. 十进制位数　　　B. 十六进制位数　　C. 二进制位数　　　D. 八进制位数

7. 数码相机的光学变焦倍数越大，能拍摄的景物就越远。如今数码相机的光学变焦倍数大多在（　　）。

    A. 2～5倍　　　　　B. 5～10倍　　　　C. 10～15倍　　　D. 15～20倍

8. 目前数码相机存储照片使用（　　）。

    A. 存储盘　　　　　　B. 内存　　　　　　C. U盘　　　　　　D. 存储卡

三、简答题

1. 请叙述薄膜式键盘的基本原理？

2. 请叙述键盘的清洁方法？

3. 请叙述扫描仪的基本工作原理？

4. 请叙述扫描仪扫描速度的含义？

5. 请叙述数码相机的基本工作原理？

6. 请叙述数码相机的存储容量的含义？与什么因素有关？

实训 6

一、实训目的和要求

1. 熟悉扫描仪硬件的安装和使用。

2. 熟悉数码相机硬件的安装和使用。

二、实训条件

1. 每组配备能正常运行的微型机一台。

2. 每组配备扫描仪一台，含驱动程序和说明书（设备不够可以两组共用一台）。

3. 每级配备数码相机一台，含说明书（设备不够可以两组共用一台）。

三、实训步骤

1. 扫描仪的信号线连接到微型机的 USB 接口上，并安装扫描仪的驱动程序，进行分辨率、灰度和色彩的设置，扫描一张图片和文字。

2. 用数码相机进行照相、摄像和近距离摄像，熟悉数码相机的各种设置功能。将数码相机的信号线连接到微型机的 USB 接口上，并存入所拍照的资料。

第7章 输出设备

微型机输出设备主要有显示系统与打印机。显示系统由监视器（Monitor，显示器）和显示控制适配器（Adapter，显示卡）两部分组成，两者之间通过一根9芯或15芯的通信电缆进行连接。

打印机可分为击打式和非击打式两大类。击打式打印机可分为字模式打印机和针式打印机。针式打印机是利用打印钢针撞击色带和纸，打印出点阵组成字符和图形。非击打式打印机的印字是利用各种物理或化学的方法印刷字符和图形。

7.1 显示卡

随着计算机技术的日新月异及对计算机的速度和性能更快、更高的要求，使显示卡的新技术层出不穷。每一款显示卡都会给用户带来一个更加绚丽夺目的世界。AGP显示卡和PCI-E显示卡如图7-1所示，再加上各种图形加速芯片，使显示卡功能越来越强大。目前市场上显示卡种类繁多，主要有板卡式显卡和集成在主板上的显卡，一般集成式显卡功能较弱。

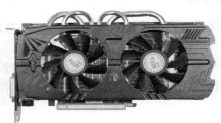

图 7-1　显示卡外形图

7.1.1 显示卡的概述

显卡各部分的介绍如下。

（1）显示芯片。显示芯片负责图形数据的处理，是显示卡的核心部件，决定了该显示卡的档次和大部分性能。3D显示卡则将三维图形和特效处理功能集中在显示芯片内，在进行3D图形处理时能承担许多原来由CPU处理的3D图形处理任务，减轻了CPU的负担，加快了3D图形的处理速度，即"硬件加速"功能。显示芯片通常是显示卡上最大的芯片（引脚最多的），中高档芯片一般都有散热片和散热风扇。显示芯片上有商标、生产日期、编号和厂商名称，如"XGI"、"nVIDIA"，"ATi"等。

（2）RAMDAC。RAMDAC（RAM Digital Analog Converter，随机存取存储器数/模转换器）的作用是将显存中的数字信号转换为能够用于显示的模拟信号。RAMDAC是影响显示卡性能的重要器件，尤其是它能达到的转换速度影响着显示卡的刷新率和最大分辨率。RAMDAC的转换速度越快，影像在显示器上的刷新频率也就越高，从而图像显示越快，图像也越稳定。现在显示卡的RAMDAC至少是300MHz，高档显示卡多在400MHz以上。为了降低成本，大部分娱乐性显示卡将RAM DAC做到了显示芯片内。

（3）显示内存（显存）。与主板上内存功能一样，显存（Video RAM）也是用于存放数据的，只不过它存放的是显示芯片处理后的数据。3D 显示卡的显存主要分为两部分：帧缓存和纹理缓存。帧缓存与显示芯片中的帧处理单元相连，负责存储像素的明暗、Alpha 混合比例、Z 轴深度等参数；纹理缓存与芯片中的纹理映射单元相连，负责存储各种像素的纹理映射数据。

由于 3D 的应用越来越广泛，以及高分辨率、高色深图形处理的需要，对显存速度的要求也越来越高，现在经常见到的 GDDR3 和 GDDR5 显存类型，显存的容量有 256～4096MB，位数为 128 位或 256 位，显存频率达 1000MHz 以上，有的达到 4000MHz 以上。速度越来越快，性能越来越高。

（4）显示卡 BIOS。显卡 BIOS 又称为 VGA BIOS，主要用于存放显示芯片与驱动程序之间的控制程序，另外还存放有显示卡型号、规格、生产厂家、出厂时间等信息。打开计算机时，通过显示 BIOS 内一段控制程序，将这些信息反馈到屏幕上。现在的多数显示卡都采用了大容量的 EEPROM，即 Flash BIOS，可以通过专用的程序进行改写升级。

（5）输入、输出端口。显示卡除了与显示器连接的端口外，现在大多数显卡都有某些特殊的端口。

① 数字输入接口 DVI。DVI 接口（图 7-2）分为两种：一个是 DVI-D 接口，只能接收数字信号，接口上只有 3 排 8 列共 24 个针脚，其中右上角的一个针脚为空，不兼容模拟信号；另外一种则是 DVI-I 接口，可同时兼容模拟和数字信号。DVI 接口中，计算机直接以数字信号的方式将显示信息传送到显示设备中，因而从理论上讲，采用 DVI 接口的显示设备的图像质量要更好。另外 DVI 接口实现了真正的即插即用和热插拔，免除了在连接过程中需关闭计算机和显示设备的麻烦。现在很多液晶显示器都采用该接口，CRT 显示器使用 DVI 接口的比例比较小。

图 7-2　显卡的接口

② VGA 接口主要用于连接 CRT 显示器。VGA 只能接受模拟信号输入，最基本的包含 R/G/B/H/V（分别为红、绿、蓝、行、场）5 个分量，接口为 D-15，即 D 形 3 排 15 针插口，其中有一些是无用的，连接使用的信号线上也是空缺的。

7.1.2　显示卡的主要性能指标

显示卡的主要性能指标如下。

（1）显示卡芯片。显示卡芯片的主要任务就是处理系统输入的视频信息并将其进行构建、渲染等工作。显卡主芯片的性能直接决定了显示卡性能的高低。不同的显示芯片，不论从内部结构还是其性能，都存在着差异，而其价格差别也很大。目前设计、制造显示芯片的厂家只有 nVIDIA、ATi、XGI 等公司。

（2）分辨率与色深。分辨率指画面的细腻程度，一般以画面的最大水平点数乘上垂直点数。色深是指某个确定的分辨率下，描述每一个像素点的色彩所使用的数据长度，单位是位，一般为 32 位。色深决定了每个像素点的色彩数量。

（3）显示卡的总线类型。显示卡的总线主要有 AGP 和 PCI-Express。AGP（Accelerate Graphical Port）称为加速图形接口。AGP 接口的发展经历了 AGP 1.0（AGP 1X、AGP 2X）、AGP 2.0（AGP Pro、AGP 4X）、AGP 3.0（AGP 8X）等阶段，AGP 标准使用 32 位总线，工作频率为 66MHz。目前在最高规格的 AGP 8X 模式下，数据传输速度达到了 2.1GB/s。

PCI-Express 也是显卡的总线接口。PCI-Express 的接口根据总线位宽的不同而有所差异，包括 x1、x4、x8 及 x16（x2 模式将用于内部接口而非插槽模式）模式。用于取代 AGP 接口的 PCI-Express 接口位宽为 x16，能够提供 5GB/s 的带宽，即便有编码上的损耗但仍能够提供约为 4GB/s 左右的实际带宽，远远超过 AGP 8X 的 2.1GB/s 的带宽。当前 PCI-Express x16 显示卡有 2.0 版本。

（4）显存容量、频率和数据位宽。采用 2～4GB 显存的显卡越来越多。显存的工作频率以 MHz 为单位；显存的数据位宽以位（bit）为单位。这里显存的速度决定了其工作频率和数据位宽，显存频率与使用的显存类型有关，目前主要使用的显存类型为 GDDR3 和 GDDR5，一般显存频率为 1000 MHz 以上。显存频率越高，性能越好。

显存的数据位宽的重要性甚至要超过显存的工作频率。因为位宽决定了显存带宽，显示芯片与显存之间的数据交换速度就是显存的带宽。目前显存位数主要分为 256 位和 512 位，在相同的工作频率下，256 位显存的带宽只有 512 位显存的一半。显存带宽的计算方法：带宽=工作频率×数据位宽/8。显存数据位宽越大，性能越好。

显示卡质量除了与以上性能有关外，还与 RAMDAC 的速度、芯片的核心频率、显示卡的接口类型等有关。

7.2 显示器

显示器（图 7-3）又称监视器（Monitor），是微机系统中不可缺少的输出设备。显示器主要用来将电信号转换成可视的信息。通过显示器的屏幕，可以看到计算机内部存储的各种文字、图形、图像等信息。它是进行人机对话的窗口。

(a) CRT 显示器   (b) LCD 显示器

图 7-3　显示器外观

目前市场上主要有 CRT 显示器和 LCD 显示器，LCD 显示器是一种采用液晶控制透光度技术来实现色彩的显示器。与 CRT 显示器相比，LCD 的优点是很明显的。由于通过控制是否透光来控制亮和暗，当色彩不变时，液晶也保持不变，这样就无须考虑刷新率的问题。对于画面稳定、无闪烁感的液晶显示器，刷新率不高但图像也很稳定。LCD 显示器还通过液晶控制透光度的技术原理让底板整体发光，所以它做到了真正的完全平面。一些高档的数字 LCD 显示器采用了数字方式传输数据、显示图像，这样就不会产生由于显卡造成的色彩偏差或损失。LCD 完全没有辐射，即使长时间观看 LCD 显示器屏幕也不会对眼睛造成很大伤害。LCD 显示器体积小、能耗低也是 CRT 显示器无法比拟的。

7.2.1 CRT 彩色显示器

1. CRT 显示器的分类

（1）按显示器屏幕尺寸分为普通型显示器、大屏幕显示器。

普通型显示器有 14in（35cm）、15in（38cm）和 17in（43cm）等。

大屏幕显示器有 19in（48cm）、20in（51cm）和 21in（53cm）等。

（2）按色彩分为单色显示器和彩色显示器。

（3）按点距分为 0.28mm、0.26mm、0.25mm、0.24mm、0.22mm、0.20mm 显示器等。

（4）按最高分辨率分为 1024×768、1280×1024、1600×1200、1920×1440 显示器等。

（5）按原理或主要显示器件分为阴极射线管显示器（CRT）和液晶显示器（LCD）等。

2. CRT 显示器的结构

彩色显示器是在单色显示器的基础上发展起来的，显示器基本功能电路介绍如下。

（1）电源电路。该电路为机内其他电路提供工作电压。彩色显示器选用了开关型的稳压电路（简称开关电路），开关电源电路中的开关晶体管多选用双极型晶体管，VGA 和 SVGA 彩色显示器开关晶体管选用场效应型功率晶体管。这是利用了在 50kHz 的开关速度下，场效应型功率晶体管的开关损耗可以忽略不计的优点。

（2）行扫描电路。该电路给行偏转线圈提供一个与显示卡送来的行同步信号频率相同的锯齿波扫描电流，从而形成水平偏转磁场使显像管阴极（电子枪）发出的电子束流自左向右地进行扫描。彩色显示器为适应不同种类的显示方式，行扫描频率也相应有多种频率，且要求能自动适应或自动转换。

（3）场扫描电路。该电路给场偏转线圈提供一个与显示卡送来的场同步信号频率相同的锯齿波扫描电流而形成垂直偏转磁场，使电子束流从上向下进行扫描。这样，在行、场偏转磁场的共同作用下，显像管荧光屏上便形成了可见光栅。

（4）接口电路。将计算机内显示卡送来的各种信号经此电路分送至行、场扫描电路和显示信号处理电路。VGA 彩色显示器接口电路便能自动识别显示卡送来的信号属于何种模式，然后输出控制信号至相关的控制和调节电路，以保证在任何模式下都能使所显示的图像稳定。

（5）显示信号处理电路。该电路将显示卡送来的信息变换成不同的亮点信号或暗点信号送至色输出电路。主机内显示卡将所要显示的内容全部变成 RGB 模式信号输出，显示信号处理电路只需将 RGB 信号放大，并加以对比度和亮度控制后，输出至色输出电路和彩色显像管电路，在荧光屏上就可以再现出字符或图像。

（6）显像管与色输出电路。由色输出电路将显示信号处理电路处理过的电信号进行放大，送至显像管阴极，并在行、场偏转磁场作用下于荧光屏上生成可见的字符或图像。

3. CRT 显示器的显示原理

目前应用较广的彩色显示器（CRT）基于三基色原理。三基色指的是三种互相独立的颜色，即红、绿、蓝三种单色，这三种单色按不同比例可以配出不同的颜色。这种彩色生成原理称为三基色原理。

根据三基色原理，在 CRT 屏幕上涂有红、绿、蓝三色荧光粉基础上，配以不同的亮度可以得到不同颜色。

采用三基色原理做成的彩色CRT，应用较广的有三枪三束荫罩式、单枪三束管式和自动会聚管式三种。

三枪三束荫罩式彩色显像管的工作原理如图7-4所示。在这种CRT中，有三支近似平行、按品字形排列且互相独立的电子枪，它们分别发射用以产生红、绿、蓝三种单色的电子束。每支电子枪都有灯丝、阴极、控制栅极、加速电极、聚焦电极及第二阳极等。在管内玻璃屏上涂有成千上万个能发红、绿、蓝光的荧光粉小点，小点的直径为0.05～0.1mm。它们按红（R）、绿（G）、蓝（B）顺序重复地在一行上排列，下一行与上一行小点位置互相错开。屏幕上每相邻的三个R、G、B荧光小点与品字形排列的电子枪相对应。

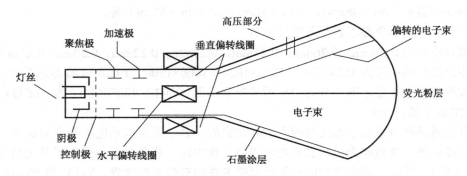

图7-4 荫罩式彩色显像管的工作原理

为了使三支电子束能准确地击中对应的荧光小点，在距离荧光屏10mm处设置一块薄钢板制成的网板，像个罩子似的把荧光屏罩起来，故称为荫罩板。板上有成千上万个小孔，小孔对准一组三色荧光小点。品字形中的一个电子枪发射的电子束，通过板上小孔撞击各自所对应的荧光粉而发出红光、绿光和蓝光。

分别控制三个电子枪的控制栅极，即控制三支电子枪发射电子束的强弱，在荧光屏上出现不同亮度的R、G、B荧光小点，形成各种色彩的图像。

4. CRT显示器的主要性能指标

（1）扫描频率。扫描频率分为垂直扫描频率和水平扫描频率。

垂直扫描频率（Vertical Scanning Frequency），又称场频、刷新频率或帧速率，是指显示器在某一显示方式下，每秒钟从上到下所能完成的刷新次数，单位为Hz。场频的范围大小反映了显示器对各种显示分辨率的适应能力及屏幕图像有无抖动和潜在的抖动。其垂直扫描频率越高，图像越稳定，闪烁感就越小。

一般垂直扫描在72Hz以上的刷新频率下，其闪烁明显减少。较好的显示器应在100Hz或100Hz以上。

水平扫描频率（Horizontal Scanning Frequency），又称行频，单位用kHz表示，是指电子束每秒在屏幕上水平扫过的次数。一般的显示器为30～82kHz，比较高档的显示器的行频可高达100kHz或100kHz以上。行频的高低反应了屏幕图像的稳定程度。

（2）最大分辨率。显示器的分辨率表示的是在屏幕上从左到右扫描一行共有多少个点和从上到下共有多少行扫描线即每帧屏幕上每行、每列的像素数。如1600×1200表示每帧图像由水平1600个像素（点）、垂直1200条扫描线组成。其最大值称为最大分辨率。屏幕尺寸相同，每帧屏幕上每行、每列的像素数越高，显示器的分辨率也就越高，显示效果也越好，价格自然也就越高。

（3）点间距和栅距。荫罩板上两个相邻且透同一种光的小孔之间的距离称为点间距。点间距可简单地理解为同色像素点之间的最近距离。荫罩板上的小孔越多，图像上的彩色点越逼真，显示器的分辨率也就越高。目前多数显示器的点间距为0.26mm。高档的显示器的点间距为0.25mm或0.20mm，甚至更小。点间距越小，制造就越复杂、越困难，成本就越高。

SONY推出的特丽珑显像管采用了栅状荫罩，因而引入了栅距的概念。栅距是指荫栅式显像管平行的光栅之间的距离（单位为mm）。它的代表就是"特丽珑"和"钻石珑"等高档显示器，采用荫栅式显像管的好处在于其栅距在长时间内使用也不会变形，显示器使用多年也不会出现画质的下降，而荫罩式正好相反，其网点会产生变形，所以长时间使用就会造成亮度降低，颜色转变的问题。另一方面由于荫栅式可以透过更多的光线，从而可以达到更高的亮度和对比度，令图像色彩更加鲜艳和逼真自然。

（4）认证标准。显示器的认证主要有两个（图7-5）。一个是国家强制性认证标志，即"中国强制认证"，英文名称为China Compulsory Certification，英文缩写为CCC。在购买计算机显示器时，认准3C认证标识，以保证使用产品的安全性和健康性。目前我国规定了4种CCC论证：安全认证、消防认证、电磁兼容认证、安全与电磁兼容认证。只有同时获得安全和电磁兼容认证的产品，才会被授予CCC（S&E）标志。

图7-5 TCO′99、TCO′03和3C认证标志

另一个是TCO。瑞典TCO组织于1991年制定了TCO′92标准，主要规范显示器的电子和静电辐射对环境的污染标准。面向计算机监视器及外设的TCO认证一共走过了4代不同的标准，从TCO′92、TCO′95、TCO′99到TCO′03，随着时间的推移和人们健康、环保意识的加强，加之科技进步所能带来的产品质量改观，TCO认证标准也一代比一代更为严格。目前显示器主要有TCO′95、TCO′99和TCO′03标准。TCO′95标准主要包括以下标准的功能：TCO′92、ISO、环境保护MPRII、人体工程学（ISO 9241）和安全性（IEC 950）、低电磁辐射和低磁场辐射、电源监控等标准。TCO′99和TCO′03标准比TCO′95更为严格。

（5）视频带宽。带宽是显示器所能接收信号的频率范围，反映了显示器的图像数据吞吐能力，是评价显示器性能的重要参数，一般应大于水平像素数、垂直像素数和场频三者的乘积，其单位为MHz。普通的显示器带宽为100 MHz左右，高分辨率显示器的带宽可达200 MHz以上。目前，有的带宽已达240MHz。

（6）显像管。显像管主要包括LG"未来窗"、三星"丹娜管"、索尼"特丽珑"、三菱"钻石珑"、台湾"中华管"和日立"锐利珑"等。各个厂商的纯平显像管在技术上均有其独到之处，在性能上也是各有特色。

7.2.2 LCD显示器

1. LCD显示器的结构

从液晶显示器的结构来看，无论是笔记本计算机还是桌面系统，采用的LCD显示屏都是由不同部分组成的分层结构。LCD由两块玻璃板构成，厚约1mm，其间由包含液晶材料的5μm均匀间隔隔开。因为液晶材料本身并不发光，所以在显示屏两边都设有作为光源的灯管，而在液晶显示屏背面有一块背光板（匀光板）和反光膜，背光板是由荧光物质组成的可以发射光线，其作用主要是提供均匀的背景光源。

由于 LCD 自身结构的特点，可制成非常薄的显示屏。其体积小、重量轻，主要用于便携式计算机上。与 CRT 一样，LCD 也有彩色、单色之分，也有不同的分辨率等。

2．LCD 显示器的显示原理

LCD 显示器背光板发出的光线在穿过第一层偏振过滤层之后，进入包含成千上万液晶液滴的液晶层。液晶层中的液滴都被包含在细小的单元格结构中，一个或多个单元格构成屏幕上的一个像素。在玻璃板与液晶材料之间是透明的电极，电极分为行和列，在行与列的交叉点上，通过改变电压而改变液晶的旋光状态，液晶材料的作用类似于一个个小的光阀。在液晶材料周边是控制电路部分和驱动电路部分。当 LCD 中的电极产生电场时，液晶分子就会产生扭曲，从而将穿越其中的光线进行有规则的折射，经过第二层过滤层的过滤在屏幕上显示出来。

3．LCD 显示器的主要性能指标

（1）LCD 的接口类型。采用数字接口（DVI 接口）可以有效地减少信号的损耗和干扰，是最适合液晶显示器的。目前大多数液晶显示器使用了数字信号接口。

（2）LCD 的尺寸。液晶显示器的尺寸标识与 CRT 显示器不同，液晶显示器的尺寸是以实际可视范围的对角线长度来标识的。尺寸标识使用厘米（cm）为单位，或按照惯例使用英寸作为单位。

（3）亮度。赛迪评测采用 ANSI IT7.215 标准推荐的 9 点取平均值的测量法进行亮度测量：LCD 的最大亮度不应低于 450cd/m^2。

（4）对比度。对比度采用 ANSI IT7.215 标准中建议的 16 点测试法进行：对比度的值不应低于 700：1。

（5）可视角度。液晶显示器的可视角度包括水平可视角度和垂直可视角度两个指标，水平可视角度表示以显示器的垂直法线（显示器正中间的垂直假想线）为准，在垂直于法线左方或右方一定角度的位置上仍然能够正常地看见显示图像，这个角度范围就是液晶显示器的水平可视角度；同样如果以水平法线为准，上下的可视角度就称为垂直可视角度。一般而言，可视角度是以对比度变化为参照标准的。一般主流 LCD 的可视角度为 150°～178°。

（6）响应时间。液晶显示器的响应时间是指液晶体从暗到亮（上升时间）再从亮到暗（下降时间）的整个变化周期的时间总和。响应时间使用毫秒（ms）为单位。LCD 显示器的响应时间应该在 16ms 以下。

（7）色彩数量。液晶显示器的色彩数量比 CRT 显示器少，目前多数的液晶显示器的色彩支持 16.2 百万以上的像素。

（8）液晶显示器的点距、分辨率。根据其原理决定了其最佳分辨率就是其固定分辨率，同级别的液晶显示器的点距也是一定的。液晶显示器在全屏幕任何一处的点距是完全相同的。LCD 对整幅的画面进行刷新，而 LCD 即使在较低的刷新率（如 60Hz）下，也不会出现闪烁的现象。

7.2.3　显示系统的日常维护

1．显卡

显示卡的故障现象如下。

（1）开机无显示。此类显卡故障表现为在计算机开机时有报警声、无自检画面，以及自检无法通过。此类故障一般是由于显卡与主板接触不良，或主板插槽有问题造成的，对其进行清洁即可。由于显卡原因造成的开机无显示故障，一般在开机后会发出一长两短的蜂鸣声（针对 AWARD BIOS 而言）。

（2）显示颜色不正常。导致显示颜色不正常的可能原因是显卡与显示器信号线接触不良、显示器故障、显卡损坏等。

（3）死机。导致死机的显卡故障大多是主板与显卡不兼容或主板与显卡接触不良造成的。此外，显卡与其他扩展卡不兼容也容易造成此类故障。

（4）显示异常。此类故障表现为显示竖线或不规则的小图案，此类故障一般是因为显卡的显存出现问题，或显卡与主板接触不良造成的。

（5）显卡驱动程序载入，运行一段时间后驱动程序又自动丢失。此类故障一般是因为显卡质量不佳或显卡与主板不兼容，从而导致运行不稳定或出现死机现象。这种情况只有更换显卡才能解决。

显示卡的故障类型与处理方法如下。

（1）接触不良故障。如果显卡没有在主板上插好，将造成接触不良、开机自检出错、扬声器发出报警声、屏幕没有任何显示等问题，这时一般只需关机并重新插好显卡即可解决。如果显卡的金手指氧化造成接触不良，可以用橡皮擦擦亮后再插好。

（2）散热不良故障。这种故障通常与显卡显存太小或增加显卡显存后新旧显存速度不同步等原因有关。这时可以直接更换显卡。

（3）软故障。在购买显卡时，最好向商家索要驱动程序光盘。因为在 Windows 系统下，系统自带的驱动程序的版本大多比较老旧，使显卡不能正常地发挥其功能。显卡的驱动程序一般向下兼容，所以如果显卡工作异常时，要先检查其驱动程序是否有误。如果的确是显卡驱动程序的问题，重新安装驱动程序或从 Internet 下载最新的驱动程序。注意其版本、型号与显卡要相符，否则仍然不能安装。

此外，显卡的 BIOS 设置容易引起此类故障。

（4）兼容性故障。如果显卡与主板、操作系统或其他软件存在兼容性问题，则可能造成开机无显示、无法设置分辨率、显示混乱及花屏等现象。对于这种情况，一般将主板、显卡的 BIOS 刷到最新，重新安装显卡的最新驱动程序，大部分问题都可以解决。对于有些主板，有时还需要安装相应芯片组的补丁程序才可解决问题。

（5）显卡质量差导致的故障。显卡损坏通常是指显卡电路或元器件损坏，一些劣质显卡由于做工工艺及散热性能差最有可能出现此类故障，尤其是在显卡超频使用时更是如此。遇到此类问题一般需要更换元器件或者更换显卡。

2. 显示器的日常维护

对于一般用户而言，显示器的日常维护比较简单，做到以下几点就可以了。

（1）注意显示器的工作环境。对微机工作环境的要求，实际上也就确定了显示器的工作环境。如温度应在 0～32℃，湿度应在 20%～60%，应尽量在比较清洁的环境中使用。

● 温度：显示器工作时要释放一定的热量，有的元件的表面温度较高。如果温度过高，本身发热的器件（如电源部分、行输出部分）的热量无法散发，导致发热元件继续升温，若达到该元件的最大承受能力，元器件就可能被击穿而彻底损坏。反之，若温度低于 0℃，开机时由于元件本身发热，就会在元件表面形成水露。若是集成电路，水露如果集聚在各引脚之间，就可能引起短路，造成损坏。

● 湿度：对于显示器而言，湿度也十分重要。若湿度过大，空气中水汽过大，会使电感类（线圈类）元件受潮，使其发霉并最终导致损坏。

● 灰尘：灰尘也是显示器损坏的原因之一，特别是显示器主板积尘以后，如果空气湿度较大，就会使本来干燥的灰尘变得潮湿，在电路中起一个导体或一个电阻的作用，若积尘在高压处，就会击穿导致高压对地短路，损坏行管、行输出变压器等重要器件。因此，不论显示器的工作环境如何，应保持一年左右清理一下机内灰尘。

（2）注意工作电源。目前微机不一定在机房中使用，大多分散在一般的办公室、家庭中，这些微机往往不配备相应的交流稳压器，如果办公室、家庭的交流电压（220V）过高或过低，都会对微机产生一定的损害。

显示器的电源虽然有一定的自身稳压能力，但稳压范围是有限的，一般为175～240V（有的范围可能更大些）。若不注意，就会对显示器造成威胁，烧毁显示器电源或其他元件。应该说在交流电源电压不稳的环境下，加一个交流稳压器是比较有利的。

（3）注意两次开机的时间间隔。在关机后立即加电会使电源装置产生突发性的大容量冲击电流，造成电源装置中的元器件损坏，或进入过流保护状态，所以不能在关闭显示器后又立即打开，两次开机的时间间隔应达到2～3min。

（4）注意防尘罩的使用。显示器用完后，不应立即用机罩或布将其盖上，应在关机20min以后，使显示器余热充分散发后再罩（盖）上。

（5）插拔信号电缆应关机。显示器的信号电缆与显示接口（卡）插接或拔下时，应在主机及显示器关机状态下进行，否则易损坏显示接口（卡）及显示器本身。

（6）正确插接信号电缆。在将显示器信号线缆插头插入显示接口（卡）插座时，应对准方向，不可歪斜硬插，否则易使插针碰歪，当再次扶正时易折断，造成严重损失。

（7）显示器电源要接触可靠。显示器电源线插头应与电源插座保持良好的接触，有的显示器提供的电源插头是与电源接线板相接的，有的是与主机后电源插座相接的，不论是与哪个相接，要经常注意连接良好，防止时接时断，对显示器造成威胁。

（8）注意不能让金属物掉入显示器内部。显示器外壳上部一般都留有散热缝隙，所以应避免金属小件（如曲别针、大头针、小螺钉等）放在显示器外壳上部，否则掉入后直接落到主电路板上，极易造成短路而引发故障。

（9）显示器应注意防水。无论显示器是否工作，都不能让水流入显示器内，水是良好的导体，进入显示器内部同样会造成短路。所以在擦拭显示器外壳时，不应用过湿的擦布，否则，在擦拭过程中会使水滴入机内。

（10）注意显示器安放的位置。显示器应放在远离热源、磁源的地方，不应放在阳光直射处使机壳变形，若离强磁场较近，会使显像管磁化，使色彩不正，严重时屏幕发生抖动，影响使用。

7.3 针式打印机

击打式针式打印机具有结构简单、使用灵活、技术成熟、分辨率高和速度适中的优点，同时还具有高速跳行能力、多份复制和长幅面打印的独特功能，特别是性能价格比高，所以目前国内针式打印机仍占较大份额。针式打印机按打印针的数量划分有24针和9针打印机，按与计算机的接口划分有USB接口、串行口或并行口打印机，按分辨率划分有180dpi和360dpi打印机。

7.3.1 针式打印机的结构和基本工作原理

针式打印机（图7-6）是由单片机、精密机械和电气构成的机电一体化智能设备。它可以概括性地划分为打印机械装置和电路两大部分。

1. 打印机械装置

（1）打印头。

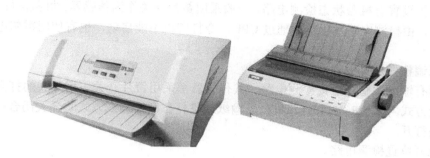

图 7-6 针式打印机外观

打印头（印字机构）是成字部件，装载在字车上，用于印字，是打印机中的关键部件，一般有 24 根针，打印机的打印速度、打印质量和可靠性在很大程度上取决于打印头的性能和质量。

（2）字车机构。

字车机构是打印机用来实现打印一个点阵字符或点阵汉字的机构。字车机构中装有字车，采用字车电机作为动力源，在传动系统的拖动下，字车将沿导轨做左右往复直线间歇运动。从而使字车上的打印头能沿字行方向、自左至右或自右至左完成一个点阵字符或点阵汉字的打印。

（3）输纸机构。

输纸机构按照打印纸有无输纸孔来分，可分为两种：一种是摩擦传动方式输纸机构，适用于无输纸孔的打印纸；另一种是链轮传动方式输纸机构，适用于有输纸孔的打印纸。一般的针式打印机，其输纸机构基本上都同时具有这两种机构。

（4）色带机构。

色带是在带基上涂黑色或蓝色油墨染料制成的，可分为两类：薄膜色带和编织色带。

针式打印机中普遍采用单向循环色带机构。色带机构有三种形式：盘式结构、窄型（小型）色带盒和长型（大型）色带盒。

2. 控制电路

打印机的主控电路本身是一个完整的微型计算机，一般由微处理器（CPU）、读/写存储器（RAM）、只读存储器（ROM）、地址译码器和输入/输出（I/O）电路等组成。另外还有打印头控制电路、字车电机控制电路和输纸电机控制电路等。微处理器是控制电路的核心，由于当前微电子技术的高速发展，单片计算机（单片机）已将微型计算机的主要部分如微处理器、存储器、输入/输出电路、定时/计时器、串行接口和中断系统等集成在一个芯片上，所以有许多打印机都用高性能的单片机替代微处理器及其外围电路。

3. 检测电路

（1）字车初始位置（Home Position）检测电路。

打印机在加电后初始化过程中，不管字车处于哪个位置，都将字车向左移动到初始位置。打印过程中遇到回车控制码，字车也返回到初始位置。字车所停止的位置即为打印字符（汉字）的起始位置。为了使字车每次都能回到初始位置，在打印机机架左端设有一个初始位置检测传感器，该传感器和相应的电路组成字车初始位置检测电路。

（2）纸尽（PE）检测电路。

无论哪种打印机都设置有纸尽检测电路。用于检测打印机是否装上打印纸。若没有装上打印纸或打印过程中打印纸用尽，则打印机停止打印。

（3）机盖状态检测电路。

有的打印机设置有机盖状态检测电路，一般采用簧片开关作为传感器。机盖盖好时开关闭合；反之开关弹开，由检测电路发出信号通过 CPU，令打印机不能启动，也有使用霍尔电路作为传感器的。

（4）输纸调整杆位置检测电路。

打印机设有输纸调整杆位置检测电路。其传感器都采用簧片开关，用开关的打开或关闭两种状态设置输纸方式。如 AR-3200 打印机，当输纸调整杆在摩擦输纸方式时开关闭合；在链轮输纸方式时，开关打开。

（5）压纸杆位置检测电路。

打印机都有一种可选件——自动送纸器（ASF）。打印机上装与未装自动送纸器，由压纸杆位置检测电路检测，所用传感器也是簧片开关。例如，AR-4400 打印机装上自动送纸器时开关闭合，否则断开。开关闭合时为自动送纸方式，无论是连续纸或单页纸，纸都自动卷入打印机；开关断开时为手动或导纸器送纸方式。

（6）打印辊间隙检测电路。

打印机设有打印辊间隙检测电路，用以检测打印头调节杆的位置。也是用簧片开关作为传感器，当打印头调节杆拨在第 1～3 挡时开关闭合，发出低电平信号给 CPU，打印方式为正常方式；当打印头调整杆拨在第 4～8 挡时开关断开，发出高电平信号给 CPU，打印方式变为复制方式（打印多份）。

（7）打印头温度检测电路。

打印机在长时间连续打印过程中，打印头表面温度可达到 100℃以上，其内部线圈温度更高。为了防止破坏打印头内部结构，打印机都设置有打印头温度检测电路。检测温度的传感器普遍采用具有负温度系数的热敏电阻，安装在打印头内部。

4. 电源电路

电源电路主要是将交流输入电压转换成打印机正常工作时所需要的直流电压。

所有打印机的电源电路都要输出+5V 直流电压，它是打印机控制电路中各集成电路芯片工作所必需的一种电源电压。有些打印机电源还要求输出±12V 直流电压，这是提供给串行接口电路的。

电源电路还要输出一个较高的直流电压。这个电压值因打印机的不同而异，这种高值的直流电压在打印机中通常称为驱动高压，它主要用做字车电机、走纸电机、针驱动电路的工作电源。

5. 针式打印机的基本工作原理

打印机在联机状态下，通过接口接收主机发送的打印控制命令、字符打印命令或图形打印命令，再通过打印机的 CPU 处理后，从字库中寻找到与该字符或图形相对应的图像编码首列地址（正向打印时）或末列地址（反向打印时），然后按顺序一列一列地找出字符或图形的编码，送往打印头控制与驱动电路，激励打印头出针打印。

对于无汉字字库的 24 针打印机来说，应由主机传送汉字字形编码（点阵码），一个 24×24 点阵组成的汉字，主机要传送 72 个字节字形编码给打印机；对于带有汉字库的 24 针打印机来说，主机应向打印机传送控制命令和汉字国际码（两个字节），经打印机内 CPU 处理后，转换成对应的汉字字形点阵码送至打印机行缓冲存储区中，再送至打印头控制与驱动电路，激励打印针线圈，打印针受到激励驱动后冲击打印色带，在打印纸上打印出所需的汉字。

7.3.2 针式打印机的安装与使用

STAR AR3200+打印机是日本 STAR 精密株式会社与得实发展有限公司合作开发的普及型高速汉字打印机，以该打印机为例说明安装过程。STAR AR3200+打印机的主要结构如图 7-7 所示。

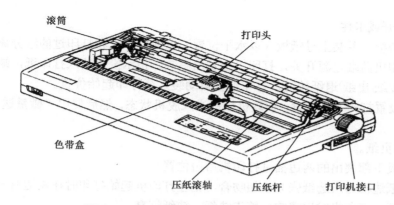

图 7-7　STAR AR3200+打印机的主要结构

1. 安装色带盒

（1）先把面盖取开（先把面盖揭起，后取下）。

（2）按顺时针方向转动色带盒上旋钮，将色带拉紧。

（3）把色带夹在打印头和打印头保护片中间，并转动色带盒上旋钮，使色带盒卡紧在字车座上。

（4）确定色带已夹在打印头与打印头保护片中间，色带盒已固定在字车座适当位置上。

（5）再次转动色带盒上旋钮，确保色带已被拉紧。

（6）把面盖后端两旁凸出处插入打印机机壳内，然后盖上，打印机正常工作时，盖上面盖可以隔灰尘，同时降低打印时产生的噪声，打开面盖仅是为了更换色带及进行调整。

2. 接口电缆连接

使用标准并行接口电缆连接打印机和计算机，如图7-8 所示，一端使用 25 芯 D 型插头连接计算机，另一端使用 36 芯 Centronics 插头与打印机相连。

连接接口电缆的步骤如下。

（1）关掉打印机及计算机电源。

（2）将接口电缆连接到打印机上，确定插头插紧。

（3）用接口两边的扣杆把电缆插头扣紧（听到接口卡紧的声响）。

（4）将接口电缆另一端连接到计算机上。

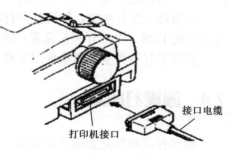

图 7-8　电缆与打印机接口连接

3. 安装打印纸

（1）穿孔打印机打印纸的放置。

① 把一叠的穿孔打印纸放置在打印机后面并至少低于打印机有一页纸的距离。

② 切断打印机的电源。

③ 把送纸调整杆向前拨，以选择链式送纸。

④ 取下导纸板并放在一边。

⑤ 取下后盖。

⑥ 打开纸夹，对齐两边纸孔并对准链齿装上打印纸。

⑦ 沿着横杆调节链轮距离，用位于每个链轮背后的锁杆去释放或锁住位置。当锁杆压下，链轮可动；锁杆朝上，链轮锁住。

⑧ 合上纸夹，再次检查打印纸孔是否对准链齿。如果没有对准，在走纸时可能有问题，可能

会导致打印纸撕开或卡住。

⑨ 盖上后盖板，并装上导纸板（以水平位置）以使打印纸和打印过的纸分离。

⑩ 打开打印机前端电源开关，打印机会发出鸣响，指示没有装入打印纸，缺纸灯亮起。

⑪ 现在按装纸/出纸/退纸按键，打印纸会自动装入至打印起始位置。

⑫ 如果要设置打印不同位置，按联机按键进入脱机状态，然后使用"微量送纸"功能设置打印纸位置。

（2）装入单页纸。

① 将导纸板下部突出的两边插进打印机后盖位置。

② 调节导纸边框与所选纸张大小相吻合，记住打印机起始打印时在左边有一定的距离。

③ 打开电源，打印机发出鸣响，警告缺纸，缺纸灯亮。

④ 确定送纸调整杆拨至打印机后方。若是穿孔打印纸已经装在打印机上，脱机状态下按"装纸/出纸/退纸"按键，然后把送纸调整杆拨后。

⑤ 把要打印的一面朝着打印机后方倒转插进导纸板框内，至纸不能再向前进为止。

⑥ 按装纸/出纸/退纸按键一次，压纸杆自动离开滚筒而纸张随即被送至打印头可打印的位置准备打印。

⑦ 如果要设置纸在不同位置，可按联机按键至脱机，然后用"微量走纸"功能进纸。

4. 自检

将打印纸装上并关闭打印机的电源，如果按下联机按键，然后打开打印机的电源开关，则打印机进入短自检。首先打印出打印机 ROM 的版本号，随后打印出 7 行字符。每一行的字符将比后一行超前一个字符码。

因为自检是占整个打印宽度的，所以建议装上宽行纸以防损坏打印头和打印滚筒。

如果按下跳行按键，然后打开打印机的电源开关，则进行长自检，首先打印其 ROM 的版本号及当前 EDS（电子开关）设置，随后是每一种英文字体及宋体的所有字符打印。

打印的行数很多，建议使用穿孔打印纸。

7.4　喷墨打印机

喷墨打印机外观如图 7-9 所示。

图 7-9　喷墨打印机外观

7.4.1　喷墨打印机的分类

（1）按所用墨水的性质分，可将喷墨打印机分为水性喷墨打印机和油性喷墨打印机。

水性喷墨打印机所用的墨水是水性的，因而喷墨口不容易被堵塞，打印效果较好。

油性喷墨打印机所用的墨水是油性的，沾水也不会扩散开，但是喷墨口容易堵塞。

（2）按墨盒类型分，主要有采用的颜色的数量、墨盒的数量和是否采用独立的墨盒。有黑、青、洋红、黄 4 色墨盒。中高端的产品已经普遍采用了黑、青、洋红、黄、淡青、淡洋红的 6 色墨盒。有的在 6 色基础上增加了红色和蓝色，最后配以亮光墨从而达到了 8 色。

（3）按主要用途可以分为三类：普通型喷墨打印机、数码照片型喷墨打印机和便携式喷墨打印机。普通型喷墨打印机是目前最为常见的打印机，它用途广泛，可以用来打印文稿，打印图形图像。数码照片型产品和普通型产品的区别是它具有数码读卡器，在内置软件的支持下，它可以直接连接数码相机的数码存储卡或直接连接数码相机，可以在没有计算机支持的情况下直接进行数码照片的打印。便携式喷墨打印机指的是那些体积小巧，重量一般在 1kg 以下，可以比较方便携带，并且可以使用电池供电的打印机。

（4）按打印机的分辨率分，有低分辨率、中分辨率和高分辨率。目前一般喷墨打印机的分辨率均在 4800×1400dpi 以上。

7.4.2 喷墨打印机的组成

气泡式喷墨打印机是目前应用最为广泛的喷墨打印机。该类打印机具有打印速度快、打印质量高及易于实现彩色打印等特点。目前市场上已推出的很多型号的喷墨打印机都是气泡式喷墨打印机，现以 BJ 喷墨打印机为例介绍其组成。该打印机基本上分成机械和电气两部分。

1. 机械部分

主要由喷头和墨盒、清洁机构、字车部分和走纸部分组成。

（1）喷头和墨盒。喷头和墨盒是打印机的关键部件，打印质量和速度在很大程度上取决于该部分的质量和功能。喷头和墨盒的结构分为两类：一类是喷头和墨盒做在一起，墨盒内既有墨水又有喷头，墨盒本身即为消耗品，当墨水用完后，需更换整个墨盒，所以耗材成本较高；另一类是喷头和墨盒分开，当墨水用完后仅需要更换墨盒，耗材成本较低。

（2）清洁机构。喷墨打印机中均设有清洁机构，它的作用就是清洁和保护喷嘴。清洗喷嘴的过程比较复杂，包括抽吸和擦拭两种操作。

（3）字车部分。喷墨打印机的字车部分和针式打印机相似，字车电动机通过齿轮的传动作用，使字车引导丝杠转动，从而带动字车在丝杠的方向上移动，实现打印位置的变化。当字车归位时，引导丝杠又转动而推动清洁机构齿轮，完成清洗工作。

（4）走纸部分。它是实现打印中纵向送纸的机构，通过此部分的纵向送纸和字车的横向移动，实现整张纸打印。走纸部分的工作是走纸电动机通过传动齿轮驱动一系列胶辊的摩擦作用，将打印纸输送到喷嘴下，完成打印操作。

2. 电气部分

喷墨打印机的电气部分主要由主控制电路、驱动电路、传感器检测电路、接口电路和电源部分构成。

（1）主控制电路。主要由微处理器单元、打印机控制器、只读存储器（ROM）、读/写存储器（RAM）组成。ROM 中固化了打印机监控程序、字库；RAM 用来暂存主机送来的打印数据；打印机控制器和接口电路、传感器检测电路、操作面板电路、驱动电路连接，用以实现接口、指示灯、面板按键、喷头、走纸电动机和字车电动机的控制。

（2）驱动电路。主要包括喷头驱动电路、字车电动机驱动电路、走纸电动机驱动电路。这些驱动电路都是在控制电路的控制下工作的。喷头驱动电路把送来的串行打印数据转换成并行打印信号，传送到喷头内的热元件，喷头内热元件的一端连到喷头加热控制信号端，作为加热电极的激励电压，另一端和打印信号端相连，只有当加热控制信号和打印信号同时有效时，对应的喷嘴才能被加热；字车电动机驱动电路的功能是驱动字车电动机正转和反转，通过齿轮的传动使字车在引导丝杆上左右横向移动，在BJ-10ex喷墨打印机中，当字车回到左边初始位置时，把引导丝杆的齿轮推向清洁装置，字车电动机驱动清洁装置工作；走纸电动机驱动电路的功能是驱动走纸电动机运转，经过齿轮的传递作用带动胶辊转动，执行走纸操作。

（3）传感器检测电路。其主要用于检测打印机各部分的工作状态，喷墨打印机一般有以下几种检测电路。

● 纸宽传感器检测电路：纸宽传感器附在打印头上，进纸后，打印头沿着每页的上部横扫，而测出纸宽，以避免打印到压纸辊上。所用传感器一般为光电传感器。

● 纸尽传感器检测电路：用来检测打印机是否装纸，或在打印过程中发现纸用完以后反馈给控制电路。所用传感器为光电传感器。

● 字车初始位置传感器检测电路：当打印机开机时，或接到主机的初始信号，或回车换行时，字车就返回左边初始位置（复位），该传感器用于检测出现上述情况时字车能否复位。其传感器也是光电传感器。

● 墨盒传感器检测电路：用于检测墨盒是否安装或安装是否正确。其传感器也是光电传感器。

● 打印头内部温度传感器检测电路：所用传感器为一个热敏电阻，用于检测气泡喷头的温度，使其处于最佳温度。当温度降低时，经热敏电阻测出后，由升温加热器加热。

● 墨水传感器检测电路：所用传感器是薄膜式压力传感器，用于检测墨盒中墨水的有无。

（4）接口电路。主机和打印机是通过接口相连接的。接口一般为并行口或USB接口，也可选用RS-232串行接口（属选配件）。

（5）电源。电源一般输出三种直流电压，+5V用于逻辑电路，还有两种高压分别用于喷头加热和驱动电动机。

7.4.3　喷墨打印机的基本工作原理

喷墨打印机的喷墨技术有连续式和随机式两种，目前采用随机式喷墨技术的喷墨打印机逐渐在市场上占据了主导地位。

随机式喷墨技术的喷墨系统供给的墨滴只在需要印字时才喷出，它的墨滴喷射速度低于连续式，但可通过增加喷嘴的数量来提高印字速度。随机式喷墨技术常采用单列、双列或多列小孔，一次扫描喷墨即可印出所需印字的字符和图像。

许多计算机外设厂家都投入大量资金集中力量发展随机式喷墨打印机。其中气泡式喷墨技术发展较快，下面就这种喷墨技术作一介绍，其喷墨过程可分为 7 步。

（1）喷嘴在未接收到加热信号时，喷嘴内部的墨水表面张力与外界大气压平衡，处于平衡稳定状态。

（2）当加热信号发送到喷嘴上时，喷嘴电极被加上一个高幅值的脉冲电压，加热器元件迅速加热，使其附近墨水温度急剧上升并汽化形成气泡。

（3）墨水汽化后，加热器表面的气泡变大形成薄蒸气膜，以避免喷嘴内全部墨水被加热。

（4）当加热信号消失时，加热器表面温度开始下降，但其余热仍使气泡进一步膨胀，使墨水挤出喷嘴。

（5）加热器元件的表面温度继续下降，气泡开始收缩。墨水前端因挤压而喷出，后端因墨水的收缩使喷嘴内的压力减小，并将墨水吸回喷嘴内，墨水滴开始与喷嘴分离。

（6）气泡进一步收缩，喷嘴内产生负压力，气泡消失，喷出的墨水滴与喷嘴完全分离。

（7）墨水由墨水缓存器再次供给，恢复平衡状态。

7.4.4　喷墨打印机的安装与使用

现以爱普生 Stylus Photo R310 喷墨打印机为例，介绍它的结构及安装和使用方法。

1. 打印机的结构

Stylus Photo R310 喷墨打印机的外部结构及存储卡插槽如图 7-10 所示。

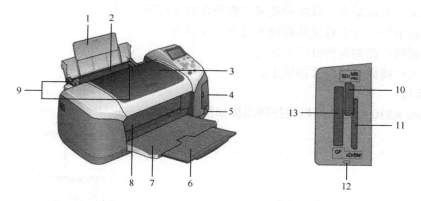

图 7-10　Stylus Photo R310 喷墨打印机的外部结构

（1）托纸架：支撑装入进纸器中的打印纸。

（2）进纸器：托住空白打印纸，并在打印过程中自动进纸。

（3）打印机盖：盖住打印机的机械部分。只有安装或更换墨盒时才打开。

（4）存储卡插槽盖：打开盖可插入或退出存储卡。

（5）外部设备 USB 连接器：用于连接外部存储设备和带有 USB 直接打印功能的数码相机到打印机。

（6）延伸出纸器：托住退出的纸。

（7）出纸器：接收退出的打印纸。

（8）CD/DVD 打印导板：支撑 CD/DVD 光盘支架。

（9）导轨：使进纸整齐。调整左导轨以使其适合打印纸的宽度。

（10）存储卡插槽 1：用于装入 Memory Stick、Memory Stick Pro、Memory Stick Duo、Magicgate Memory Stick、SD Card、MiniSD Card 和 Multi Media Card 等存储卡。

（11）存储卡插槽 2：用于装入 Smart Media 和 XD-picture Card 存储卡。

（12）存储卡指示灯。

（13）存储卡插槽 3：用于装入 Compact Flash 存储卡或 Microdrive 存储卡。

2. 打印机的接口

Stylus Photo R310 喷墨打印机的接口如图 7-11 所示。

（1）独立打印预览屏插槽（用于如存储卡打印）：用于连接独立打印预览屏。

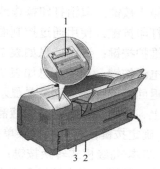

图 7-11　Stylus Photo R310 喷墨打印机的接口

（2）独立打印预览屏电缆连接器：用于连接独立打印预览屏选件。

（3）计算机 USB 连接器：用于使用 USB 电缆连接计算机和打印机。

打印机有两个 USB 连接器，一个在前部、一个在后部。使用 USB 电缆，可以连接一个兼容的数码相机、一个便携式计算机或一个台式计算机到打印机。EPSON 推荐使用前部 USB 连接器连接数码相机，后部 USB 连接器连接便携式计算机或台式计算机。

3. 内部结构

Stylus Photo R310 喷墨打印机的内部结构，如图 7-12 所示。

（1）墨盒盖：卡住墨盒。只在安装或更换墨盒时才打开。

（2）液晶显示屏：用于直接从存储卡进行打印设置。

（3）控制面板：控制各种打印机功能。

（4）打印头：将墨水喷到打印纸上。

4. 控制面板

Stylus Photo R310 喷墨打印机的控制面板如图 7-13 所示。

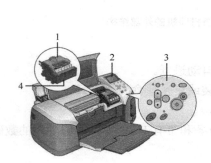 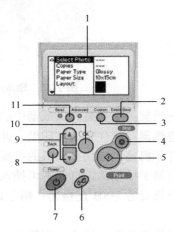

图 7-12 Stylus Photo R310 喷墨打印机的内部结构　　图 7-13 Stylus Photo R310 喷墨打印机的控制面板

（1）液晶显示屏：显示使用控制面板上的按键进行更改的项目和设置。

（2）直接保存按键：在外部存储设备中存储存储卡内容。

（3）自定义按键：当按住超过 2s 时，存储液晶显示屏上当前的设置。当按下时，装入存储的设置。

（4）停止按键：取消打印操作或液晶显示屏上的设置。

（5）打印按键：使用通过控制面板上的按键选中的液晶显示屏上的设置开始打印。

（6）维护按键：详细信息如表 7-1 和表 7-2 所示。

（7）电源按键：详细信息如表 7-1 所示。

（8）返回按键：返回到液晶显示屏的主菜单。

（9）上、下箭头按键：移动液晶显示屏上的指针，增加或减少键入的数字。

（10）确定按键：打开设置菜单并选择液晶显示屏上设置的项目。

（11）基本/高级模式转换按键：在基本模式和高级模式中转换。

除了维护按键、停止按键和电源按键，控制面板上的按键只用于从存储卡直接打印。电源按键和维护按键的含义如表 7-1 所示。喷墨打印机面板指示灯的含义如表 7-2 所示。

表 7-1　电源按键和维护按键的含义

按键	功能
电源 ⏻	打开和关闭打印机
维护 ⬥·🗐	显示说明解决错误，或清除下列错误 没有墨水、没有墨盒或墨水型号不对，没有打印纸（只有单页纸），夹纸进多页纸 启动更换墨盒应用工具 当维护指示灯熄灭并且在高级模式中按下按键时，打印机显示墨盒更换菜单，当在基本模式中按下维护按键时，没有任何反应

表 7-2　喷墨打印机面板指示灯的含义

指示灯	说明
维护 ⬥·🗐	当出现错误时，此指示灯亮或闪烁。在液晶显示屏上，显示错误描述
基本打印模式	当选择基本打印模式时，此指示灯亮
高级打印模式	当选择高级打印模式时，此指示灯亮
存储卡	当存储卡插入存储卡槽中时，此指示灯亮 当打印机访问存储卡时，此指示灯闪烁

5. 安装墨盒

（1）确保打印机电源打开但是没有打印，然后打开托纸架、打印机盖，并放下出纸器。

（2）检查液晶显示屏显示"墨尽"信息，并按下维护按键。如果留有剩余的墨水将不显示此信息。在这种情况下，按下维护按键，确保选择更换墨盒，并按下确定按键。要查找哪个墨盒需要更换。

（3）按照屏幕显示的说明进行操作，并按下确定按键。墨盒缓慢移动到墨盒更换位置。

（4）从包装中取出新墨盒。

（5）打开墨盒盖。拿住想要更换的墨盒。从打印机取出墨盒并适当地处理它。不要拆开用过的墨盒，或尝试给其重新充墨。

（6）将墨盒垂直地放入墨舱中。然后，向下推动墨盒，直到它锁定到位，如图 7-14 所示。

图 7-14　更换墨盒

（7）当完成更换墨盒时，关闭墨盒盖和打印机盖。

（8）按确定按键。打印头移动并开始对墨水系统充墨。当充墨过程完成时，打印头返回到初始位置。

（9）当液晶显示屏上显示"墨盒更换已完成"时，按确定按键。

6．清洗打印头

如果发现打印的图像意外地模糊或丢失墨点，则可通过清洗打印头来解决这些问题，这样可以保证喷嘴正常出墨。

可以使用打印机软件中的打印头清洗应用工具，从计算机清洗打印头，也可以使用打印机的控制面板按键进行清洗。

（1）打印头清洗会消耗一些墨水。为避免浪费墨水，请只在打印质量下降（如打印输出模糊、色彩不正确或丢失等）时才清洗打印头。

（2）首先使用喷嘴检查应用工具确认打印头是否需要清洗。这样做可以节省墨水。

（3）如果显示"墨尽"信息，或墨水图标闪烁，液晶显示屏上显示墨量低，不能清洗打印头。如果墨尽，将启动墨盒更换程序。如果不想在此时更换墨盒，请按下停止按键使打印头返回初始位置。

（4）在使用打印头清洗应用工具之前，确保 CD/DVD 光盘支架没有插入打印机。

7．打印数据

当在应用程序中创建用于打印的数据时，需要根据打印纸尺寸调整数据。

（1）装入打印纸，在选择介质后，把它装入打印机。

（2）运行打印机驱动程序。

（3）单击主窗口菜单，然后进行质量选项设置（图 7-15）。

（4）选择进纸器作为来源设置。

（5）进行合适的介质类型设置。

（6）进行合适的尺寸设置。

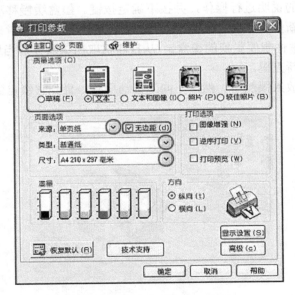

图 7-15　打印参数设置

（7）单击确定可关闭打印机驱动程序设置对话框。

完成上面所有步骤以后，开始打印。在打印整个作业之前打印一测试副本来检测打印输出。

7.5 激光打印机

激光打印机（图 7-16）具有高质量、高速度、低噪声、易管理等特点，现在已占据了办公领域的绝大部分市场。

图 7-16 激光打印机

7.5.1 激光打印机的分类

（1）按打印输出速度分为低速激光打印机、中速激光打印机和高速激光打印机。

低速激光打印机：其印刷速度小于 10 页/min。

中速激光打印机：其印刷速度为 10～30 页/min。

高速激光打印机：其印刷速度大于 30 页/min。

（2）按色彩分有单色激光打印机和彩色激光打印机。

单色激光打印机：只能打印一种颜色。

彩色激光打印机：可以打印逼真的彩色图案，达到印刷品的效果。

（3）按与计算机连接的接口分为并行接口、USB 接口、无线网络接口、有线网络接口等。常用的是 USB 接口。

（4）按分辨率分为高分辨率、中分辨率和低分辨率 3 种。

随着打印机的发展，国内激光打印机市场占据份额较多的有惠普（HP）、爱普生（EPSON）、佳能（CANON）、利盟（LEXMARK）、柯尼卡美能达（MINOLTA）、富士施乐（XEROX）、联想（LENOVO）、方正（FOUNDER）等品牌。

7.5.2 激光打印机的组成

1. 机械结构

激光打印机的内部机械结构十分复杂。这里就其主要部件墨粉盒和纸张传送机构进行介绍。

（1）墨（碳）粉盒。

激光打印机的重要部件如墨粉、感光鼓（硒鼓）、显影轧辊、显影磁铁、初级电晕放电极、清扫器等，都装置在墨粉盒内。但一些激光打印机也有鼓粉分离的。当盒内墨粉用完后，可以将整个墨粉盒卸下更换。其中感光鼓是一个关键部件，一般用铝合金制成一个圆筒，鼓面上涂敷一层感光材料（硒-碲-砷合金）。

（2）纸张传送机构。

激光打印机的纸张传送机构和复印机相似。纸由一系列轧辊送进机器内，轧辊有的有动力驱动，有的没有。通常，有动力驱动的轧辊都是通过一系列的齿轮与电机连在一起的。主电机采用步进电机，当电机转动时，通过齿轮离合器使某些轧辊独立地启动或停止。齿轮离合器的闭合由控制电机的 CPU 控制。

2. 激光扫描系统

激光打印机的激光扫描系统的核心部件是激光写入部件（激光印字头）和多面转镜。高、中速激光打印机的光源都采用气体（He-Ne）激光器，用声光（AO）调制器对激光进行调制。为拓宽调制频带，由激光器发生的激光束，需经聚焦透镜进行聚焦后再射入声光调制器。根据印字信息对激光束的光强度进行调制，为使印字光束在感光体表面形成所需的光点直径，还需经扩展透镜进行放大。

3. 电路

（1）控制电路。

激光打印机的控制电路是一个完整的被扩展的微型计算机系统。计算机系统主要包括 CPU、ROM、RAM、定时控制、I/O 控制、并行接口、串行接口等。该计算机系统通过并行接口或串行接口接收主机输入信号；通过接口控制/接收信息；通过面板接口控制/接收操作面板信息；另外，还控制直流控制电路，再由直流控制电路控制定影控制、离合控制、各个驱动电机、扫描电机、激光发生器及各组高压电源等。

（2）电源系统。

激光打印机内有多组不同的电源。例如，HP33440 型激光打印机中直流低压电源有三组：+5V、−5V 和+24V。

4. 开关及安全装置

激光打印机都设置有许多开关，控制电路利用这些开关检测并显示打印机各个部件的工作状态。许多开关还带有安全器件，以防伤害操作人员或损坏打印机。

7.5.3 激光打印机的基本工作原理

激光打印机是将激光扫描技术和电子照相技术相结合的印字输出设备。其基本工作原理如图 7-17 所示。

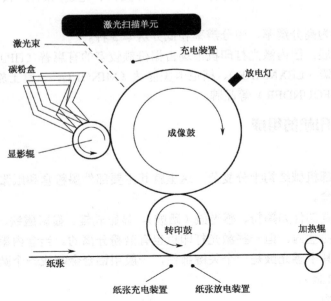

图 7-17 激光打印机的原理图

二进制数据信息来自计算机，由视频控制转换为视频信号，再由视频接口/控制系统把视频信号转换为激光驱动信号，然后由激光扫描系统产生载有字符信息的激光束，最后由电子照相系统使激光束成像并转印到纸上输出。其原理主要经过以下几个步骤。

1. 带电

在感光鼓（体）表面的上方设有一个充电的电晕电极，其中有一根屏蔽的钨丝，当传动感光鼓（体）的机械部件开始动作时，用高压电源对电晕电极加数千伏的高压。这样就开始电晕放电，电晕电极放电时钨丝周围的空气会被电离，变成能导电的导体，使感光鼓表面带上正（负）电荷。

电晕放电，就是给导体加上一定程度的电压，使导体周围的空气（或其他气体）被电离，变成离子层。一般认为空气是非导电体，电离后就变成了导体。

2. 曝光

随着带正（负）电荷的感光鼓（体）表面的转动，遇有激光源照射时，鼓表面曝光部分变为良导体，正（负）电荷流向地（电荷消失）。

文字的笔划或图像的像素，即未曝光的鼓表面，仍保留有电荷，这样就生成了不可见的文字或图像的静电潜像。

3. 显影（显像）

显影又称显像，随着鼓表面的转动，接着对静电潜像进行显像操作。显像就是用载体和着色剂（单成分或双成分墨粉）对潜像着色。载体带负（正）电荷，着色剂带正（负）电荷，这些着色剂就会裹附在载体周围，由于静电感应作用，着色剂就会被吸附在放电的鼓表面上即生成潜像的地方，使潜像着色变为可视图像。

4. 转印

被显像的鼓表面的转动通过转印电晕电极时，显像后的图像即可转印在普通纸上。因为转印电晕电极使记录纸带有负（正）电荷，鼓（体）表面着色的图像带有正（负）电荷，因此，显像后的图像就能自动地转印在纸面上。

5. 定影（固定）

图像从鼓面上转印在普通纸上以后，要进一步通过定影器进行定影。定影器（固定器）有两种：一种是采用加热固定，即烘干器；另一种是利用压力固定，即压力辊。带有转印图像的记录纸，通过烘干器加热，或通过压力辊加压后使图像固定，使着色剂熔化渗入纸纤维中，最后形成可永久保存的记录结果。

6. 清除残像

转印过程中着色剂从鼓面转印到纸面上时，鼓面上多少总会残留一些着色剂。为清除这些残留的着色剂，记录纸下面装有放电灯泡，其作用是消除鼓面上的电荷，经过放电灯泡照射后，可使残留的着色剂浮在鼓面上，进一步通过清扫时，这些残留的着色剂就会被刷掉。

7.5.4 激光打印机的安装与使用

下面以三星 ML-1430 激光打印机为例介绍激光打印机的安装。

1. 激光打印机的外观

三星 ML-1430 激光打印机的主视图如图 7-18 所示，内部图如图 7-19 所示，后视图如图 7-20 所示。

2. 安装墨粉盒

（1）拿住前盖的两边向外拉，打开打印机。

（2）从墨粉盒的包装袋中取出墨粉盒，去掉包住墨粉盒的纸。

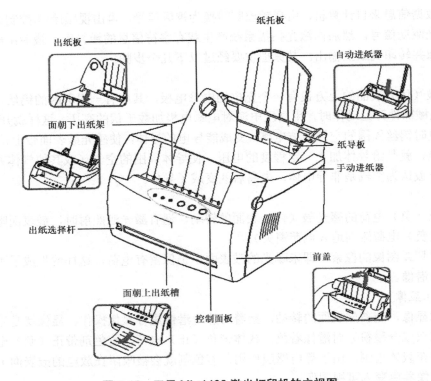

图 7-18 三星 ML-1430 激光打印机的主视图

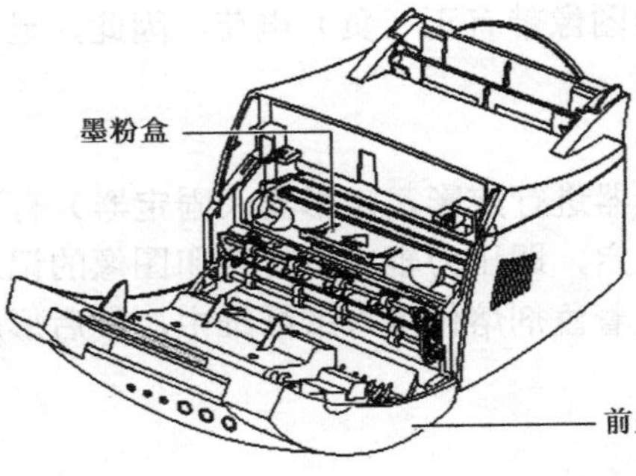

图 7-19 三星 ML-1430 激光打印机的内部图 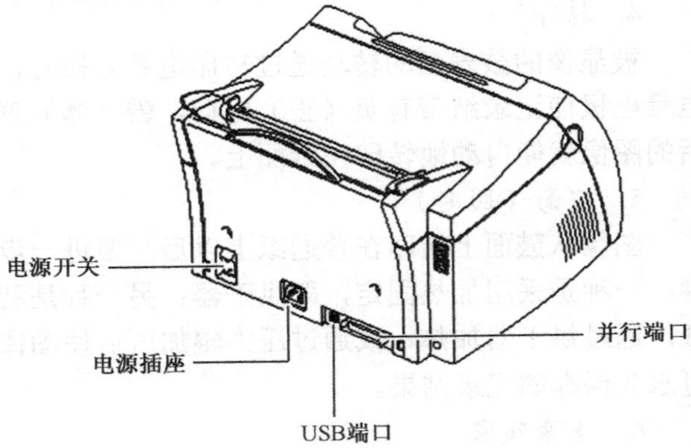　　　图 7-20 三星 ML-1430 激光打印机的后视图

（3）轻轻地摇晃墨粉盒，使盒内的墨粉分布均匀（图 7-21）。为了防止损坏墨粉盒，不能将墨粉盒暴露在阳光下长达几分钟。

（4）找到打印机内的墨粉盒槽，一边一个。

（5）拿住把手，将墨粉盒放入墨粉盒槽，直到墨粉盒安装到位，如图 7-22 所示。

（6）关上前盖。应确定关紧前盖。

3. 装纸

（1）将自动进纸器上的托纸板向上拉，直到达到最高位置。

（2）在装纸前，将纸来回弯曲，使纸松动，再扇动纸，在桌子上墩齐纸的边缘，有助于防止卡纸。

（3）将纸装入自动进纸器，打印面朝上，如图 7-23 所示。

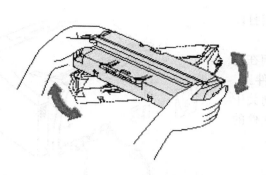

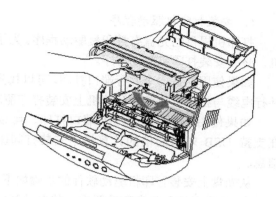

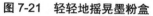

图 7-21　轻轻地摇晃墨粉盒　　　　　　　图 7-22　墨粉盒放入墨粉盒槽

（4）不要装入太多的纸，自动进纸器最大可装 150 张纸。

（5）调整导纸板，使之适应纸的宽度。装纸时要注意以下几点。

① 不要将导纸板推得太紧，以致引起纸张拱起。

② 如果未调整导纸板，可能会卡纸。

③ 如果需要在打印时向打印机的纸盒中加纸，首先将打印机纸盒中剩余的纸张拿出来。然后将它们放进新的纸张中。直接在打印机纸盒中剩余的纸张上加纸，可能导致打印机卡纸或多页纸同时输送。

4. 打印机的电缆与计算机连接

（1）并行电缆安装时，打印机和计算机都关闭电源后安装，USB 电缆不要关闭电源安装。

（2）将打印机并行电缆（或 USB 电缆）插入到打印机后面的打印端口。将金属卡环推入电缆插头的缺口内。

（3）将电缆的另一端与计算机并行端口（或 USB 端口）连接，拧紧螺钉，如图 7-24 所示。

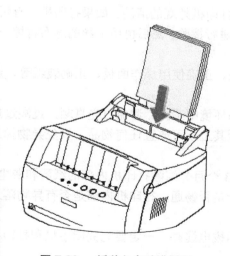

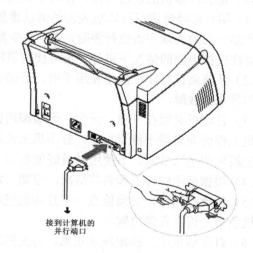

接到计算机的
并行端口

图 7-23　纸装入自动进纸器　　　　　　图 7-24　打印机与计算机的信号线连接

5. 接通电源

（1）将电源线插入打印机后面的插座内。

（2）将电源线的另一端插入合适的接地的交流电源插座内。

（3）接通交流电源插座并打开打印机的电源开关，如图 7-25 所示。

6. 安装打印机驱动程序

打印机提供的光盘有打印机驱动程序。为了使用打印机，必须安装打印机驱动程序。

如果使用的是一个并行端口打印，可以找到如何在用并行电缆与打印机连接的计算机上安装打印驱动软件。

如果使用的是一个 USB 端口打印，可以找到关于在支持 USB 端口通信的计算机中安装打印驱动软件的信息。

从光盘上安装打印机驱动软件的步骤如下。

① 将光盘放入光盘驱动器中，就自动开始安装。

② 当出现安装程序屏幕时，选择所需语言。

③ 根据计算机屏幕上的引导完成安装操作。

7. 打印机自检

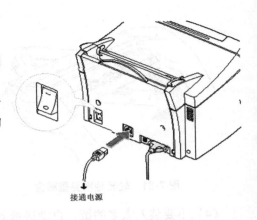

接通电源

图 7-25　连接电源并打开打印机的电源开关

在打印机通电时，打印机控制面板上的所有指示灯都短暂地亮一下。当只有数据灯亮时，按住演示按钮。按住按钮约 2s，直到所有指示灯慢速闪烁，然后松开，打印机就开始打印自检页。自检页提供了打印质量的样张，并帮助验证了打印机是否正确打印。

7.6　打印机的常见维护

7.6.1　针式打印机的日常维护

1. 日常维护和使用中的注意事项

为了延长打印机的使用寿命，在日常使用过程中要注意做好以下各项工作。

（1）用户应经常进行打印机表面的清洁维护，保持打印机外观的清洁。如果打印机上有污迹，可用潮湿一点的柔软布条进行擦除，或可沾少量洗衣粉进行擦除，然后再用干净的湿布再擦一遍。注意要在关掉电源的情况下进行，不可使用酒精擦洗。

（2）认真阅读打印机操作使用手册，正确设置开关、正确使用操作面板、正确装纸等，避免乱操作带来的故障。

（3）打印机必须在干净、无尘、无酸碱腐蚀气体的环境中工作，避免日光直晒，过潮过热。打印机工作台面必须平稳无振动。打印机无论运行与否其上不可放置任何物品，以免异物掉入机内产生机械和电气故障。不使用时最好加布罩。

（4）根据使用的环境和负荷情况，定期（每隔 1～3 个月）清除打印机内部的纸屑和灰尘。

（5）每次打印前，必须检查一下打印机进纸和出纸是否畅通，打印机内部是否有异物落入，打印机色带是否在正确位置。

（6）打印机供电、接地应该正确。与主机连接，插拔电缆时，一定要先关闭主机和打印机电源，以防烧坏接口元件。闲置不用时，也要定期加电。

（7）打印机在加电状况下，应尽量避免人为地转动打印字辊。如果一定要调整行距、打印纸位置等，应先按打印机操作面板的联机/脱机开关，使打印机脱机后，用换行、换页、退纸等功能键来完成。调整好后，再按一下联机/脱机开关恢复联机打印状态。

（8）要经常检查打印头前端与打印辊之间的距离是否符合要求。距离过小，打印针打在字辊上的力量过大，容易断针；距离过大，打印字迹太浅，同时针头伸出较长，也易断针。应以打印字迹清楚为标准，根据打印纸的厚度来调节打印头间隙调节杆位置。一般对于 90g 的打印纸，一张时，调节杆可置于位置 1，两张时应置于位置 2……对于新打印机、新色带则间隙可适当大一些。

（9）不用或尽量少用蜡纸打印，因为蜡纸上的石蜡会与打印辊上的橡胶起化学反应，使橡胶膨胀变形，同时石蜡进入打印头的打印针导向孔内会使打印针运动阻力增加，易断针。若一定要用蜡纸打印时，可将蜡纸下面的一层棉纸去掉，垫一张质量较好的纸（如复印纸等），以减少打印横向运动的摩擦阻力。且一定要将打印机设置于低速、单向打印状态，以减少断针危险。打印机打印结束后，要及时用酒精清洗橡胶打印辊。

（10）日常使用中要注意机械运动部件、部位的润滑，定期用柔软的布擦去油污垢，然后加油，一般用钟表油或缝纫机油，特别是打印头滑动部件，更要经常保持清洁润滑，既能使机械磨损减轻，又能减小摩擦声音。否则，容易产生卡位或咬死等故障。加油时要注意位置，不要加到不该加油的地方，以免沾染灰尘，给平时保养增加麻烦。当开机发现打印头、输纸机构等机械部位运行困难时，必须立即断电检查，以免故障扩大，损坏电路和机械部分。

（11）要尽量使用高质量色带，不宜使用过湿、油墨过浓的色带，一般这类色带质量不好；在启用新色带前应认真进行检查，如有无起毛、接头是否良好等；色带使用时间不宜过长，表面起毛或有破损则不宜再用，旧色带也不宜加油墨后重用，因为起毛后的色带，若不及时更换则极易挂针，损坏打印头；另外要经常观察色带的运转是否顺畅、自然，如不正常，应查明原因及时处理。

（12）打印头是打印机的关键部件，由于打印针是用很细的钢丝做成的，经热处理加工后，硬度高、脆性大，极容易发生断裂，因此打印针头部均装有导向装置，以保证打印针正确打印。当打印针的导向孔被灰尘或油污堵塞时，打印针由于进出受阻，速度减慢，会容易折断，因此，要经常清洗打印头，尤其是使用油墨多、质量差的色带和打印蜡纸以后，要及时进行清洗。

2. 打印头漏针、断针的主要原因与打印头清洗方法

（1）打印头漏针、断针的主要原因。

① 打印头脏污及针孔堵塞。由于打印机的长期使用，色带的油墨、污垢、打印纸的粉尘等黏结在打印针和导针板上，堵塞了打印针导向板的针孔；或者由于长时间打印蜡纸，蜡纸上的石蜡与字辊上的橡胶会引起化学反应，使橡胶膨胀变形。同时，石蜡进入了打印针导向板针孔。这些都会使得打印针的打印过程中运动阻力增加，以致引起断针。

② 打印针的支撑弹簧弹性不好。若使用时间太长，打印头内打印针下的支撑弹簧老化，就起不到弹簧的作用。打印出针后，弹簧则不能及时将针缩回，从而导致断针。

③ 色带破损。使用的色带质量低劣，上面有斑孔，接头处不平滑；另一方面，由于色带使用时间过长，弹性减弱，表面松弛，表面起皱，起毛甚至有毛孔、沙头、破损等。这些情况都使得在打印时，色带不能保持平整，当针击打后由于皱折影响而来不及缩回，此时就比较容易拉断打印针。

④ 使用劣质色带盒或色带。在打印过程中，劣质色带盒因盒盖与盒体上下结合不紧，被动齿轮脱离原位，使得被动齿轮与主动齿轮啮合不紧，导致齿轮不绞带，使色带松弛；由于使用的色带质量差，上面有斑孔，或者色带与色带盒不匹配，拉线长度太长，张紧力不够，使色带运动受阻甚至转不动，造成色带被打破或打穿。这些情况下，都容易拉断打印针。

⑤ 色带安装不到位。安装色带不到位，使打印头两边色带反向、缠绕打结而导致打印头"跑空车"，或打印针穿透色带直接撞击字辊引起断针。

⑥ 打印纸质量差或安装不当。由于打印纸质量欠佳，纸面不平整、有疤点或受了潮，或打印纸安装不合适使纸重叠，或打印信封时经常打印在信封接头上。这些情况下都容易在打印时划纸，

使打印头运行不畅导致断针。

⑦ 经常使用打印机制作表格。在打印表格时，由于表格线对应的有限几根打印针使用过于频繁，这几根打印针容易因打印负荷过重而引起断针。

⑧ 打印胶棍磨损或与打印头之间的间隔调整不当。由于保养不够或长时间击打等原因，打印胶棍磨损没有及时更换。或者在使用不同厚度的打印纸时，没有调整好打印头与打印胶棍之间的间隔。该间隔过小，打印针打在字辊上的力量过大，容易断针；间隔过大，不但打印出的字迹太浅，而且因为针头伸出导板较长，也容易造成断针。

⑨ 使用操作不当。在打印过程中，人为转动字辊，容易引起断针，打印机工作时，打印头随字车来回不断地运动，在水平方向具有一定的惯性，如果人为地转动字辊给以纵向的拉力，此时最容易引起断针。

在打印过程中强行拉扯打印纸，由于在撕纸时色带芯紧贴打印头，致使打印针打穿色带而拉断打印针。

当打印机正在打印时，突然关机或停电，使打印针来不及缩回，也可能导致断针，或者正在打印的时候，扳动调整打印机上的一些开关等，也容易引起断针，而且往往是多个打印针同时折断。

（2）打印头的清洗方法。

容易装卸打印头的打印机主要有 EPSON 系列（如 LQ1600K）、NECP7、Brother 系列等，下面以 EPSON LQ1600K 打印机为例进行说明。LQ1600K 打印头可以很方便地从打印头座上卸下来，因此，可将打印头直接卸下来进行清洗。具体方法如下。

① 将打印头从打印头座上取下，并将扁平电缆与打印头脱离。

② 将打印头前端出针处朝下浸入无水酒精，注意出针处至少浸入无水酒精 2cm，视具体污染程度浸泡 2h 左右。

③ 用医用注射器吸入无水酒精对准出针口上端及下端注射多次将污染物清除。

④ 将打印头与扁平电缆连接好，但打印头先不要装到打印头座上，打印头朝下浸入无水酒精中，打开打印机电源并使打印机自检，驱动打印针运动 2min 左右即可。这时要注意浸入打印头后，打印头针部还应离容器底部有 10mm 左右的距离，以防打印针撞击容器底部造成断针；另外，打印机在作自检操作时，应手持打印机打印头和浸泡的容器随打印头座移动并拉动扁平电缆而一起动作，以免将打印头电缆拉坏；打印头空打出针时不得碰到其他任何物体，以免引起断针。若污垢较重，应反复清洗数次，直至将固化在针与针之间的污垢全部清洗干净。以上操作最好两个人配合进行。

⑤ 待打印头上的无水酒精挥发后，在导针孔处加入少量高级机油，使出针时润滑，减少阻力。将打印头装回打印头座，连接好扁平电缆即可工作。

7.6.2　喷墨打印机的日常维护

喷墨打印机打印效果好、噪声低，越来越受到广大用户的青睐，下面主要以 EPSON 喷墨打印机为例说明其使用和维护方法。

1. 在 Windows 下不能正常打印的解决办法

通常由于喷墨打印机本身存在问题，或者它的硬件安装和驱动程序安装不正确，或者打印机的设置不对，都会造成打印不正常的情况。

（1）在 Windows 下不打印文件，这种情况通常的解决步骤如下。

① 对打印机进行自检。按照打印机的说明书，进行自检，看看是不是打印机本身的问题引起无法打印文件。如果不能自检，则说明打印机自身有问题。可查看打印机本身的问题，包括确认

打印机中是否有纸、确认有没有卡纸、查明是否需要更换墨水盒、喷头是否已经复位等。

② 如果能够自检，则说明打印机本身没有问题。问题可能出在打印机与主机的连接或打印机的设置、打印驱动程序的设置方面。

③ 向打印机发送测试页。如果成功地打印测试页，说明打印机与主机的连接没有毛病，问题只能出在打印机和主机及一些程序的设置方面，如在某些应用程序里所选的打印机驱动程序不对，纸张边界设置为 0 等。一般进行相应的软件设置或修改即可解决问题。

（2）如果测试页打印失败，按照以下方法检查。

① 首先确认已接好打印机电源，并且打印机与主机连接正确，打印机处于"联机"状态（大多数打印机都有联机按键和相应的指示灯）。

② 利用替代法确认打印机与主机的连接线没有问题。

③ 查看打印机驱动程序。选择"开始"→"设置"→"打印机"选项，选中相应打印机图标，在"文件"菜单中，选择"属性"命令，确定打印机驱动程序与该打印机是否相匹配。如果不匹配，则重新安装驱动程序。如果打印机驱动程序没有问题，则进行下列步骤。

④ 检查打印机设置。选择"开始"→"设置"→"打印机"选项，选中相应打印机图标，在"文件"菜单中，选择"属性"命令，查看打印端口是否存在问题，如是否与其他硬件发生冲突。另外，还要注意检查打印机是否处于"暂停"状态。检查所有标签中的设置，包括内存设置，确认设置与实际安装的打印机是否匹配。

⑤ 检查后台打印设置。选择"开始"→"设置"→"打印机"选项，选中相应打印机图标，在"文件"菜单中，选择"属性"命令，单击"详细资料"标签，然后单击"后台打印设置"按钮。如果后台打印的数据格式为EMF，可试一下将其改为RAW。如果后台打印的数据格式为RAW，可试一下关闭其后台打印功能（单击"直接输出到打印机上"）。

⑥ 检查磁盘空间。要确认硬盘上至少有 2MB 以上的可用空间，如果没有足够的可用空间，需删除多余的文件，否则会造成打印不正常。如果磁盘空间足够，但打印机不工作，则进行下一步。

⑦ 重新安装打印机驱动程序。选择"开始"→"设置"→"打印机"选项，选中相应打印机图标，在"文件"菜单中，选择"删除"命令，删除原打印机。双击"添加打印机"图标，然后按屏幕提示重新安装打印机。

（3）在Windows中只打印文件的部分内容，出现这种情况可按下列步骤进行检查。

① 检查纸张方向和页面设置。在程序的"文件"菜单上，选择"打印"或"页面设置"命令，确认已选择正确的打印方向（横向或纵向），如果设置正确，重新打印文件，如果还有问题，则进行下列检查。

② 检查非打印区域。选择"开始"→"设置"→"打印机"选项，选中相应打印机图标，在"文件"菜单中，选择"属性"命令，单击"纸张"标签，然后单击"非打印区域"按钮。确认已正确设置打印机及纸张大小，确认非打印区域设置正确，重新打印文件，如果还存在问题继续下面的检查。

③ 检查图形模式。选择"开始"→"设置"→"打印机"选项，选中相应打印机图标，在"文件"菜单中，选择"属性"命令，单击"图形"标签。如果"图形方式"为"使用矢量图形"，可将其改为"使用光栅图形"。重新打印文件，如果还有问题继续下列检查。

④ 更改超时设置。如果文件中包含复杂图形或各种字体，按如下步骤修改超时设置：选择"开始"→"设置"→"打印机"选项，选中相应打印机图标，在"文件"菜单中，选择"属性"命令，单击"详细资料"标签，在"超时设置"中，增加时间值。

⑤ 检查打印机是否有足够内存。如果文件中包含复杂图形或各种特殊字体，可能会造成由于

打印机没有足够内存而导致打印不完整。可以先打印一个较小且简单的文件试一下。

2. 打印头清洗及更换墨盒方法

在清洗打印头和更换墨盒前，应确认"暂停"灯（"Pause"灯）处于亮的状态。

在清洗打印头或更换墨盒后的充墨过程中，"暂停"灯（"Pause"灯）不再闪烁，在此过程中不能关机或重新启动打印机。

只有在打印质量下降时，才清洗打印头，以免浪费墨水。

在对打印质量要求不高的情况下，为节约墨水，可通过面板选择"省墨（Economy）"或"压缩（Condensed）"方式打印，此时相应的指示灯亮。

3. 解决打印机不能打印的几种基本方法

几乎所有的人都遇到过这种情况：当在某个应用程序中选择"文件"→"打印"命令，准备打印一个文档时，可经过很长时间却发现什么也没打印出来，于是意识到打印机出了问题。这类问题可采取以下办法解决。

（1）从其他应用程序打印。当一个 Windows 应用程序不能正常打印时，请尝试从其他程序打印，看是否存在相同的问题。如果仅仅是某一个应用程序不能打印，可以查看该软件所附的帮助文档，重新安装该软件，或与软件的开发商联系。

（2）在 DOS 下打印。当任何 Windows 应用程序都不能正常打印时，可以退出 Windows，在 DOS 提示符后键入"dir>Lptl"（或其他正在使用的打印端口）。如果这一测试不能打印出一张目录列表，那么打印问题就不仅仅是 Windows 环境下的毛病了。检查打印机电缆和并口，如果它们都正常，那么毛病很可能出在打印机端口上。将打印机连接到另一台主机端口上再进行上述测试。

（3）不要直接打印到端口。如果发现在 DOS 下可以正常打印，而在 Windows 中则不行。重新启动 Windows，打开控制面板，双击"打印机"图标，在打开的界面中右击所使用的打印机，然后选择"属性"→"详细资料"选项，单击"后台打印设置"按钮，取消"直接输出到打印机上"功能。这一功能在正常情况下可以跳过 DOS 中断，直接输出到打印端口，从而加快打印速度。取消该功能会降低打印性能，但却有可能解决无法正常打印的问题。

（4）更换驱动程序。如果上述方案都不能奏效，则只能尝试重新装打印机的驱动程序，或从打印机制造商那里得到最新版本的驱动程序来取代原来的程序。判断某个打印机驱动程序是否失效的一个手段就是看打印机能否在其他驱动程序下正常工作。

7.6.3 激光打印机的日常维护

1. 正确使用激光打印机

（1）大部分激光打印机使用可更换的墨盒，墨盒内部不但装有新墨粉，还有新的硒鼓和显影轧辊。更换墨盒时，大多数主要部件也随之更换，这一点与复印机类似。由于使用可更换墨盒，因此一般不需要专门的维护人员对机械部件进行调整。

（2）激光打印机最常见的故障是卡纸。遇到这种故障，控制板上指示灯会发亮，并向计算机返回一个报警信号。排除这种故障只需打开打印机上盖，取下被卡的纸张即可。但要注意，必须按进纸方向取纸，不可逆着进纸方向或者反方向转动任何旋钮。如果经常卡纸，就应检查进纸通道，纸的前部边缘应该刚好在金属板上的上面。有些激光打印机当纸张在盛纸盘内位置过低时也会卡纸。

（3）厂家列出的特性能反映出墨盒的可能使用期限。激光打印机墨粉盒的寿命为 3000 页以上。当打印墨盒快终结时，打印纸上的字迹会模糊不清，这种情况可能是由两种原因造成的，一是墨粉快要用完了，此时可加相同型号的墨粉或更换硒鼓，二是硒鼓上的感光材料已经快要失效了，此时只能更换墨盒，当然也可用非常规方法修复硒鼓，但打印效果要差很多，且寿命也不长久。一般激光打印机装有指示灯，会表明是何种原因引起的。

（4）多数激光打印机的墨粉都不通用，因此，更换的墨粉型号最好和原装墨粉的型号相同。如果选型不当，墨粉就沾在轧辊上，引发其他故障。原装墨粉盒应有一个新的定影轧辊清扫器，旧清扫器上的残渣将会影响清扫功能，并且其润滑油也用完了。因此若要更换墨粉盒，一定要同时更换清扫器和轧辊。

（5）激光打印机所用的纸张与复印机用纸完全通用。现在有专用激光打印纸出售，这类纸表面涂有一层增白剂，能使打印的墨粉紧贴在纸面上，用这种纸可获得更好的打印效果。不要选太光滑或表面有纹路的纸张，这类纸张虽不损坏打印机，但清晰度差，不能获得满意的效果。

（6）激光打印机内部电晕丝上电压高达 6kV，不要随便接触，以免造成人身伤害。大多数激光打印机上都装有一些安全开关，还有不少熔断丝和自动电路保护装置，以便对一些重要的部件进行保护。如 HP33440 型激光打印机装有热敏保护器，当定影轧辊温度过高时会自动关机。定影轧辊在打印机出纸通道的尽头，正常操作时，不可触及轧辊，以免烫伤。

（7）打印机中的激光具有危险性，激光束能伤害眼睛。当正常运转时，切不可用眼睛朝打印机内部窥看。

（8）机器出故障时，通常会反映在打印的材料上，如打印字迹变淡、纸出现污点、脏印迹等，用户可以从这些迹象中判断打印机有何故障。

2. 激光打印机日常维护

目前市场上的激光打印机虽然已有很多型号，但它们的基本维护是相同的。在使用激光打印机过程，需经常对其进行清洁保护，以避免因不注意清洁保养或使用不当而造成不该发生的故障。

需清洁的主要部件如下。

（1）转印电极丝。转印电极丝是一种非常精细的钢丝，可将吸附着墨粉的负电荷从感光鼓传到打印纸上。打印机使用一段时间后，会有一些残留的墨粉在电极丝周围。清洁时用小毛刷或略浸酒精或清水的棉签清洁电极丝周围的区域，清洁此部位时一定要格外小心，不要弄断横跨在电极丝上方的几根单丝线。

（2）传感器条板和传输器锁盘。清洁传感器条板和传输器锁盘的方法是用软布略蘸清水擦净传感器条板和擦掉传输锁盘上积存的纸屑和尘土。

（3）输纸导向板。输纸导向板位于墨粉盒下方，它的作用是使纸张通过墨粉盒传输到定影组件。清洁时用软布略蘸清水擦净导向板的表面。

（4）静电消除器。静电消除器的位置与转印电极丝的水平位置相同，清洁时需用打印机所带的小刷清除掉静电消除器周围的纸屑和墨粉（经常清洁此部位可减少卡纸现象）。

另外，激光打印机的感光鼓为有机硅光导体，存在着工作疲劳问题。因此刚使用过的感光鼓不宜连续工作。最好放置一星期左右或更长的时间后再使用，效果就较好。一般建议用两只以上墨盒交换使用，可避免感光鼓的疲劳。

注意在做上述工作之前必须先关闭电源，并且不要推开感光鼓护盖，以免感光鼓曝光。

本章小结

显示卡的质量与显示芯片、RAMDAC 的速度、芯片的核心频率、显示卡的接口类型等有关。LCD 显示器采用了数字方式传输数据、显示图像，这样就不会产生由于显卡造成的色彩偏差或损失。LCD 完全没有辐射，体积小、能耗低，所以优先要选择 LCD 显示器。

打印机主要分为针式打印机、喷墨打印机和激光打印机，根据工作需要可选择不同的打印机：针式打印机能实现多页打印，适合一次打印多份票据；喷墨打印机能够打印彩色图片，但耗材成本高；就打印效果、质量和耗材成本而言，一般办公室选择黑白激光打印机比较合理。

计算机的输出设备品种多，要充分了解各种外部设备的作用和类型，根据外部设备的各种性能进行合理选择。

思考与练习 7

一、填空题

1. AGP 接口的发展经历了 AGP 1.0（AGP 1X、AGP 2X）、AGP 2.0（AGP Pro、AGP 4X）、AGP 3.0（AGP8X）等阶段，AGP 标准使用 32 位总线，工作频率_____。目前在最高规格的 AGP 8X 模式下，数据传输速度达到了_____。

2. 显存（Video RAM）也是用于存放数据的，只不过它存放的是_____的数据。

3. 显卡内用于存放显示芯片与驱动程序之间的控制程序，另外还存放有显示卡型号、规格、生产厂家、出厂时间等信息的部分称为_____。

4. 在行、场偏转磁场的共同作用下，显像管荧光屏上便形成了_____。

5. 带宽是显示器所能接收信号的频率范围，反映了显示器的图像数据吞吐能力，是评价显示器性能的重要参数，一般应大于_____三者的乘积。

6. 针式打印机的字车机构中装有_____，采用字车电机作为动力源，在传动系统的拖动下，字车将沿导轨做_____往复直线间歇运动。

7. 针式打印机输纸机构按照打印纸有无输纸孔来分，可分为两种：一种是_____传动方式输纸机构，适用于无输纸孔的打印纸；另一种是_____传动方式输纸机构，适用于有输纸孔的打印纸。

8. 针式打印机中普遍采用单向循环色带机构。色带机构有三种型式：_____结构、窄型（小型）色带盒和_____色带盒。

9. 喷墨打印机按所用墨水的性质分，可将喷墨打印机分为_____喷墨打印机和_____喷墨打印机。

10. 喷墨打印机具有打印速度_____、打印质量_____及易于实现彩色打印等特点。

11. 激光打印机的重要部件如墨粉、感光鼓（硒鼓）、_____、显影磁铁、初级电晕放电极、_____等，都装置在墨粉盒内。

二、选择题

1. PCI-Express 是下一代的总线接口，包括 x1、x4、x8 及 x16（x2 模式将用于内部接口而非插槽模式）。用于取代 AGP 接口的 PCI-Express 接口位宽为（   ），将能够提供 5GB/s 的带宽。

    A. x1   B. x4   C. x8   D. x16

2. 将显存中的数字信号转换为能够用于显示的模拟信号，称为（   ）。

    A. RAM   B.显示芯片   C. DAC   D.RAMDAC

3. LCD 显示器对比度采用 ANSI IT7.215 标准中建议的 16 点测试法进行：对比度的值不应低于（   ）。

    A. 300：1   B. 400：1   C. 700：1   D. 600：1

4. 显示器从左到右扫描一行共有多少个点和从上到下共有多少行扫描线即每帧屏幕上每行、每列的像素数，称为（　　）。

    A. 水平扫描   B. 像素值

    C. 垂直扫描   D. 最大分辨率

5. LCD 显示器的亮度。赛迪评测采用 ANSI IT7.215 标准推荐的 9 点取平均值的测量法进行亮度测量：LCD 的最大亮度不应低于（　　）。

    A. $250\ cd/mm^2$ B. $450\ cd/cm^2$ C. $450\ cd/m^2$ D. $100\ cd/m^2$

6. 激光打印机主要具有（　　）易管理等特点。

    A. 高质量、高速度、高噪声   B. 高质量、速度较低、低噪声

    C. 体积小、高速度、低噪声   D. 高质量、高速度、低噪声

7. 目前激光打印机与计算机连接的主要接口是（　　）。

    A. 并行接口   B. USB 接口   C. 串行接口   D. SCSI 接口

8. 目前针式打印机的针数大部分是（　　）根。

    A. 24   B. 20   C. 32   D. 28

9. 主机传送汉字字形编码（点阵码），一个 24×24 点阵组成的汉字，主机要传送（　　）字节字形编码给针式打印机。

    A. 64 个   B. 72 个   C. 58 个   D. 78 个

三、简答题

1. 显示芯片的作用是什么？

2. 显示器行扫描电路的主要作用是什么？

3. 请叙述色输出电路的作用？

4. 请叙述 LCD 显示器的结构特点？

5. 什么是三基色原理？

6. 请叙述点间距的含义和作用？

7. 请叙述 LCD 显示器响应时间的含义和要求？

8. 针式打印机有哪些检测电路？

9. 针式打印机如何进行自检操作？

10. 喷墨打印机一般有几种检测电路？

11. 喷墨打印机主要有哪些驱动电路，主要作用是什么？

12. 激光打印机的原理主要经过几个步骤？

实训 7

一、实训目的和要求

1. 掌握显示卡和显示器的硬件连接。

2. 了解针式打印机色带芯的安装方法及单页纸和穿孔纸的安装方法。

3. 掌握喷墨打印机的硬件连接和驱动程序安装及使用方法。

4. 掌握激光打印机的硬件连接和驱动程序安装及使用方法。

二、实训条件

1. 显示卡、显示器和显示卡的驱动软件。
2. 针式打印机和驱动程序及说明书。
3. 喷墨打印机和驱动程序及说明书。
4. 激光打印机和驱动程序及说明书。

三、实训步骤

1. 观察显示卡和显示器的外观及基本结构。
2. 安装显示卡和显示器，以及安装显示卡的驱动程序。
3. 观察针式打印机的色带芯和色带盒的结构并安装色带芯。
4. 通过说明书了解喷墨打印机的各个按键的作用和操作方法。
5. 掌握喷墨打印机油墨的更换方法。
6. 掌握喷墨打印机的自检、驱动程序的安装、清洁喷头和添加兼容墨水的方法。
7. 通过说明书了解激光打印机的各个按键的作用和操作方法。
8. 排除激光打印机的卡纸故障。
9. 进行激光打印机的自检、驱动程序的安装和墨粉的更换。

第 8 章　微型机的组装与 CMOS 设置

随着微型机的普及，如何亲手由散件一步一步地组装并调试自己的微型机，逐渐成为广大微型机爱好者关注的焦点。这里将介绍如何选购微型机的常用部件及如何组装一台自己的微型机。

8.1　微型计算机的组装

组装微型机首先考虑如何选购部件，微型机的各部件选购好后，接下来要做的就是将各部件组装成一台完整的微型机。

在进行微型机的组装操作之前，必须准备好所配置的各种部件及所需要的工具。

通常，根据微型机的部件类型和性能价格比的原则，按照市场信息情况，以及配置微型机的用途，综合考虑撰定配置方案，根据配置的方案进行采购部件。

8.1.1　选购部件

装机时首先考虑选择部件，下面介绍选购部件时需要考虑的问题。

（1）CPU 的选购。微处理器的等级是计算机性能的重要指标。微处理器的频率对整部计算机的性能有一定程度的影响，但是如果单靠提升微处理器频率，而不考虑其他相关零、部件的情况，想要使整机系统有明显的性能提升，那提升程度也是相当有限的。

选购 CPU 时，主要考虑 CPU 的频率（内频、外部频率）、厂商、核心数量、数据宽度、内核类型、Cache 的容量和速率、支持扩展指令集等，同时还考虑 CPU 与其他部件的搭配、微处理器所采用的架构。由于不同的架构平台是不能彼此互换的，这关系着未来计算机需要升级时兼容性的问题。根据当前市场情况，若需要高档的 CPU，就要选择酷睿 i7 或羿龙 II 六核以上档次的 CPU。

（2）主板的选购。选购主板与选购的 CPU 的插座、内存条的线数、显示卡总线接口类型、硬盘数据线的接口等有关，所以还要考虑其他部件情况。目前，主板的品牌很多，每一种品牌又有许多不同的型号，这样使用户在选择主板时觉得无从选择。选择一个好的主板不仅可以提高整个微机系统的性能，而且还有利于维护和升级。选择主板主要考虑以下因素。

① 品质。品质是指主板的质量及稳定可靠性指标。品质不仅和主板的设计结构、生产工艺有关，也和生产厂家选用的零、部件有很大关系。用户在购买时，可以从产品外观、生产厂家背景及返修率等方面考虑。一般，知名大公司在设计及生产工艺和原材料选用等方面比较严格，品质都很好，但价格一般也略微贵一些。

② 兼容性。主板由于要和各种各样的周边设备配合并运行各种操作系统及应用程序，所以兼容性是非常重要的。在硬件方面包括对 CPU 的支持，例如，是否支持 Intel、AMD、VIA 处理器，支持的内存，支持各种常见品牌的显示卡、Modem 卡等，以及对即插即用的支持等。软件方面包括各种操作系统和应用软件能否运行，如 MS-DOS、Windows 2000、Windows XP、Windows Vista、Windows 7、Windows 8、OS/2、UNIX、Novell 等。一般厂家都会有兼容性方面的测试报告供用户参考。

③ 速度。速度指标也是大家购买时普遍关心的一个性能指标。各个厂家生产的主板速度有差

异主要是因为采用的芯片组（Chipset）不同；线路设计与 BIOS 设计最佳化不同；原配件或材料选用品质不同。速度指标主要指的是前端总线频率或系统总线频率，可以用测试方法得到，一般取相同配置的主板（如芯片组相同），在相同配置（同样的 CPU、内存、显卡、硬盘等）下用专业的测试软件测得。

④ 升级扩展性。计算机技术日新月异，选购时要考虑主板升级扩展性。主要包括 CPU 升级余地；内存升级能力，有多少个内存插槽，最大内存容量；有几个 SATA 插座；BIOS 能否升级等。

此外选购主板还要观察主板的产品标记、检验标记、说明书、包装情况、售后服务等。

（3）内存条的选购。在实际应用中，内存容量的选择与运行软件的复杂程度、主板的内存插槽有关。

由于多媒体微型机系统需要处理声音、动态图像等信息，因此，内存选择 DDR 3 容量不少于 2048MB，以提高系统的运行效率。

对于专门处理三维立体图形、影像、动画等需要大存储量的计算机，需要配置 4096MB 以上的内存容量。

不同类型的 CPU、主板及安装不同的操作系统，需要配备不同速度和容量的内存条，一般根据 CPU 的前端总线配置内存条的速度。例如，CPU 的前端总线为 1666MHz，一般配 DDR3 1666 的内存条。

选购内存还要考虑"品牌"，"电路板"加工的质量等。

（4）硬盘的选购。选购硬盘主要应考虑以下几个方面。

① 品牌。组装一台微型机，其硬盘是关键部件之一，选什么样的硬盘，直接影响到整机的性能和价格。

市场上的硬盘很多，如常见的 Quantum（昆腾）、Maxtor（钻石）、Seagate（西捷）、Western Digital（西部数据）、Samsung（三星）、IBM 等。除了品牌还要考虑质量、价格、容量、速度和其他的一些指标。

② 质量。质量是选购硬盘的重要因素，应该说目前国内市场的硬盘质量都还可以，一般都是由较大公司或较大组装厂生产的，而且有三年或三年以上维修或更换的保证。

③ 容量。容量是选择硬盘的主要参数，一般容量与价格是成正比的，选择时也要根据年代的不同选择不同的容量。目前容量为 800～2000GB 左右的硬盘价格适当，也足够用。若有特殊需要（如需装大量的游戏或装大量视频信息），则要考虑略大些。目前市场上硬盘的最大容量超过 3000GB。

④ 接口。接口不同，其硬盘的速度、价格也就不同，如果不是用做视频处理或网络服务器，一般主选 SATA2.0 的硬盘。

⑤ 速度。不同接口其速度等参数是不同的，一般用户使用则不必追求高速度。若所选的主板提供了高速的接口，在价格差不多的情况下，应考虑高速硬盘。

目前的主板大都支持 SATA 硬盘，SATA 硬盘接口也成了大多数主板的标准接口，SATA 1.0 理论值就将达到 150MB/s，SATA 2.0/3.0 更可提升到 300～600MB/s。

除了以上几项关键性能外，在选择时还要注意硬盘 Cache（高速缓冲存储器）的容量和硬盘转速。较大的 Cache 硬盘可大大发挥硬盘的性能。

硬盘转速目前有 5400PRM、7200PRM 和 10000PRM 等几种，其中比较常见的为 7200PRM。

（5）显卡的选购。

显卡厂商很多，但显卡的主要芯片的生产厂商只有几家，如著名的 nVIDIA、ATI、XGI、S3 等。显卡主要芯片如同主机的 CPU 一样决定着显卡的档次。选择显卡时应注意以下几个方面。

① 性能。显卡的性能主要由显示主芯片决定的，首先应对目前流行的显示主芯片有所了解，并按其技术特性进行选购。因为一台计算机的性能，与显卡的技术特性是密切相关的。在 CPU、主机板相同的情况下，不同的显卡对整机的性能有较大的影响。

② 依据需要。需要是关键，自己组装或为他人组装的计算机，一定要搞清这台计算机主要用来做什么。因为不同的用途可以选择不同档次的配件。现在市面上常见的显卡种类有几十种之多，价格从百元到几千元都有，其性能自然不同。所以要根据自己所需去选择什么档次的显卡。

③ 显存。显卡上内存的类型、大小、位数、频率对整机的性能有较大的影响，在某一方面也决定着显卡的档次。更关键的是显卡内存直接影响着显示色彩的数量。所以，在选购显卡时，要注意了解其本身所配的显存有多大，速度是多少，最大可扩充容量是多少。

一般最好选择自身配 2GB 以上的显卡内存，显卡内存芯片为 GDDR5 以上，接口类型为 PCI-E 显卡。总之，选择时要根据自己的经济实力和需要等几个方面综合考虑。

（6）显示器的选购。显示器的选择，应从实际需要出发，首先考虑是选择 CRT 还是 LCD 显示器。目前主要考虑选购 LCD 显示器。

LCD 显示器的选购主要考虑屏幕尺寸一般在 19～21in 之间，亮度 $450cd/m^2$ 以上，对比度 700∶1 以上，响应时间 5ms 以下，色彩支持 24 位以上等参数。

（7）光驱的选购。选择光驱时若考虑一台光驱，优先考虑 DVD+RW。

① 接口类型的选择依据。常见的 DVD+RW 接口有 E-IDE 和 SATA，如果没有特殊要求，应尽量选择 E-IDE 接口的 DVD+RW。

② 选择何种数据传输率的 DVD+RW。数据传输率要考虑 CD 光盘的读写速度和 DVD 光盘的读/写速度。

③ 品牌的选择。市面上出售的 DVD+RW 品牌很多，而且相同速度的 DVD+RW 价格也千差万别。在正常情况下，总是一分价钱一分货。在选择 DVD+RW 时，应注意其兼容性，选择能支持多格式的光盘。

（8）声卡和音箱的选购。

某些主板上集成了符合 AC'97 标准的软声卡，这对于日常的工作已经足够了。若没有特别要求选择集成在主板上的声卡就可以了。

选择音箱主要考虑以下问题。

① 音箱外观。打开包装箱，检查音箱及其相关附属配件是否齐全，如音箱连接线、插头、音频连接线与说明书、保修卡等。

观察主体音箱的外观造型是否符合常人的喜好，是否符合自己的口味，颜色搭配是否合理，有无明显不足之处。对主音箱的重量与体积进行简单的估计，看是否与标称的数值一致。要是主音箱的箱体过轻，则说明在箱体所用板材、电源变压器、扬声器等处存在严重的问题或有偷工减料的现象。然后观察副音箱在设计上与主音箱是否有明显的不对称现象。

仔细检查音箱的外贴皮，是否有明显的起泡、突起、硬伤痕和边缘贴皮粗糙不整等缺陷；检查箱体各板之间结合的紧密性，是否有不齐、不严、漏胶、多胶的现象；纱罩上的商标标记粘贴安装得是否牢固；摘下前面板纱罩，检查纱罩内外做工是否精细、整齐；高低音单元材质、大小与说明书上的是否一致，是否存在小马拉大车的现象；检查高低音单元与箱体固定是否牢固和后面板与箱体粘接是否牢固。

对箱体的后部也应同样的重视：检查后面板的设计布局是否合理，是否利于开关、调节与旋钮；检查后面板与箱体固定结合得是否紧密。

② 音箱性能的评价标准。这是对音箱的音质、音色进行主观的听评。音箱是用于对声音信号

进行声音还原的，因此，它重现声源声音的准确性（高保真度）就成为了衡量音箱性能的第一标准。

对多媒体音箱进行听评，不是要求要有多优美的音乐，而是要有能反映出音箱品质和它在某方面能力的高精度、高音质的特色声音，如游戏中的 MIDI 音乐、CD 音源的歌唱、流行音乐、爵士乐和从中、高档声卡中输出的人声、流水声、鸣叫声、破裂声、爆炸声、风声等环境音效的表现力。在音箱位置的摆放上，也应在几种不同位置进行放音、听音，最后得出总体评价。

③ 售后服务。厂家提供的售后服务期限也是消费者应该关注的重要环节，在正常情况下音箱厂家提供一年的质量保证期是重要的。

（9）电源盒的选购。一个优质的电源对稳定系统起重要的作用，质量差的电源不仅容易造成系统不稳定，有时还会造成主板烧毁、硬盘损坏。购买时最好购买品牌电源，功率大于 400W 并有认证的电源盒。

（10）鼠标的选购。购买鼠标应注意其塑料外壳的外观与形态，据此可大体判断出制作工艺的好坏。鼠标器的外形曲线要符合手掌弧度，手持时感觉要柔和、舒适。在桌面上移动时要轻快，橡胶球的滚动要灵活、流畅，按键反应要灵敏、有弹性。另外，连接导线要柔软。优先选用光电 USB 接口的鼠标。

（11）键盘的选购。

① 各键的弹性要好。由于要经常用手敲打键盘的键，手感是非常重要的。手感主要是指键盘上各键的弹性，因此在购买时应多敲打几下，以自己感觉轻快为准。

② 注意键盘的背后。查看键盘的背后是否有厂商的名字和质量检验合格标签等，确保质量。

③ 一般应选购 104 键以上的键盘。自然键盘带有手托，可以减少因击键时间长而带来的疲惫，有条件的用户应该购买这种键盘。

1. 组装时注意事项

（1）从外观上检查各配件是否有损，特别是盒装产品一定要查看是否已拆过封，对于散装部件则注意是否有拆卸、拼装痕迹，对于表面有划痕的部件要特别小心，它们极可能是不合格的部件，是计算机工作的不稳定的因素。

对于电子元件来说，一点小小的损伤都会使它失效。若电路板上有划痕、碰伤、焊点松动等问题就最好不要用它。另外，如果一个产品的外包装被拆开了，则一定要注意查看相应的配件是否齐全，如硬盘与光盘驱动器的排线（数据信号线）、各种用途的螺钉、螺栓、螺母、螺帽是否齐全，如果可能的话，这些东西可以向商家多要一些，以备后用。

（2）准备好安装场地。安装场地要宽敞、明亮，桌面要平整，电源电压要稳定。在组装多台计算机时，最好一台使用一个场地，以免拿错配件。主要的工具：十字型和一字型螺丝刀各一把（最好选择带有磁性的）、剪刀一把、尖嘴钳一把、平夹子（镊子）一把。此外，还应配备电工笔、万用表等电子仪表工具。

（3）消除静电。静电如果不消除，可能会带来麻烦。在空气湿度较大的地方，静电现象不严重，装机或拿板卡前洗洗手、摸摸接地导体即可；在较干燥的地方，尤其是在冬天穿了多层不同质地的衣物时，操作过程中就可能因摩擦而产生大量的静电，所以建议使用防静电腕带。

（4）看说明书。装计算机前仔细阅读每个配件的说明书是很有必要的。首先，要阅读主板的说明书，并根据其说明设定主板上的跳线和连接面板连线。今后若遇到需要复原 BIOS 设置情况时，也需要查阅跳线的设置，所以说明书要保存好。

其次，要阅读光驱和声卡说明书。光驱也有主、从盘之分，需要自己根据实际情况设置。此外光驱和声卡之间有一根音频线，说明书上会告诉连线的方法。多数光驱也会把印有主、从设置和音频输出口信息的纸贴在光驱上。

（5）注意防插错设计。装机时很重要的一点是注意各接口的防插错设计。这种设计有两种好处，一是防止插错接口，二是防止插反方向。例如，显示器接口和串口的外形有点像，生手可能会对此产生疑惑。其实这两种接口的针脚不同，而且主机背板上的串口是针口、显示器接口是孔口（符合 PC99 规范的还有颜色上的区别），这就能防止插错。有的插座缺少针或孔来标识插入方向。

（6）最小系统测试。这一步操作容易被忽视，但很有必要。即便做了防静电的工作，依然不能保证所有的配件没有先天的缺陷，如果等计算机全部装好后才发现无法启动，那就做了太多的无用功。

最小系统就是一套能运行起来的最简配置，通常用到主板、CPU、内存、显卡、显示器和电源盒。在装机过程中搭建最小系统通电，如果显示器有显示，说明上述配件正常，这样便能在最早时间检验出这些主要配件是否正常，甚至是电源能否正常工作。由于只做显示器点亮的测试，所以键盘可以不接。

2. 系统硬件组装操作步骤

对于微型机的组装，没有一个固定的程式，主要以方便、可靠为宜。

（1）在主板上安装 CPU 处理器和 CPU 风扇并连接风扇电源。

（2）在主板上安装内存条。

（3）将插好的 CPU、内存条的主板固定在机箱内。

（4）在机箱内安装电源盒，连接主板上的电源。

（5）安装、固定软盘驱动器（现在大部分没有安装软盘驱动器）。

（6）安装、固定硬盘驱动器。

（7）安装、固定光盘驱动器。

（8）连接各驱动器的电源插头和数据线插头。

（9）安装显示卡和连接显示器。

（10）安装声卡和连接音箱（声卡现在大部分集成在主板上）。

（11）安装网卡和连接网络线（网卡现在大部分集成在主板上）。

（12）连接机箱面板上的连线（重置开关、电源开关、电源指示灯、硬盘指示灯）。

（13）连接前置音频线和前置 USB 接口线。

（14）开机前的最后检查。

（15）开机观察微型机是否在正常运行。

（16）进入 BIOS 设置程序，查找硬盘和光驱的型号和优化设置系统的 CMOS 参数。

（17）保存设置的参数并进行 Windows 操作系统的安装。

8.1.2　微型计算机组装

在安装之前，首先消除身体所带的静电，避免将主板或板卡上的电子器件损坏；其次注意爱护微型机的各个部件，轻拿轻放，切忌猛烈碰撞，尤其是对硬盘要特别注意这些。微型计算机的组装步骤如下。

1. 机箱的打开

目前市场上流行的主要是立式的 ATX 机箱，如图 8-1 所示。机箱的整个机架由金属构成，按机箱的机架结构分为普通的螺钉螺母结构和抽拉式结构。这两种结构打开机箱的方式不同。

打开机箱的外包装，会看见很多附件，如螺钉、挡片等。然

图 8-1　机箱的内部结构

后取下机箱的外壳。机箱的整个机架由金属构成，它包括五寸固定架（可安装光盘驱动器等），三寸固定架（可用来安装三寸硬盘等）、电源固定架（用来固定电源）、底板（用来安装主板）、槽口（用来安装各种插卡）、PC 扬声器（用来发出简单的报警声音）、接线（用来连接各信号指示灯和复位开关及开关电源）和塑料垫脚等。

2. 电源盒的安装

把电源盒（图 8-2）放在电源固定架上，使电源盒的螺钉孔和机箱上的螺钉孔一一对应，然后拧上螺钉。

图 8-2　微型机的电源盒和固定电源盒

3. 内存条的安装

主板还没安装到机箱上时，内存条先安装在主板上。目前微型机使用的内存条为 DIMM 内存条（如 DDR、DDR2 和 DDR3）。

DIMM 内存条的安装：将内存条插槽两端的白色固定卡扳开。将内存条的金手指对齐内存条插槽的沟槽，金手指的凹孔要对上插槽的凸起点。将内存条垂直放入内存插槽。稍微用力压下内存条，两侧卡条自动扣上内存条两边的凹处，如果未压紧，可以用手指压紧。安装好的 DIMM 内存条，如图 8-3 所示。

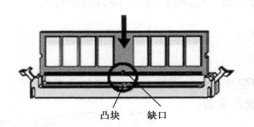
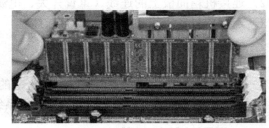

凸块　缺口

图 8-3　安装好的 DIMM 内存条

4. CPU 的安装

（1）普通引脚式 CPU 安装。引脚式 CPU 如 AMD 公司的 Socket AM2 插座、Socket AM2+插座、Socket AM3 插座的安装：在目前引脚式 CPU 主板上，CPU 的插座通常都是 ZIP（零插拔力）插座，这种插座可以很方便地安装 CPU。应注意的是 CPU 的定位引脚位置一定要和 CPU 插座的定位脚位置相对应，因为 CPU 的形状是正方形，可以从任何一个方向放入插座，而一旦插入的方向错误，很可能烧坏 CPU。

首先要确定 CPU 的定位脚（第一引脚位置）和 CPU 插座的定位脚的位置。CPU 的定位脚的位置非常明显，就是 CPU 的缺角（斜边）的位置或者有一个小白点的位置。接下来就是放入 CPU。

先将 ZIP 拉杆向外拉，因为有一块凸起将拉杆卡在水平位置。然后，将拉杆上拉起至垂直位置。

拉起拉杆后，按照定位脚对定位脚的方法将 CPU 放入插槽内，并稍用力压一下 CPU，保证 CPU 的引脚完全到位。然后将拉杆压下卡入凸起部分，如图 8-4 所示。

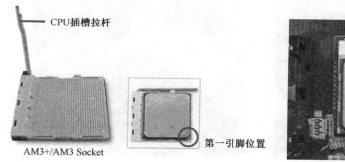

图 8-4　安装 CPU

在 CPU 表面涂一层硅胶，再装上 CPU 的小风扇并连接风扇电源，风扇电源有正负极请注意方向，至此，CPU 就安装好了，如图 8-5 所示。

主板电源有一个四孔的 CPU 电源供应输入端（图 8-6），在安装 Pentium 4 以上 CPU 时，不要忘记连接此 CPU 单独的电源接口。通常 CPU 电源插头在主板的外设插头附近。

图 8-5　安装 CPU 的小风扇并连接风扇电源　　　　图 8-6　CPU 电源接口

（2）触点式 CPU 的安装。触点式 CPU 如 Intel 公司的 LGA775、LGA1156、LGA1155、LGA1366 和 LGA2011，CPU 底部是平的，只有 775、1156、1155、1366 或 2011 个触点，插座上也有 775、1156、1155、1366 或 2011 个触点。

① 在主板上找到 CPU 的插座，可以看到保护插座的一块座盖，打开座盖就可以看到一个用锁杆扣住的上盖，如图 8-7 所示。

② 向外向上用力就可以拉开锁杆，然后打开上盖，如图 8-8 所示，并使它与底座呈 90°。

③ 将 CPU 的两个缺口位置对准插座中的相应位置，如图 8-9 所示。

④ 接着平稳地将 CPU 放入插座中，如图 8-10 所示。

⑤ 然后盖上插座上盖，并用锁杆扣好。再在 CPU 表面涂上一层硅脂，如图 8-11 所示。

⑥ 将风扇轻轻放在 CPU 上面，对准位置将 4 个固定脚对准主板上的 4 个对应的孔，如图 8-12 所示（有的直接用螺钉固定）。

⑦ 最后稍微用力按下固定脚，如图 8-13 所示，CPU 风扇就完全固定了。为了保证受力均匀，

采用对角线固定，即第一个固定脚固定后，固定对角线的第二个固定脚，再固定其他的固定脚，最后连接 CPU 风扇的电源线。要想将风扇取下，只需要按固定脚上的箭头方向旋转并向上用力即可。

图 8-7　CPU 上盖

图 8-8　拉开锁杆打开上盖

图 8-9　缺口位置对准插座相应位

图 8-10　CPU 放入插座

图 8-11　CPU 表面涂硅脂

图 8-12　对准主板 4 个对应孔

5. 主板的安装

在购买机箱时，会得到一个用于安装微型机各个部件所需要的零件塑料袋。该塑料袋中有十字螺钉、主板固定螺钉、绝缘垫片等用于固定主板的零件，还有一些机箱背面的防尘挡片等。主板的组装步骤如下。

（1）在机箱的底部有许多固定孔，相应地在主板上通常也有 5～7 个固定孔，如图 8-14 所示。

这些固定孔有的机箱使用塑料定位卡固定，有的机箱只用铜质固定螺柱固定。使用铜质固定螺柱最好，因为这样固定的主板相当稳固，不易松动。塑料定位卡主要用于隔离底板和主板。

主板的安装方向可以通过键盘口、鼠标口、串并行口和 USB 接口与机箱背面挡片的孔对齐，主板要与底板平行。要确定主板和机箱底板对应固定孔的位置。

（2）在确定了固定孔的位置后，将铜质固定螺柱的下面部分固定到机箱底板上。然后，小心地将主板按固定孔的位置放在机箱底板上，此时铜质固定螺柱上端的螺纹应该在主板的孔中露出，小心地放上绝缘垫片，最后拧上固定螺柱配套金属螺钉，如图 8-15 所示。

图 8-13　风扇的固定脚

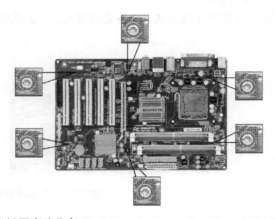

图 8-14　主板固定孔分布

主板安装时，要特别注意主板不要和机箱的底部接触，以免造成短路。

（3）设置主板跳线。主板跳线一般在超频时或清除 CMOS 内容时进行，要根据安装的 CPU 频率（外频、内频）进行。在主板上（或说明书上）我们能找到这些跳线说明。一般跳线用跳线帽和跳线开关，跳线柱以 2 引脚、3 引脚居多，通常以插上短接帽为选通。跳线帽内有一弹性金属片，跳线帽插入时，弹性金属片将两插针短路。3 引脚以上的跳线开关多用于几种不同配置的选择。跳线开关如图 8-16 所示，拨动开关可以设置不同状态。跳线还有清除 CMOS 内容设置，BIOS 读、写状态设置等。有的主板是免跳线的。

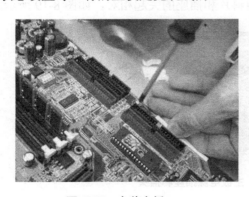

图 8-15　安装主板　　　　　　　图 8-16　跳线开关

6. 显卡的安装

在安装显卡之前，先将机箱后面的挡片取下。取下挡片后，将显卡垂直插入扩展槽中。目前比较常用的是PCI-Express显卡，所以一般是插入PCI-Express扩展槽中。

在插入的过程中，要注意将显卡的引脚同时、均匀的插入扩展槽，用力不能太大，要避免单边插入后，再插入另一边，这样很容易损坏显卡和主板。

此时，显卡上的固定金属条的固定孔应和机箱上的固定孔相吻合。从机箱的零件塑料袋中找出十字螺钉，将显卡的金属条固定在机箱上，如图8-17所示。

图 8-17　安装显示卡

至此，显示卡安装完成。

7. 显示器的安装

显示器背面有两条线，一条是电源线，一条是信号线。显示器数据线插座和插头如图8-18所示。

图 8-18　显示器数据线插座和插头

电源线与机箱后面的显示器电源插座相连。由于ATX机箱后面大部分没有显示器电源插座，所以如果使用的机箱为该ATX机箱，那么，显示器的电源线应直接插在电源插座上。

然后，将数据线与机箱后的显示卡信号线插座相连接，并拧上信号线接头两侧的螺钉，使信号线和显示卡上的信号线插座稳固连接。

在电源线和信号线的连接中，可以发现两个接头与插座的形状是特定的，并且有方向性，所以能够方便地找到正确的连接方式。

8. 电源插头的安装

ATX电源盒放入机箱的固定架上，在机箱背面能看到电源盒的插口，拧上螺钉。将主板电源插头插入主板的接口中，注意头上的弹性塑料片和插座的突起相对，如图8-19所示。

图 8-19　主板电源插座和插头

其余三个较大的四针 D 型插头为 IDE 接口硬盘和光驱电源插头，如图 8-20 所示。

图 8-20　外设电源插头

大四针电源插头的一方为直角，另一方有倒角。观察硬盘等部件的后部，会找到一个四针的插座，它与大四针插头相对应，内框的一边为直角，另一边为倒角。由于插头、插针在设计制造时考虑了方位的衔接（倒角），一般不会插反方向。如果插错，将不能紧密结合，使部件得不到电源，如果强行插入，会造成设备（如硬盘）的损坏。SATA 接口的硬盘电源连接较简单，SATA 接口电源插座与插头对应插入就可以了。

9．硬盘的安装

硬盘有 IDE 接口和 SATA 接口。IDE 接口的硬盘安装，要选择好硬盘的安装位置。为了方便，大多数卧式机箱竖直安装，立式机箱水平安装，在安装时一定要轻拿轻放。

轻轻将硬盘放入固定槽，并用螺钉固定好，如图 8-21 所示。

IDE 接口的硬盘安装，固定好硬盘驱动器后，将 80 芯扁平电缆线的一端连接硬盘，另一端插头插入硬盘后部的插座，请注意方向。

图 8-21　硬盘固定和硬盘数据线连接

扁平电缆线的红线端应与硬盘插座的 1 号脚相对。主板上通常有硬盘的接口插座，要认准 IDE1 标志，有的主板上标记为 Primary IDE。将扁平电缆线的另一端插入主板上的 IDE1 插座，电缆线的红线端应与插座的 1 号脚相对。

如果采用的是 80 芯的数据电缆（ATA66/100 接口），则必须保证设备的主从状态与电缆上的主从接口保持正确的对应关系，否则很有可能导致设备无法正常工作或无法发挥其性能。

80 芯的 IDE 数据电缆虽然和 40 芯的电缆大致相同，都有三个形状一模一样的接口，但它们却有明确的定义：蓝色的插头（标有"SYSTEM"）接主板、黑色的插头（标有"MASTER"）接 IDE 主设备、灰色的插头（标有"SLAVE"）接 IDE 从设备。

硬盘电源使用较大的 D 型 4 针插头，将电源插头插入硬盘后部的电源插座。通常，电源线的红线端应靠近里面，与扁平电缆线的红线端相对，插反了通常插不进去。

SATA 接口的硬盘安装时，由于主板上每个 SATA 插座只能连接一台 SATA 硬盘，所以安装比较简单，只要硬盘 SATA 插头与主板 SATA 插座对应插入就可以了，如图 8-22 所示。

10. 光驱的安装

光驱的安装与硬盘安装类似。光驱大部分是 IDE 接口的光驱。

首先，取下机箱前面的挡板，由外向内放入光驱，调整光驱的位置，拧上固定螺钉。

然后，将 40 芯扁平电缆线的插头插入光驱后面的插座，注意扁平电缆线的红线端应与插座的 1 号脚相对应。将另外一端接在主板上的 IDE 插座上，同样要注意电缆线的红线端与插座上 1 号脚对应，如图 8-23 所示。

图 8-22　连接硬盘电源接头

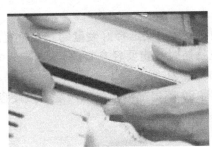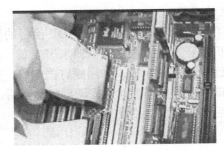

图 8-23　光驱数据线与主板连接

最后，安装光驱的电源。将电源线的插头插入光驱后部的光驱电源插座。通常，电源线的红线端应靠近里面，与扁平电缆线的红线端相对。

安装结束后，连接好的光驱电源插头如图 8-24 所示。

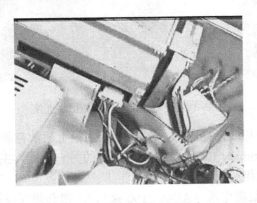

图 8-24　连接光驱电源插头

11. 机箱面板控制线的安装

在主板上的接线插针位于主板边缘，它配合计算机面板上的插头来达到控制计算机、指示计算机工作状态的目的，每组插头与插针均有相同的英文标识，二者相对应插入。图 8-25 上方标有英文，含意如下。

RESET.SW 插头是个两针插头，它的作用是使计算机复位，RESET 插头没有方向性，找到位置插上即可。

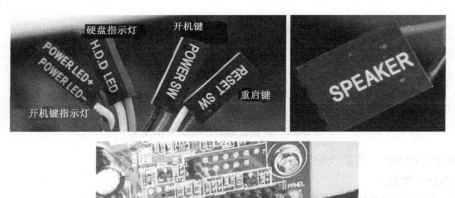

图 8-25　面板控制线

　　SPEAKER 是个 4 针插头。但是只用两个针，一般中间两针是空的，其作用是接通扬声器，它有方向性，插上后扬声器就能正常工作。

　　POWER.LED 是个 3 针插头，一般中间一针是空的，作为系统电源指示灯插头，有方向性。

　　POWER.SW 是个 2 针插头，即 ATX 电源开关/软开机开关插头。无方向性，一般插在主板规定位置上。

　　HDD.LED 是个 2 针插头。它连接硬盘指示灯，可以随时告诉硬盘的使用情况。它有方向性。主板上硬盘指示灯引脚的位置根据不同的主板有所不同，请读者参考主板说明书。

　　前置 USB 插头连接，一般机箱上的前置 USB 连线是整合型的（图 8-26），上面一共有 8 根线，分别是 VCC、Data+、Data-、GND，这种整合直接插上就行。如果是分开的，一般情况下都按照红、白、绿、黑的顺序连接。

图 8-26　前置 USB 连线插头和插座

　　前置音频信号插头连接（图 8-27），比较典型的前置音频的连线，前置音频实际上一共只需要连接 7 根线。在主板的插针端，我们只要了解每一根插针的定义，也就能很好连接前置音频了。

下面我们来看一下主板上每颗针的定义：

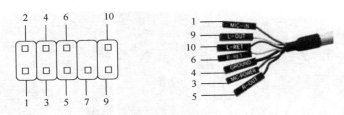

图 8-27 前置音频的连接插头和插座

1——MIC IN/MIC（麦克风输入）

2——GND（接地）

3——MIC POWER/Mic VCC/MIC BIAS（麦克风电压）

4——No Pin

5——LINE OUT FR（右声道前置音频输出）

6——LINE OUT RR（右声道后置音频输出）

7——NO Pin

8——NO Pin

9——LINE OUT FL（左声道前置音频输出）

10——LINE OUT RL（左声道后置音频输出）

在连接前置音频的时候，只需要按照上面的定义，连接好相应的线就可以了。实际上，第 5Pin 和第 6Pin、第 9Pin 和第 10Pin 在部分机箱上是由一根线接出来的，也可以达到同样的效果。

至此，已将一台多媒体计算机组装完毕。组装计算机，关键要胆大、心细，计算机毕竟是一台供用户使用的机器，可不必去了解它的具体原理。

12. 鼠标的安装

鼠标的接法和键盘相同，将鼠标插头插在左边的 PS/2 接口中，如图 8-28 所示。

有的鼠标接在 USB 接口上。

图 8-28 左边为 PS/2 接口右边为集成声卡接口

13. 键盘的安装

首先要找到机箱背面下方的 PS/2 接口（图 8-28 左边）。

键盘插孔上部有一个清晰的箭头。这个箭头的位置应和键盘的数据线接头上的凹槽相对应插入。

如果在连接时没有对应，是无法插入的。键盘一定要插紧，很多情况下键盘无法使用是由于接头松动的缘故。

14. 声卡及音箱的安装

首先，根据声卡的引脚，在主板上找一对应的空的扩展槽插入并固定好，这一过程与显卡的安装过程一样。

接着，将 DVD+RW 的音频输出线连接到声卡的音频输入插座上。该插座一般有 4 根引脚，即两根地线和左右声道的信号线，排列顺序随声卡的生产厂家的不同而不同（声卡用户手册中有说明）。连接时，声卡上的左右声道分别对应 DVD+RW 音频输出插头的左右声道，声卡的地线接 DVD+RW 的地线。

（1）声卡的侧面插孔的作用。"SPEAKER"插孔接音箱，"MIC IN"插孔接话筒，"LINE OUT"线性输出接有源扬声器，"LINE IN"线性输入接音响设备（录音机），如图 8-29 所示（有的主板集成了声卡，主板的背面引出接口如图 8-28 的右边所示）。

图 8-29　声卡的接口

（2）安装和连接音箱、在多媒体计算机中音箱已成为必不可少的放音设备。PC 音箱大都使用 2.1 式、4.1 式及 5.1 式。例如，4.1 音箱一般由 1 个低音炮和 4 个卫星音箱组成，再配上较专业的 4.1 声卡，就能获得环绕声较强的音响效果。

漫步者 R4.1 由低音炮 R401T 和 4 个无源音箱 R80NT 组成。首先来观察其主音箱（低音炮）的背面，最左端是电源线插座和电源开关，在没有将 4 个卫星音箱接好之前，电源最好不要开启，首先让我们将卫星音箱和主音箱连接起来。连接 4 个卫星音箱：在音箱背部的输出插孔，可以发现"＋R－"、"－L＋"等英文字样，它分别代表"右环绕音箱的正负极、左环绕音箱的正负极"两个音箱的连接位置。对于卫星音箱来说，在技术指标上并没有任何区别，换言之，它们是完全一样的两个产品，之所以能产生两个声道的效果完全是声卡的功效所致。所以，在连接的时候，只需要将 4 个音箱接上就可以了，但是在连接的时候要注意音箱的正负极。连接时要注意线的颜色对应，并且不要将两接头之间相碰使其短路，如图 8-30 所示。

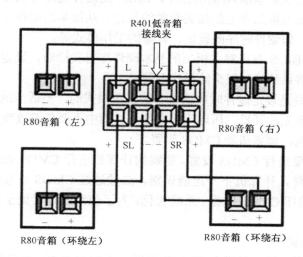

图 8-30　音箱连接

8.1.3　组装完后的初步检查

计算机各部件安装完后，要进行调试，测试安装是否正确。先检查以下几方面安装是否正确。

（1）CPU 缺口标记和插座上的缺口标记是否对应。

（2）CPU 风扇是否接上电源。

（3）机箱面板引出线是否插接正确。

（4）硬盘、光驱的数据线是否插接正确。

（5）前置 USB 和前置音频引出线是否插接正确。

当确定一切无误后，按下机箱上的电源开关。

在开机前先不要上机箱盖，通电后要注意是否有异常现象，如异味或冒烟等，一旦出现异常现象立即关机检查。如果开机一切正常，还要注意 BIOS 自检是否正确通过。一般来说，BIOS 自检无法通过的原因：一是板卡接触不良，只需重插一次就行了；二是板卡损坏，这只有找商家更换。

BIOS 自检通过后还能在 BIOS 设置程序中正确寻找到如硬盘、光驱等型号；并对硬盘进行分区及高级格式化，安装操作系统等软件。

初调成功后，在关机状态将机箱内的各种数据线整理好，并用塑料线扎一下，使机箱内显得整洁，也有利于维护和维修时对机箱内部各部件的检查。然后，盖上机箱盖，拧上固定螺钉，微机组装成功。

8.2 CMOS 设置

8.2.1 CMOS 与 BIOS 的基本概念

CMOS 是计算机主板上的一块可读写的 RAM 芯片，用来保存当前系统的硬件配置和用户对某些参数的设定。CMOS 由主板的电池供电，即使关机，信息也不会丢失。

CMOS RAM 本身是一块存储器，只有保存数据的功能，而对 CMOS 中各项参数的设定要通过专门的 BIOS 程序进行。BIOS 是厂家事先烧录在主板上只读存储器中的软件，此软件不会因计算机关机而丢失，称为系统基本输入/输出程序。BIOS 是硬件电路与软件系统沟通的唯一桥梁，主要负责管理或规划主板与附加卡上的相关参数的设定。从简单的参数设定，如时间、日期、硬盘，到复杂的参数设定，如硬件时序的设定、设备的工作模式等。

当计算机开机时，BIOS 首先对主板上的基本硬件作自我诊断，设定硬件时序的参数，检测所有硬件设备，最后才将系统控制权交给操作系统。

CMOS 内的参数有些是设定硬件时序或设备的工作模式的，不适当地改变这些参数可能导致系统功能错误、死机甚至无法开机，所以用户在使用过程中不要任意改变不熟悉的 CMOS 参数，万一造成计算机无法开机，则需清除 CMOS 设置。

一般在以下情况下要进行 CMOS 设置。新购的计算机进行 CMOS 设置会告诉计算机整个系统的配置情况。新增部件，计算机不一定能识别，必须通过 CMOS 设置通知它。CMOS 数据丢失，如电池失效、病毒破坏 CMOS 数据。系统优化，为了使系统运行处于最佳状态要进行 CMOS 设置。

1. 开机启动时的热键

在开机时按下特定组合键可以进入 CMOS 设置。不同类型的计算机进入 CMOS 设置的按键不同，有的在屏幕上给出提示，有的不给出提示。常见的几种 BIOS 型号进入设置程序的方法如表 8-1 所示。

表 8-1　进入 BIOS 设置程序的方法

BIOS 型号	进入 BIOS 设置程序的按键	有无屏幕提示
AMI	Del 键或 Esc 键	有
AWARD	Del 键或 Ctrl＋Alt＋Esc 组合键	有
MR	Esc 键或 Ctrl＋Alt＋Esc 组合键	无
QUADTEL	F2 键	有
COMPAQ	F10 键	无
AST	Ctrl＋Alt＋Esc 组合键	无
PHOENIX	Ctrl＋Alt＋S 组合键	无

2. 系统提供的软件

这是 CMOS 设置发展的一个趋势。现在，很多主板都提供 DOS 下对系统 CMOS 设置信息进行管理的 DMI（桌面管理接口）程序。Windows 2000 中已经包含了如节能保护、电源管理等原本属于 BIOS 的功能，在 Windows XP 中会有更多的管理功能被集成到操作系统中。

图 8-31 所示为常见的 AWARD 初始画面图。图 8-32 所示是另一种格式的 AWARD 初始画面图。

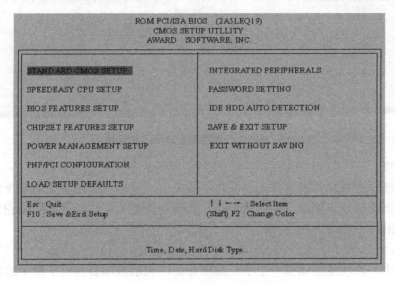

图 8-31　BIOS 设置的初始画面

8.2.2　AWARD BIOS CMOS 设定

在开机之后，系统仍在自我测试（POST，Power-On Self Test）时，单击 Delete 键，就可以启动 BIOS 设置程序。如果超过时间才按 Delete 键，那么自我测试会继续执行，并阻止设置程序的启动。在这种情况下，如果仍然需要执行设置程序，请按机箱上的 Reset 键或按键盘中的 Alt+Ctrl+Delete 组合键重新开机。

BIOS 设置程序简单、容易使用，菜单方式的设计（有的不是用菜单方式设计）可以轻松地浏览选项，并进入二级菜单选择所要的设置。假如不小心做了错误的设置，本设置程序会提供一个程序使其快速直接回复到上一个设置。

1. BIOS 程序菜单介绍

（1）程序功能列表说明。

BIOS 程序最上方的功能（图 8-32）列表所包含的菜单项目如下。

Main：系统基本设置，如系统时间、日期与系统磁盘种类等。

Advanced：系统高级设置，如开机密码，进入 BIOS 设置密码等。

Power：电源管理模式设置。

Boot：开机设备设置。

Exit：退出 BIOS 设定程序或还原默认设置。

使用左右方向键移动选项，可以在上述菜单中来回选择。

（2）操作功能键说明。

在 BIOS 设置程序右下方（图 8-32）显示的是对应菜单的操作功能键，用以选择菜单选项并做设置更改。

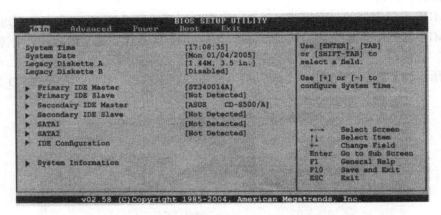

图 8-32　BIOS 设置程序主菜单（初始画面）

（3）菜单选项。

从功能列表选定选项时，被选择的功能将会被反白，并显示该功能菜单所含的项目，如选择"Main"菜单，则会显示该菜单下的设置项目，其他功能菜单还包括"Advanced"、"Power"、"Boot"与"Exit"。

（4）子菜单。

在菜单画面中，若功能前面有一个小三角形标记，表示该项目包含子菜单选项，可利用方向键来选择，按下 Enter 键进入子菜单。

（5）设置值。

菜单选项的各项设置值被置于括号内，部分选项的设置可更改，部分则不可更改，这类选项以淡灰色显示，使用方向键选择所需修改的设置值后，该项目会以反白显示，按下 Enter 键可以进行设置更改。

（6）弹出窗口。

在菜单中选择功能项，然后按下 Enter 键，程序将会弹出一个包含该功能所提供的选项小窗口，可以利用此窗口来设置想要的设置。

（7）滚动条。

当菜单画面的右方出现滚动条时，代表此选项无法一次同时显示在屏幕上，可以利用上/下方向键或 PageUp/PageDown 键来切换屏幕上的选项。

（8）操作说明。

在菜单画面的右上角会显示对当前所选项目的简单描述。

2. 主菜单（Main Menu）

当进入 BIOS 设置程序时，首先出现的画面即为主菜单（图 8-32），可以从主菜单中看到一些基本系统信息。

（1）System Time[xx：xx：xxxx]设置系统时间。

（2）System Date [Day xx/xx/xxxx]设置系统日期。

（3）Legacy Diskette A[1.44M，3.5in.]。设置所安装软驱的类型，设置值有[Disabled][360K，5.25in.][1.2M，5.25in.][720K，3.5in.][1.44M，3.5in.][2.88M，3.5in.]。

（4）Legacy Diskette B [Disabled]。设置所安装软驱的类型，设置值有[Disabled][360K，5.25in.][1.2M，5.25in.][720K，3.5in.] [1.44M，3.5in.][2.88M，3.5in.]。

（5）IDE 设备菜单（Primary/Secondary IDE Master/Slave，SATA1/SATA2）。IDE 设备菜单如图 8-33 所示，当进入 BIOS 程序时，程序会自动检测系统已存在的 IDE 设备。每个 IDE 设备都有一个单独的子菜单，选择想要的设备项目并按下 Enter 键来进行各设备的设置。

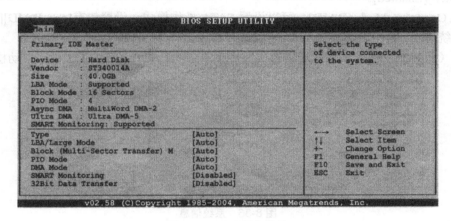

图 8-33　IDE 设备菜单

在菜单中出现的各个字段（Device、Vendor、Size、LBA Mode、Block Mode、PIO Mode、Async DMA、Ultra DMA 和 SMART monitoring）的数值以浅灰色显示，皆为 BIOS 程序自动检测设备而得，若字段显示为 N/A，代表没有 IDE 设备连接于此系统。

● Type：选择 IDE 设备的类型，设置值有 [Not Installed][Auto][CDROM][ARMD]。

● LBA/Large Mode：开启或关闭 LBA/Large 模式，设置为[Auto]时，系统会自动检测设备是否支持 LBA/Large 模式，若支持，系统会自动开启 LBA/Large 模式；若不支持，则关闭该模式，设置值有 [Disabled][Auto]。

● Block（Multi-Sector Transfer）M[Auto]：开启或关闭数据多扇区传输功能，当设置为[Auto]时，如果设备支持数据多扇区传输功能，便可以一次将数据传送或接收至多个扇区；若设置为[Disabled]，则设备数据传送和接收只能在一个扇区内进行，设置值有 [Disabled][Auto]。

● PIO Mode[Auto]：选择 PIO 模式，设置值有[Auto][0][1][2][3][4]。

● DMA Mode[Auto]：选择 DMA 模式，设置值有[Auto][SWDMA0][SWDMA1][SWDMA2][MWDMA0][MWDMA1][MWDMA2][UDMA0][UDMA1][UDMA2][UDMA3][UDMA4][UDMA5]。

● SMART Monitoring [Disabled]：设置自动检测、分析、报告技术（Smart Monitoring、Analysis、Reporting Technology），设置值有 [Auto][Disabled][Enabled]。

● 32Bit Data Transfer [Disabled]。

（6）IDE 设置 （IDE Configuration）。

本菜单（图8-34）中的选项用来设置或更改系统中安装的 IDE 设备配置，如果需要设置某项目，选择该项目然后按下 Enter 键。

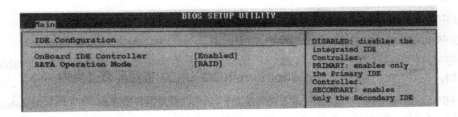

图 8-34　IDE 设置

●OnBoard IDE Controller [Enabled]：可根据所安装的不同操作系统选择 IDE 操作模式，设置值有 [Disabled][Enabled]。

●SATA Operation Mode [RAID]：可以设置 SATA 操作模式，设置值有[non-RAID][RAID]。

（7）系统信息。

本菜单（图8-35）包含了系统规格的概况，菜单中的各项目是由 BIOS 程序自动检测出的。

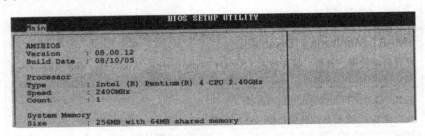

图 8-35　系统信息

● AMI BIOS：显示自动检测的 BIOS 信息。

● System Memory：显示自动检测的系统内存。

3. 高级菜单（Advanced Menu）

高级菜单（图8-36）可更改中央处理器（CPU）和其他系统设备的设置。

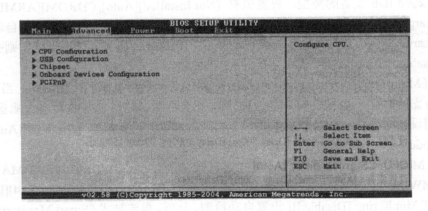

图 8-36　高级菜单

（1）中央处理器设置（CPU Configuration）。

本项目（图 8-37）显示 BIOS 程序自动检测到的与 CPU 相关的信息。

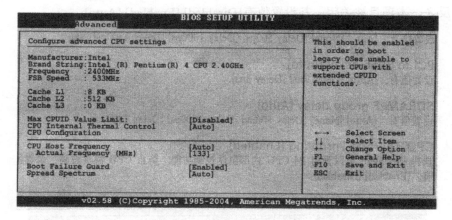

图 8-37　中央处理器设置

● Max CPUID Value Limit [Disabled]：开启该项目可以启动不支持附带 CPUID 功能 CPU 的虚拟操作系统，设置值有 [Disabled][Enabled]。

● CPU Internal Thermal Control [Auto]：关闭或设置 CPU 内部控制，设置值有 [Auto] [Disabled]。

● CPU Host Frequency [Auto]：当进入 BIOS 设置时，BIOS 会自动检测主板上 CPU 的主频，设置值有[Auto][Manual]。

● Spread Spectrum [Auto]：可以通过此设置开启或关闭时钟发生器扩展频率功能，设置值有 [Disabled][Auto]。

● CPU group delay[Auto]：设置值有 [Auto][None][Delay 500ps][Delay 1000ps][Delay 1500ps]。

● CPU-CS group delay[Auto]：设置值有[Auto][None][Delay 500ps][Delay 1000ps][Delay 1500ps]。

● 3V66 group delay[Auto]：设置值有[Auto][None] [Delay 500ps][Delay 1000ps][Delay 1500ps]。

● PCL & PCL-F group delay[Auto]：设置值有[Auto][None] [Delay 500ps][Delay 1000ps][Delay 1500ps]。

● DDR/SDRAM group delay[Auto]：设置值有[Auto][None] [Delay 500ps][Delay 1000ps][Delay 1500ps]。

● PCI to 3V66 delay [Auto]：设置值有[Delay 2ns][Delay 3ns]

● SDRAM-F group delay [Auto]：设置值有[Auto][None] [Delay 500ps][Delay 1000ps][Delay 1500ps]。

● CPU Thermal Throttling [Enabled]：选择[Enabled]可以开启 Pentium 4 CPU 内部温度控制功能，防止 CPU 温度过高，设置值有[Enabled][Disabled]。

（2）USB 设置（USB Configuration）。

USB 设置如图 8-38 所示。

● USB 2.0 Controller [Enabled]：本项目用来开启或关闭 USB 2.0 控制器，设置值有 [Disabled] [Enabled]。

● USB 2.0 Support [Enabled]：本项目用来开启或关闭 USB 2.0 端口，设置值有 [Enabled] [Disabled]。

● Legacy USB Support [Enabled]：本项目用来开启或关闭对虚拟 USB 设备的支持功能，若设置成[Auto]，则系统在开机时会自动检测是否连接有 USB 设备。如果检测到 USB 设备，本项目会自动开启；反之，本项目被关闭。其设置值有[Disabled] [Enabled] [Auto]。

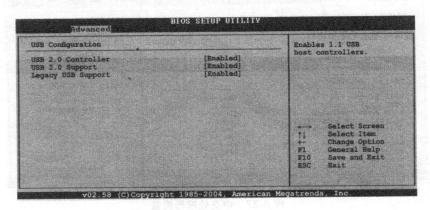

图 8-38　USB 设置

（3）芯片组设置（Chipset）。

芯片组设置菜单（图 8-39）可更改芯片组的高级设置，选择所需的项目然后按下 Enter 键即可显示子菜单项目。

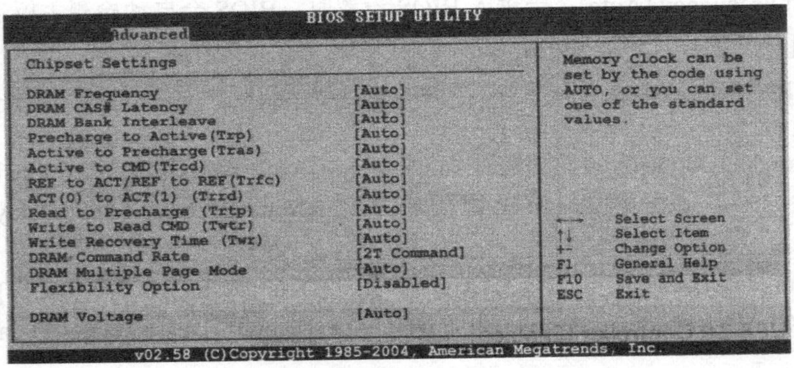

图 8-39 芯片组设置

● DRAM Frequency [Auto]：本项目用来设置 DDR 操作频率，设置值有[Auto][133MHz（DDR266）][166MHz（DDR333）][200MHz（DDR400）]。

● DRAM CAS# Latency [Auto]：本项目用来控制从向 SDRAM 发出读命令到所读数据可用的反应时间，设置值有[Auto]、[2.0]、[2.5]、[3.0]。

● DRAM Bank Interleave [Auto]：本项目可选择 DRAM 内存交错存取方式，设置值有 [Auto] [Disabled] [2-Way] [4-Way] [8-Way]。

● Precharge to Active（Trp）[Auto]：设置值有[Auto] [2T] [3T] [4T] [5T]

● Active to Precharge（Tras）[Auto]：设置值有[Auto] [5T] [6T] [7T] [8T] [9T] [10T] [11T] [12T] 13T] [14T] [15T] [16T] [17T] [18T] [19T]。

● Active to CMD（Trcd）[Auto]：设置值有[Auto] [2T] [3T] [4T] [5T]。

● REF to ACT/REF to REF（Trfc）[Auto]：设置值有[Auto] [8T] [9T] [10T] [11T] [12T] 13T] [14T] [15T] [16T] [17T] [18T] [19T] [20T] [21T] [22T]。

● ACT（0）to ACT（1）（Trrd）[Auto]：设置值有[Auto] [2T] [3T] [4T] [5T]。

● Read to Precharge（Trtp）[Auto]：设置值有[Auto] [2T] [3T]。

● Write to Read CMD（Twtr）[Auto]：设置值有[Auto] [1T] [2T]。

● Write Recovery Time（Twtr）[Auto]：设置值有[Auto] [2T] [3T] [4T] [5T]。

● DRAM Command Rate [2T Command]：设置值有[2T Command] [1T Command]。

● DRAM Multiple Page Mode [Auto]：本项目用来开启或关闭 DRAM 内存多页访问模式，设置值有[Auto] [Enabled] [Disabled]。

● Flexibility Option [Disabled]：本项目的默认值为[Disabled]。如果将此项目设置成[Enabled]，内存将具备更好的兼容性，设置值有 [Disabled][Enabled]。

● DRAM Voltage[Auto]：本项目用来选择 DRAM 共享内存的大小，如果总的内存大于或等于 256MB，请将共享内存的大小设为 64MB；否则，请将其设为 32MB，设置值有 [8MB][16MB][32MB][64MB]。

● Onboard AGP Share Memory [Auto]：本项目用来设置 AGP 共享内存的大小。如果总的内存大于或等于 256MB，请将共享内存的大小设为 64MB；否则，将其设为 32MB，设置值有 [8MB][16MB][32MB][64MB]。

● Primary Graphics Adapter[PCI]：本项目用来设置基本图形适配器，设置值有[PCI][AGP]。

● AGP Aperture Size[64MB]：本项目用来设置显存的 PCI 内存地址范围。如果所选显卡规格说明书中没有特殊要求，建议使用本项目的默认值，设置值有 [32MB][64MB][128MB][256MB]。

● AGP Mode[Auto]：本项目的默认值为[Auto]，设置值有[Auto][4X]。

● AGP Fast Write[Disabled]：本项目用来开启或关闭 AGP 快写功能，设置值有 [Disabled][Enabled]。

● AGP 3.0 Calibration [Auto]：设置值有[Auto][Disabled][Enabled]。

● AGP Staggered Delay [Auto]：设置值有[Auto][None][Delay 1ns]。

● AGP GADSTB Output Delay[Auto]：设置值有[Auto][None][Delay 150 psec][Delay 300 psec][Delay 450 psec]

● V-Link Speed [Normal]：设置值有[Normal][Fast]。

● PCI Delay Transaction[Enabled]：本项目用来开启或关闭 PCI 延迟功能，设置值有 [Disabled][Enabled]。

● LDE Drive Strength[Normal]：设置值有[Lowest][Low][Normal][Highest]。

● IDE Read Perfetch Buffer[Auto]：设置值有[Auto][Disabled][Enabled]。

● OnBoard LAN[Enabled]：本项目用来开启或关闭板载网络控制器，设置值有 [Disabled][Enabled]。

● OnBoard AC'97 Audio[Auto]：本项目用来开启或关闭板载 AC'97 音频编解码器，设置值有 [Auto][Disabled][Enabled]。

● Thermal Throttling Temperature[Auto]：本项目用来设置处理器自动关机的温度，设置值有 [Auto][Disabled][50℃][55℃][60℃][65℃][70℃][75℃]。

● Thermal Throttling Duty Cycle[Auto]：设置值有 [Auto][12.5%][25.00%][37.5%][50.00%][62.50%][75.00%][87.50%]。

（4）内置设备设置（OnBoard Devices Configuration）。

内置设备设置如图 8-40 所示。

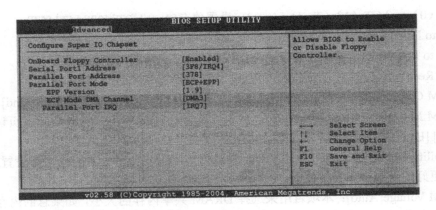

图 8-40　内置设备设置

● OnBoard Floppy Controller [Enabled]：本项目用来开启或关闭内置软驱控制器，设置值有 [Enabled] [Disabled] 。

● Serial Port1 Address[3F8/IRQ4]：本项目用来选择串口 1 的基地址，设置值有 [Disabled][3F8/IRQ4][2F8/IRQ3][3E8/IRQ4][2E8/IRQ3]。

● Parallel Port Address[378]：本项目用来设置并口的基地址，设置值有 [Disabled][378][278]。

● Parallel Port Mode[ECP+EPP]：本项目用来选择并口模式，设置值有 [Normal][Bi-Directional] [EPP+ECP]。

● Parallel Port IRQ[IRQ7]：本项目用来选择并口的 IRQ，设置值有 [IRQ5][IRQ7]。

（5）PCI 即插即用设备（PCI PnP）。

本菜单（图 8-41）可更改 PCI/PnP 设备的高级设置，包括设置 PCI/PnP 或虚拟 ISA 设备的 IRQ 和 DMA 通道资源。

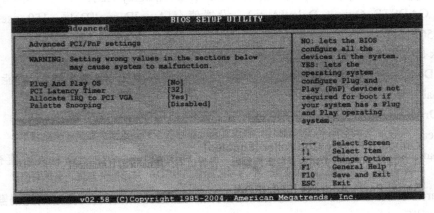

图 8-41　PCI 即插即用设备

● Plug And Play O/S[No]：当设为[No]时，BIOS 程序会自行调整所有设备的相关设置。若安装了支持即插即用功能的操作系统，请设为[Yes]，设置值有[No][Yes]。

● PCI Latency Timer [64]：本项目用来选择 PCI 信号计时器的延迟时间，设置值有 [32][64][96][128][160][192] [224][248]。

● Allocate IRQ to PCX VGA [Yes]：当设置成[Yes]时，可以通过 BIOS 程序自行指定 PCI 接口显卡的 IRQ 中断地址。如果设置成[No]，即使在需要的时候也不能指定其 IRQ 中断地址，设置值

有 [Yes][No]。

● Palette Snooping[Disabled]：当设置成[Enabled]时，如果系统安装了 ISA 显卡，调色探测功能会告知 PCI 设备，这样 ISA 显卡才能正确工作，设置值有 [Disabled][Enabled]。

4. 电源管理（Power Menu）

电源管理菜单（图 8-42）可调整电源的设置，选择所需项目然后按下 Enter 键，屏幕即显示设置选项。

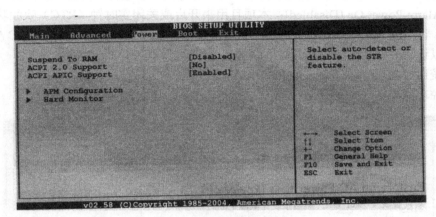

图 8-42　电源管理

● Suspend To RAM[Auto]：本项目用来选择供系统节电功能使用的 RAM，设置值有 [Disabled][Auto]。

● ACPI 2.0 Support[No]：本项目可在 ACPI 2.0 规格中增加更多的表单，设置值有 [No][Yes]。

● ACPI APIC Support [Enabled]：本项目用来开启或关闭 ASIC 中的 ACPI 支持，若设置成 [Enabled]，RSDT 指针列表中将会包含 ACPI APIC 表指针，设置值有[Disabled][Enabled]。

（1）高级电源管理（APM Configuration）。

高级电源管理如图 8-43 所示。

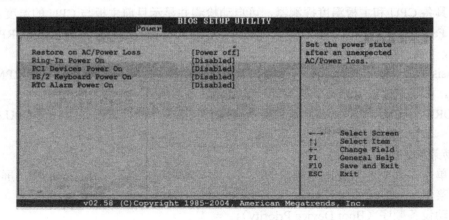

图 8-43　高级电源管理

● Restore on AC Power Loss [Power Off]：若设置成 Power Off，则当系统在电源中断后将维持关闭状态。若设置为 Power On，则系统在电源中断恢复之后将重新启动。设置值有 [Power Off][Power On]。

● Ring-In Power On[Disabled]：本项目用来开启或关闭来电铃声启动系统电源功能，设置值有[Disabled][Enabled]。

● PCI Devices Power On [Disabled]：本项目用来开启或关闭 PCI 设备电源，设置值有[Disabled][Enabled]。

● PS/2 Keyboard Power On [Disabled]：可指定使用键盘上特定的功能键来开机，使用此功能，ATX 电源必须在+5VSB 电压上，且至少能提供 1A 的电流。设置值有[Disabled][Any Key]。

● RTC Alarm Power On [Disabled]：本项目用来开启或关闭实时钟（RTC）唤醒功能，当设为[Enabled]时，将出现 RTC Alarm Date，RTC Alarm Hour，RTC Alarm Minute 与 RTC Alarm Second 子项目，可以设置时间让系统自动开机。设置值有[Disabled][Any Key]。

（2）系统监控功能（Hardware Monitor）。

系统监控功能如图 8-44 所示。

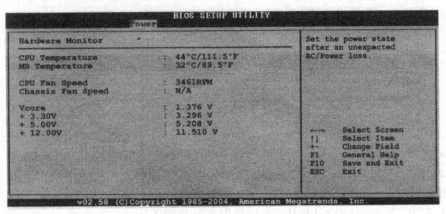

图 8-44　系统监控功能

● CPU Temperature[xxx℃/xxx°F]：

MB Temperature[xxx℃/xxx°F]

本主板具备 CPU 和主板温度探测器，可自动检测并显示目前主板与 CPU 的温度。

● CPU Fan Speed[xxxxRPM]：系统检测功能可以自动检测和显示CPU 风扇转速RPM（Rotation Per Minute），如果风扇没有连接到主板上，此处会显示 N/A。

● Chassis Fan Speed[N/A]：系统检测功能可以自动检测和显示机箱风扇转速 RPM（Rotation Per Minute），如果风扇没有连接到机箱上，此处会显示 N/A。

● VCORE，3.3V，5V，12V：本主板具有电压监控的功能，以确保主板及 CPU 接受正确的电压。

5．启动菜单（Boot Menu）

启动菜单（图 8-45）可更改系统启动选项，选择所需项目然后按下 Enter 键，屏幕即显示与之对应的子菜单。

（1）启动设备顺序（Boot Device Priority）。

启动设备顺序如图 8-46 所示。

●1st-xxth Boot Device[1st FLOPPY DRIVE]：本项目自行选择启动磁盘并排列启动设备顺序，屏幕显示的设备数目取决于系统安装的设备数量。设置值有[xxxxxx Drive][Disabled]。

（2）启动选项设置（Boot Settings Configuration）。

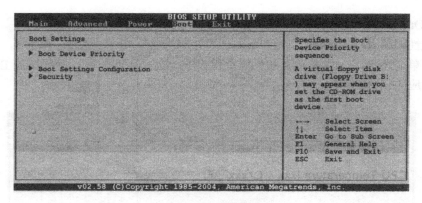

图 8-45　启动菜单

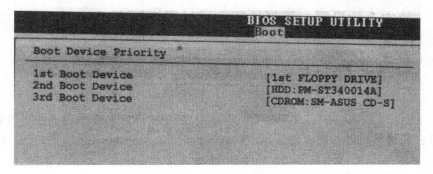

图 8-46　启动设备顺序

启动选项设置如图 8-47 所示。

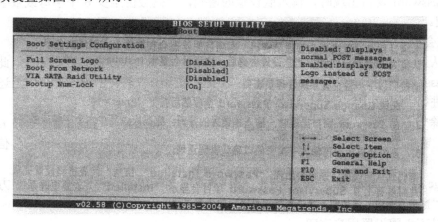

图 8-47　启动选项设置

● Full Screen Logo[Disabled]：本项目用来开启或关闭全屏显示开机画面的功能，设置值有 [Disabled][Enabled]。

● Boot From Network[Disabled]：本项目用来开启或关闭网络选项启动功能，设置值有 [Disabled][Enabled]。

● VIA SATA Raid Utility[Disabled]：本项目用来开启或关闭 VIA SATA Raid 功能，设置值有 [Disabled][Enabled]。

● Bootup Num-Lock[On]：本项目用来选择开机时 Num-Lock 的状态，设置值有 Configuration

Options:[Off][On]。

（3）安全性菜单（Security）。

安全性菜单（图 8-48）可更改系统的安全性设置，选择所需的项目然后按下 Enter 键，屏幕即显示与之对应的设置选项。

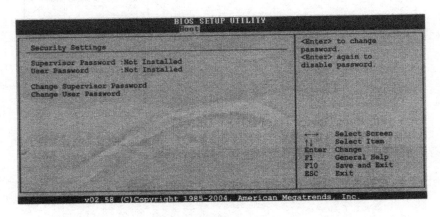

图 8-48　安全性菜单

● Change Supervisor Password（更改系统管理员密码）：本项目用来设置或更改管理员密码，本项目的状态会在屏幕上方以浅灰色显示，默认值为 Not Installed，当设置密码后，此项目会显示"Installed"。

请按照以下步骤设置系统管理员密码：

① 选择"Change Supervisor Password"选项，然后按下 Enter 键。

② 在 Password 窗口出现时，输入欲设置的密码，密码应由至少 6 个字母或数字组成，然后按下 Enter 键。

③ 系统会提示再输入一次密码以确认密码正确。

密码确认无误后，系统会出现"Password Installed"信息，代表密码设置完成，此时屏幕上方 Supervisor Password 项目会显示"Installed"，若要更改系统管理员密码，请依照上述设置管理员密码的步骤进行。

若要清除管理员密码，选择"Change Supervisor Password"选项，然后按下 Enter 键，在"Password"窗口出现时，直接按下 Enter 键，系统会出现"Password Uninstalled"信息，代表密码已清除。

● Change User Password（更改用户密码）：本项目用于更改用户密码，屏幕上方显示了此项目的默认值"Not Installed"，当设置密码后，此项目会显示"Installed"。

请根据以下步骤设置用户密码：

① 选择"Change User Password"选项，然后按下 Enter 键。

② 在"Password"窗口出现时，输入欲设置的密码，密码应由至少 6 个字母或数字组成，然后按下 Enter 键。

③ 系统会提示再输入一次密码，以确认密码正确。

在成功更改密码后，屏幕会出现"Password Installed"信息。

若要更改用户密码，请依照上述设置用户密码的步骤进行。

6. 退出 BIOS 程序（Exit Menu）

本菜单（图 8-49）可读取 BIOS 程序出厂默认值与退出 BIOS 程序。

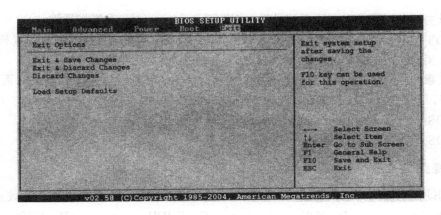

图 8-49　退出 BIOS 程序

● Exit & Save Changes：当完成 BIOS 设置后，选择本项目以确认所有设置值存入 CMOS 内存中，CMOS 内存可由主板上的后备电池供电，即使计算机关闭后仍处于工作状态。当选择此项目时，屏幕会出现一个确认窗口，选择[Yes]以保存设置并退出 BIOS 程序设置。

● Exit & Discard Changes：本项目可放弃所有设置，并退出 BIOS 设置程序，如果更改了除系统日期、系统时间和密码以外的项目，在退出 BIOS 设置程序前，系统会询问是否确定退出。

● Discard Changes：本项目可放弃所有设置，并将所有设置值恢复到原先 BIOS 设置值，此时会出现一个询问信息，选择[Yes]放弃对 BIOS 设置所做的更改，将设置值恢复到原先的设置值。

● Load Setup Defaults：本项目可放弃所有设置，并将所有设置恢复到出厂默认值，若选择本项目，或按下 F5 键，屏幕将会出现一个确认窗口，选择[Yes]，将所有设置改为出厂默认值，然后选择"Exit & Save Changes"选项或继续进行其他设置。

本章小结

选择计算机的各种部件时要了解部件的类型、性能指标，综合考虑各种部件搭配合理性，提高计算机整体的性能。

硬件安装前，要认真阅读主要部件的说明书，购买的部件要做好部件验收工作，发现不合格的及时更换；安装过程中，应注意防静电，要注意防插错设计的插座安装；安装好后通电前，做好全面检查是否有金属异物掉入机箱内，各种插头连接是否正确；通电后若出现异常现象，立刻断电，查明原因才能重新通电。

CMOS 设置合理与否，直接影响到计算机系统的稳定性和性能的发挥。CMOS 设置功能很多，对常用的设置要熟练掌握，例如，系统检测硬盘和光驱状态；设置系统优先启动顺序；检测主机内部温度、电压供应情况和 CPU 风扇转速；检测 CPU 工作频率情况等。

思考与练习 8

一、填空题

1. 选购 CPU 时，主要考虑 CPU 的频率（内频、外部频率）、厂商、＿＿＿＿＿、＿＿＿＿＿、内核类型、Cache 的容量和速率、支持扩展指令集等。

2．选择主板主要考虑以下因素：品质、_____、_____和升级扩展性。

3．CMOS 是计算机主板上的一块_____芯片，用来保存当前系统的硬件配置和用户对某些参数的设定。CMOS 由主板的_____供电，即使关机，信息也不会丢失。

4．厂家事先烧录在主板上只读存储器中的软件，此软件不会因计算机关机而丢失，称为_____程序。

5．CMOS 设置菜单中 Boot Device Priority 是设置_____。

6．CMOS 设置菜单中 Load Setup Defaults 设置恢复到_____。

二、选择题

1．选购硬盘主要应考虑：①品牌。②质量。③容量。④接口，如（　　　）的硬盘。⑤速度。
   A．SATA　　　　　B．IDE　　　　　C．E-IDE　　　　　D．USB

2．CMOS 系统高级设置，如开机密码，进入 BIOS 设置密码等，主菜单是（　　）。
   A．Main　　　　　B．Advanced　　　　　C．Boot　　　　　D．Power

3．当计算机开机时，BIOS 首先对主板上基本的硬件作（　　　），设定硬件时序的参数，检测所有硬件设备，最后才将系统控制权交给操作系统。
   A．自我分析　　　B．初始化　　　　C．自我诊断　　　　D．设置

三、简答题

1．选购 LCD 显示器主要考虑什么参数？

2．组装微型机时如何消除静电？

3．一般在什么情况下要进行 BIOS 设置？

4．BIOS 系统监控有哪些功能？

5．请叙述 BIOS 设置系统管理员密码的主要步骤？

6．微型机组装后先检查哪几方面组装是否正确？

实训 8

一、实训目的和要求

1．学会进行市场调查，选择性能价格比高的部件。

2．学会认识各种部件的外观、型号、主要性能。

3．正确安装微型计算机的 CPU、主板、内存条、硬盘与光驱、显卡与显示器、声卡与音箱、电源盒等。

4．正确识别微型机的面板排线，正确连接面板排线。

5．掌握前置 USB 接口和前置音频接口的连接方法。

6．掌握 CMOS 主要的设置方法。

7．在组装过程中出现的问题能及时处理。

8．完成实训报告并整理好工作台。

二、实训条件

1．每组一张工作台和一套工具。

2．每组配备主板、CPU、内存条、硬盘、光驱、显卡、显示器、键盘、鼠标、机箱、电源盒、耳机和各种连接线。

3．DOS 软件。

三、实训主要步骤

1．将计算机的各种部件摆放在工作台上，认识各种部件并说明其主要参数和作用，对人体消除静电。

2．安装最小硬件系统的部件，主要将 CPU、内存条、显示卡、显示器、电源盒安装好。

3．观察 CPU 及其标注，记录其生产厂家、型号、频率、供电电压、定位脚的标记等数据。

4．观察主板的组成及布局。分清其主板型号、类型，分清总线类型，认识 BIOS、北桥、南桥等部件，认识各种插座、插槽、接口，明确该主板应如何配置 CPU 及内存条。

5．找出主板上的 CPU 插座，将 ZIF 插座的扳手扳起，将 CPU 的定位标记对准插座的定位标记轻轻插入插座，确保 CPU 所有的针脚都插入插座后，一手按住 CPU，一手将 ZIF 插座扳手扳下（扳下扳手时如果比较吃力，不能硬扳，应松开扳手，将 CPU 从插座上取下，重新安放后再扳）。

6．在 CPU 的核心上均匀涂上导热硅胶，将散热风扇安装在 CPU 上并连接风扇电源。

7．将内存条打缺口一端与主板内存插槽有突起斜面一端对齐，直接对准槽插入（注意方向）。内存条要与插槽配合紧密，否则应将内存条取下重新安装。

8．将电源盒固定在机箱中，连接主板和 CPU 的电源插头。

9．连接显示器，利用短路原理接通主板电源开关启动最小硬件系统。

10．观察显示器是否显示，若能显示有关内容，说明已安装的主要部件能正常运行。

11．接着安装硬盘、光驱、键盘、鼠标并连接电源线和信号线。

12．辨认机箱面板的指示灯和按键的排线作用和文字标识情况，连接各种排线到主板上，指示灯的排线要注意方向。

13．找到前置 USB 接口和前置音频接口的主板位置，连接前置 USB 插头和前置音频插头的排线，要注意方向。

14．将机箱固定孔使用塑料定位卡或铜质固定螺柱固定，将主板安装在机箱内，拧上固定螺柱配套金属螺钉。

15．按以上步骤连接后两组之间进行互相检查，检查是否连接错误，同学检查后最后由老师检查后通电。

16．启动 BIOS 设置程序。

17．了解系统 BIOS 设置主菜单的各项功能。

18．设置和修改当前的日期、时间、密码等参数。

19．学会查看外部存储设备如硬盘、光驱参数情况。

20．学会修改微型机的启动顺序并按启动顺序启动机器。

21．学会查看本机器的 CPU 温度、CPU 上风扇的转速、机箱温度、电源盒各种插头输出电压。

22．学会选择默认 CMOS 参数保存。

23．启动机器，设置 CMOS 系统启动顺序，设置光盘为第一启动顺序，插入启动光盘，运行光盘某分区软件。

第9章 系统软件的安装

软件环境指的是用户所使用的操作系统的环境，目前用户所使用的操作系统有 DOS、Windows 95/98、Windows 2000、Windows XP、Windows 7、Windows 8 和 Linux 等。

9.1 硬盘的分区

9.1.1 硬盘的分区概述

硬盘在以下情况下要进行分区。

（1）新买的硬盘，必须先分区然后进行高级格式化。

（2）更换操作系统软件或在硬盘中增加新的操作系统。

（3）改变现行的分区方式，根据自己的需要和习惯改变分区的数量或每个分区的容量。如安装的系统软件和应用软件放在同一分区中，两者均需较大容量的硬盘空间，原空间不足时就需重新分区。

（4）因某种原因（如病毒）或误操作使硬盘分区信息被破坏时需重新分区。

（5）现在的硬盘容量比较大，若作为一个硬盘来使用，会造成硬盘空间的浪费，所有的数据都在一个盘中，给文件的管理带来了较大的麻烦。因此，需将一个大的硬盘分成几个逻辑硬盘。

9.1.2 硬盘的分区操作

对硬盘进行分区的工具软件有 DM、ADM、PQMagic、FDISK 和用 Windows XP 安装盘分区格式化硬盘软件等。下面介绍用 Windows XP 安装光盘软件进行分区的操作步骤。

（1）对硬盘进行分区。

① 开机按 Delete 键，进入 BIOS，设置第一启动为 CD-ROM，然后插入 Windows XP 安装光盘，按照提示启动，就进入了 Windows XP 安装界面，如图 9-1 所示。

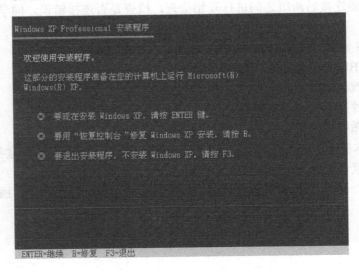

图 9-1 Windows XP 安装界面

② 按下 Enter 键，如果该硬盘以前没有分过区，就会出现如图 9-2 所示的磁盘分区界面。

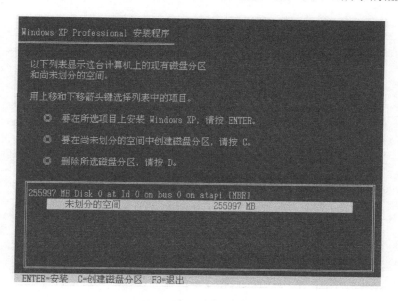

图 9-2　磁盘分区界面

③ 接着按一下键盘上的 C 键，出现如图 9-3 所示的创建新磁盘分区界面。

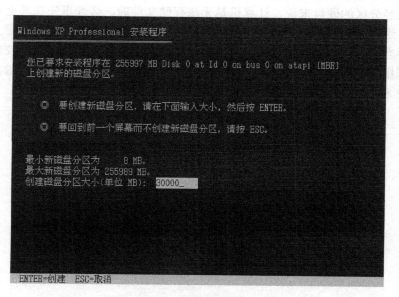

图 9-3　创建新磁盘分区界面

④ 在"创建磁盘分区大小"文本框中先删除这个数字（如 4087），在里面填入分区大小，然后按 Enter 键，C 盘就建立了，接着再根据提示来为硬盘建立其他的分区。不过最后 Windows XP 要留下 10MB 的空间不让划分。

⑤ 分区完成后，按 Esc 键退出。

（2）删除原有的分区。

如果对原来的分区不是很满意，可以删除原来的分区。图 9-4 所示为删除原有分区界面，移动到想要删除的分区上，按下 **D** 键，再按 **L** 键，分区就删除了。

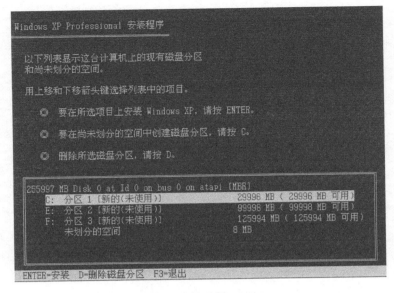

图 9-4　删除原有分区界面

（3）对分区进行格式化。

对于一个已经分区的硬盘来说，计算机是无法存储文件的，必须事先在其上设置目录区、文件分配表区等，这种处理称为高级格式化。也就是说，格式化是在一张磁盘上写上系统规定的信息和格式，这样当在磁盘上存放数据时，系统将首先读取这些规定的信息进行校对，然后才将用户的数据存放到指定的地方。硬盘分区后的所有逻辑盘都要进行高级格式化，磁盘高级格式化有两种格式 FAT32 和 NTFS，可以根据需要选择，如图 9-5 所示。

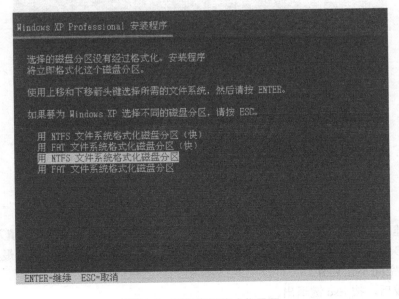

图 9-5　磁盘高级格式化界面

这样就完成了硬盘分区和高级格式化工作，步骤好像有点多，其实熟悉之后就不觉得了。

9.2　系统软件的安装

9.2.1　Windows XP 的安装

Windows XP 是基于 NT 内核的操作系统，大致分为 Windows XP 全新安装和 Windows XP 升级安装。下面是具体的安装方法。

1. 全新安装

利用 DOS 系统启动计算机，在 DOS 提示符下，进入"i386"目录，然后执行 Winnt.exe 文件即可进行安装。但是在应用这种方法进行安装时请先加载 Smartdrv.exe，以加快安装的速度。

2. 升级安装

升级安装一般是指在 Windows 9x/2000 的计算机上安装 Windows XP。

将 Windows XP 安装光盘置入光驱，安装程序即会自动运行，如果没有自动运行，请双击光盘根目录中的 Setup.exe 开始安装。

3. 具体安装步骤

中文 Windows XP 的安装过程使用高度自动化的安装程序向导，用户不需要做太多的工作，就可以完成整个安装工作，其安装过程大致可分为收集信息、动态更新、准备安装、安装 Windows XP 和完成安装 5 个步骤。

（1）当用户在刚开机启动微型机时，要在键盘上按 Delete 键，这时会进入 BIOS 设置界面，用户需要将第一启动顺序改为从光盘驱动器启动，然后保存退出，将光盘放入光盘驱动器中，这时将从 DOS 状态启动，运行光盘的安装软件进行安装。

（2）Windows XP 的安装程序引导系统并自动运行安装程序。安装程序运行后会出现如图 9-6 所示界面，按 Enter 键开始安装。

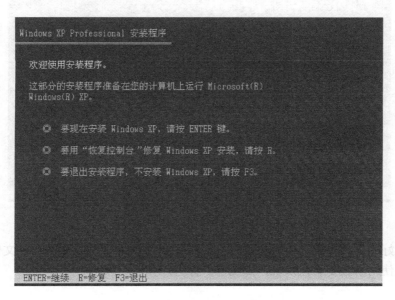

图 9-6　Windows XP 安装界面

（3）接下来会出现 Windows XP 的许可协议，按 F8 键同意，即可进行下一步操作，如果不同意，则按 Esc 键退出，如图 9-7 所示。

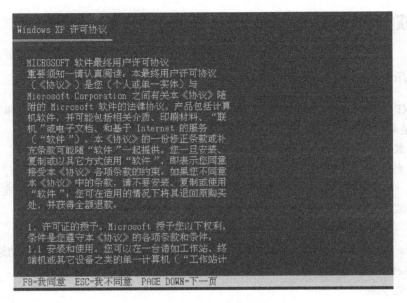

图 9-7　Windows XP 许可协议

（4）选择安装的分区，接着的界面会显示硬盘中的现有分区或尚没有划分的空间，在这里要用上下光标键选择 Windows XP 将要使用的分区，选定后按 Enter 键即可，如图 9-8 所示。

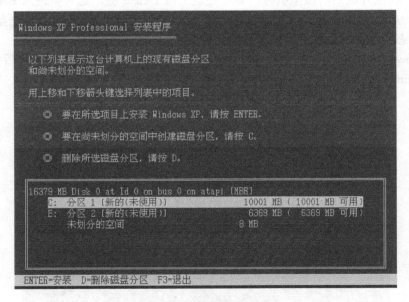

图 9-8　选择安装的分区

选定或创建好分区后，还需要对磁盘进行格式化。可使用 FAT32 或 NTFS 文件系统对磁盘进行格式化，建议使用 NTFS 文件系统，如图 9-9 所示。

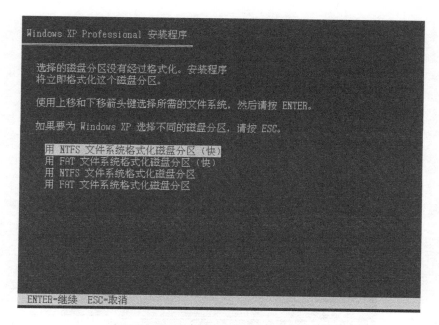

图 9-9　使用 NTFS 文件系统格式化分区

（5）格式化完成后，安装程序即开始从光盘中向硬盘复制安装文件，如图 9-10 所示。

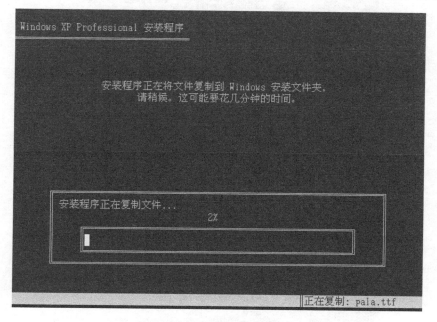

图 9-10　向硬盘复制安装文件

（6）当复制完所需要的安装文件后，会自动重新启动计算机，开始安装 Windows XP 阶段，出现图形画面，如图 9-11 所示。左边显示安装的第几个步骤和安装所剩余的时间。

（7）安装软件出现"区域和语言选项"对话框如图 9-12 所示，直接单击"下一步"按钮。

（8）安装软件出现如图 9-13 所示的对话框，输入姓名和单位名称后单击"下一步"按钮。

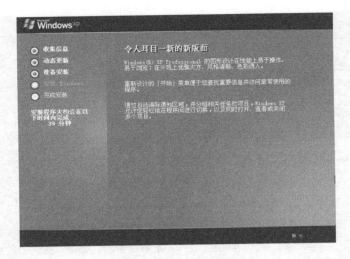

图 9-11 自动安装系统界面

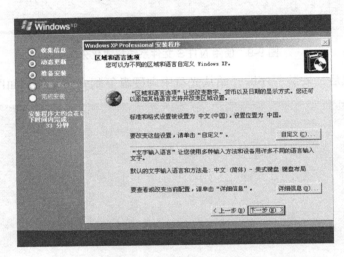

图 9-12 "区域和语言选项"对话框

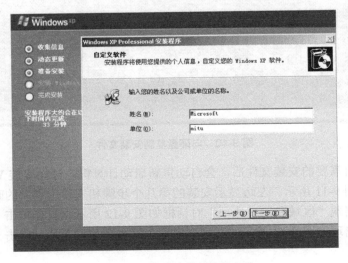

图 9-13 输入姓名和单位名称

（9）然后会出现一个产品密钥界面，这个密钥一般附带在光盘上或说明书中，填入密钥，然后单击"下一步"按钮，如图 9-14 所示。

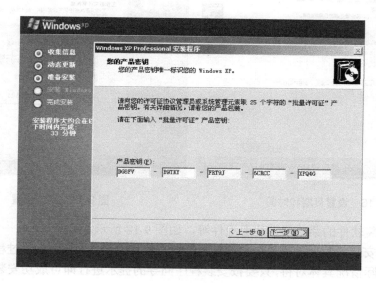

图 9-14　产品密钥界面

（10）弹出如图 9-15 所示的对话框。在此对话框的"计算机名"文本框中输入本计算机的名字，在下面两个密码输入文本框中输入两次一样的密码，装好系统后，再次进入系统时，必须输入正确的密码才能进入，单击"下一步"按钮。

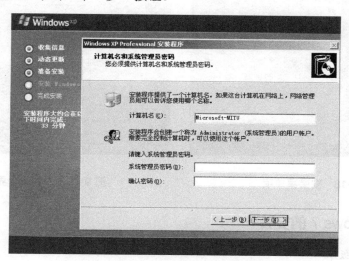

图 9-15　输入计算机名和系统管理员密码

（11）接下来要求设置日期和时间，如图 9-16 所示，可以直接单击"下一步"按钮。

（12）接着对网络进行设置（图 9-17），如果计算机不在局域网中使用默认的设置，单击"下一步"按钮就可以了。

如果是局域网中的用户，要在网络管理员的指导下安装，安装完成后系统会自动重新启动。

第一次运行 Windows XP 时还会要求设置 Internet 和用户，并进行软件激活。

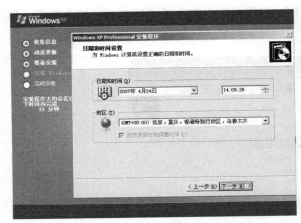

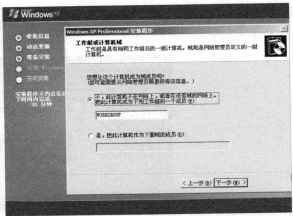

图 9-16 设置日期和时间

图 9-17 网络设置

（13）接着安装软件的菜单项、注册组件等，如图 9-18 所示。

Windows XP 安装的整个过程是全自动的，由于安装方式不同，整个安装过程的步骤也是不同的，用户可根据实际情况具体对待，只要按安装程序向导的提示进行即可成功安装中文版 Windows XP。安装成功后界面如图 9-19 所示。

图 9-18 安装菜单项

图 9-19 安装成功界面

9.2.2 Windows 7 的安装

1．Windows 7 版本

Windows 7 包含 6 个版本，分别为 Windows 7 Starter（初级版）、Windows 7 Home Basic（家庭普通版）、Windows 7 Home Premium（家庭高级版）、Windows 7 Professional（专业版）、Windows 7 Enterprise（企业版）及 Windows 7 Ultimate（旗舰版）。

（1）Windows 7 Starter（初级版）。这是功能最少的版本，缺乏 Aero 特效功能，没有 64 位支持，没有 Windows 媒体中心和移动中心等，对更换桌面背景有限制。它主要设计用于类似上网本的低端计算机，通过系统集成或者 OEM 计算机上预装获得，并限于某些特定类型的硬件。

（2）Windows 7 Home Basic（家庭普通版）。这是简化的家庭版。支持多显示器，有移动中心，限制部分 Aero 特效，没有 Windows 媒体中心，缺乏 Tablet 支持，没有远程桌面，只能加入但不能创建家庭网络组（Home Group）等。它仅在新兴市场投放，如中国、印度、巴西等。

（3）Windows 7 Home Premium（家庭高级版）。面向家庭用户，满足家庭娱乐需求，包含所有桌面增强和多媒体功能，如 Aero 特效、多点触控功能、媒体中心、建立家庭网络组、手写识别等，不支持 Windows 域、Windows XP 模式、多语言等。

（4）Windows 7 Professional（专业版）。面向爱好者和小企业用户，满足办公开发需求，包含加强的网络功能，如活动目录和域支持、远程桌面等，另外还有网络备份、位置感知打印、加密文件系统、演示模式、Windows XP 模式等功能。64 位可支持更大内存（192GB）。可以通过全球OEM 厂商和零售商获得。

（5）Windows 7 Enterprise（企业版）。面向企业市场的高级版本，满足企业数据共享、管理、安全等需求。包含多语言包、UNIX 应用支持、BitLocker 驱动器加密、分支缓存（BranchCache）等，通过与微软有软件保证合同的公司进行批量许可出售。不在 OEM 和零售市场发售。

（6）Windows 7 Ultimate（旗舰版）。拥有所有功能，与企业版基本是相同的产品，仅仅在授权方式及其相关应用及服务上有区别，面向高端用户和软件爱好者。专业版用户和家庭高级版用户可以付费通过 Windows 随时升级（WAU）服务升级到旗舰版。

在这 6 个版本中，Windows 7 家庭高级版和 Windows 7 专业版是两大主力版本，前者面向家庭用户，后者针对商业用户。此外，32 位版本和 64 位版本没有外观或者功能上的区别，但 64 位版本支持 16GB（最高至 192GB）内存，而 32 位版本最大只能支持 4GB 内存。目前所有新的和较新的 CPU 都是 64 位兼容的，均可使用 64 位版本。

2．Windows 7 安装步骤

Windows 7 安装过程，Windows 7 安装一般采用全新安装，主要有 4 个步骤。

① 从 Windows 7　DVD 启动程序，按照提示选择一个自定义（高级）的安装，然后单击"下一步"按钮进入画面。

② 单击驱动器选项（高级）显示所有可用的磁盘空间情况。

③ 从列表选择一个分区，然后单击"删除"按钮。

④ 对其他任何额外盘进行重复操作，直到除了未分配的空间外什么都没留下。

现在，可以使用驱动器上所有未分配的空间进行安装了。

（1）通过 DVD 光盘启动计算机，将 Windows 7 操作系统安装盘放入光驱，启动安装向导，选择"现在安装（I）"选项，如图 9-20 所示。

图 9-20　启动 Windows 7 安装向导

（2）出现安装许可条款界面，如图 9-21 所示。选中"我接受许可条款（A）"复选框，单击"下一步"按钮。

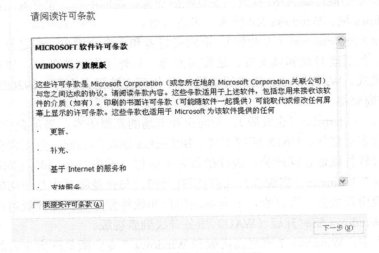

图 9-21　阅读安装许可条款

（3）出现进行何种类型安装界面，如图 9-22 所示。根据原来机器情况和用户的要求选择，这里所展示的升级安装和自定义安装，主要区别在于：升级安装是指将 Windows XP 升级到 Windows 7，而自定义安装就是进行全新的安装，不过一般的机器都不支持升级安装，所以我们只能选择自定义安装。

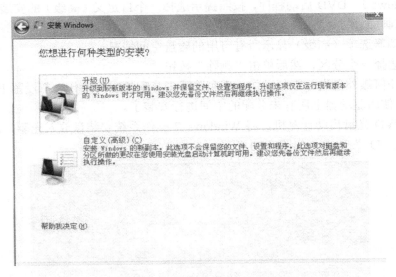

图 9-22　选择何种类型安装

（4）出现 Windows 7 安装在何处的界面，如图 9-23 所示。安装 Windows 7 系统的分区必须要有足够的空间，而且磁盘格式必须为 NTFS 格式，选择操作系统要安装硬盘的位置，选择"驱动器选项（高级）"选项对驱动器进行分区和格式化，再单击"下一步"按钮。

（5）出现复制安装软件界面，如图 9-24 所示。这里需要重启系统数次，所以要等待数分钟。

图 9-23　选择安装磁盘

图 9-24　开始复制安装软件

（6）出现选择国家或地区的界面，如图 9-25 所示。在"国家或地区"下拉列表中选择"中国"选项，单击"下一步"按钮。

图 9-25　选择国家或地区

（7）出现设置用户名的界面，如图 9-26 所示。输入用户名，单击"下一步"按钮。

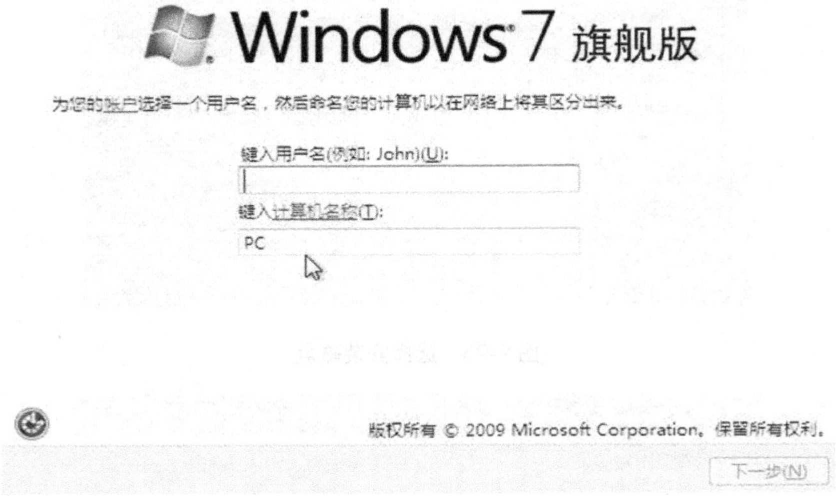

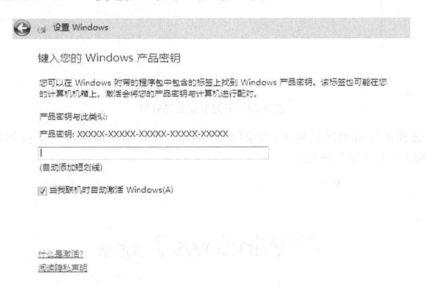

图 9-26　设置用户名

（8）出现设置密码的界面，如图 9-27 所示。输入密码或将密匙留空，然后不选中"当我联机时自动激活 Windows（A）"复选框，单击"下一步"按钮。

图 9-27　设置密码

（9）出现 Windows 自动保护界面，如图 9-28 所示。选择"使用推荐设置（R）"选项。

（10）出现操作系统安装完毕提示界面，如图 9-29 所示。单击"开始"按钮，最后进入 Windows 7 操作系统。

Windows 7 自带了许多硬件设备驱动，而且均为正版设备驱动，接下来 Windows 7 要激活才能使用，其实 Windows 7 的激活是一个非常简单的过程，手动可能非常麻烦，但是使用工具激活就是非常简单的事情了，只需要一步即可激活。

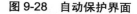

图 9-28　自动保护界面

图 9-29　安装完毕提示

（11）图 9-30 显示已成功激活了 Windows 7 系统，然后大家就可以畅游 Windows 7 了。

图 9-30　已成功激活提示

9.2.3 常用驱动程序的安装

常用驱动程序的安装对用户安装新的硬件或部件性能更好的发挥作用都非常重要，在 Windows 中，需要安装主板、光驱、显卡、声卡、显示器等完整的驱动程序，如果需要连接别的硬件设备时，还要安装相应的驱动程序。计算机的标准设备如键盘、鼠标、硬盘等，Windows 可以用自带的标准驱动程序来驱动，Windows 版本越高自带的驱动程序越多。为了更好发挥计算机部件的性能，要更新驱动程序，在 Windows XP 操作系统下，下面主要介绍声卡、显卡、打印机驱动程序的安装。

1. 声卡驱动程序的安装

内置在主板上的声卡，驱动程序安装过程都很简单，用户在安装 Windows 系统或系统启动时，系统会自动检测到相应的声卡并安装相应的驱动程序，此时在系统启动后，在任务栏的右边会看到扬声器图标，并且扬声器发声。但如果系统启动后，在任务栏的右边没有扬声器图标，或者有扬声器图标但扬声器不发声，或者用户使用的是外置声卡，则用户需要用相应的声卡驱动程序进行重新安装，其安装过程如下。

（1）在装好系统以后，会自动找硬件设备的驱动程序，如果安装光盘没有驱动程序，则会出现如图 9-31 所示的对话框。或进入"控制面板"，选择"打印机和其他设备"，单击左边"添加硬件"，出现添加硬件向导，单击"下一步"按钮进行操作。在向导中，选中"安装我手动从列表选择的硬件（高级）（M）"单选按钮，单击"下一步"按钮继续。

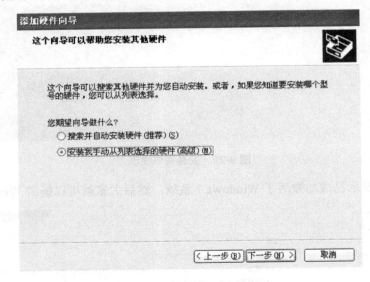

图 9-31 选择安装的硬件类型

（2）系统列出一个清单，包含所有常见硬件类型，如图 9-32 所示。选择"声音、视频和游戏控制器"，单击"下一步"按钮继续。

（3）在图 9-33 中从左边的"厂商"一栏中选择厂商，然后在"型号"栏中选择相应的型号。然后单击"下一步"按钮，可安装 Windows 中相应的声卡驱动程序。若单击"从磁盘安装"按钮，此时可插入相应的驱动光盘到光驱中，然后输入相应的路径（或通过"浏览"按钮进行查找），单击"确定"按钮，即可安装相应的光盘声卡驱动程序。

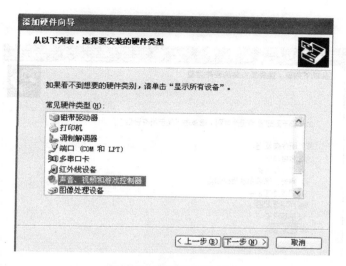

图 9-32　选择厂商的型号

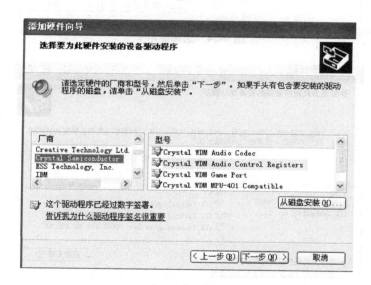

图 9-33　选择厂商和型号

2. 显卡驱动程序的安装

对于内置在主板上的显卡，用户在安装 Windows 系统或系统启动时，系统会自动检测到相应的显卡并安装相应的驱动程序。此时在系统启动后，在桌面空白处右击，再选择"属性"选项，单击"设置"标签，屏幕会出现对话框，用户可在"颜色"中调节屏幕的显示颜色。此时屏幕颜色应至少有 256 色、16 位增强色以上，但如果能调节的颜色只有单色和 16 色两种，则说明显卡驱动程序未安装或安装的显卡驱动程序不对，或者用户使用的是外置显卡，则用户需要用相应的显卡驱动程序进行重新安装，其安装过程如下。

（1）进入"控制面板"，单击"打印机和其他设备"按钮，单击左边"添加硬件"按钮，出现添加硬件向导，单击"下一步"按钮进行操作。

（2）根据添加硬件的操作步骤进行到如图 9-34 所示后，在列表中选择"显示适配器"，然后单击"下一步"按钮；在图 9-35 中单击"从磁盘安装"按钮，此时可插入相应的驱动光盘到光驱中，然后输入相应的路径（或通过"浏览"按钮进行查找），单击"确定"按钮，即可安装相应的显卡驱动程序。

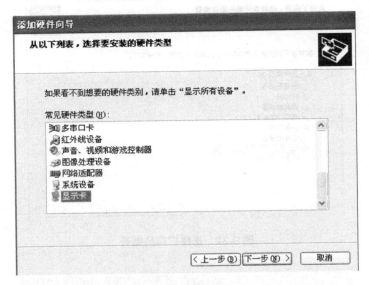

图 9-34　选择显示卡

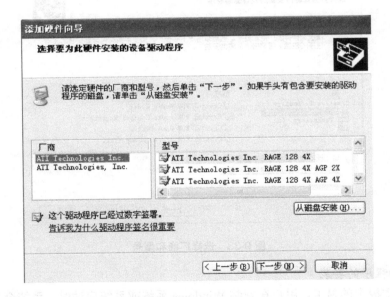

图 9-35　选择显示卡的厂商和型号

3．打印机驱动程序的安装

在用户将打印机硬件连接好后，打开打印机电源，启动系统，然后单击"开始"菜单中的"设置"的"打印机"，打开弹出来的窗口中的"添加打印机"图标，单击"下一步"按钮，在出现如图 9-36 所示的屏幕后，根据打印机的连接形式，选择"本地打印机"或者"网络打印机"。 单击"下一步"按钮，在屏幕出现的"生产商"中选择打印机的生产厂商，在其相应的"打印机"中选择相应的打印机型号（一般的打印机都可以找到），然后将 Windows 系统光盘放入光驱中。单击"下一步"按钮，根据打印机的连接情况设置好打印机所使用的端口（一般为 LPT1 端口或 USB 端口）。单击"下一步"按钮，输入打印机名称或使用系统的默认名称。单击"下一步"按钮，在选择是否要打印测试页时，建议用户选择"是－建议打印"（这样可检测打印机的硬件连接是否有问题），并将系统光盘插入光驱中。单击"完成"按钮，系统将自动从系统光盘上安装相应的打印机驱动程序，显示相应的打印机图标。另外，用户也可以通过"控制面板"中的"打印机"图标和"添加新硬件"完成打印机的驱动程序安装，方法与上述类似。

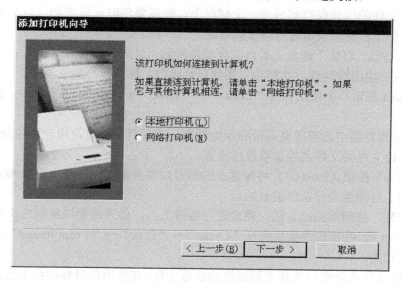

图 9-36　添加打印机向导

9.3　克隆软件的使用

9.3.1　硬盘管理

（1）硬盘复制。当在多台计算机安装相同的操作系统和应用软件时，需在每台计算机上重复整个安装过程，操作极为烦琐。利用 Ghost 的全盘复制功能，只需在其中一台计算机上安装操作系统及应用软件，然后再利用 Ghost 将该计算机硬盘中的内容复制到其他硬盘上即可。

① 首先在其中一台计算机中安装所需的操作系统、驱动程序、应用软件，然后清除系统中的"垃圾"，并进行硬盘碎片整理，做好复制前的准备工作。

② 将需要复制的目标硬盘安装到该计算机上，在纯 DOS 状态下启动 Ghost。

③ 在 Ghost 窗口中依次执行"Local"→"Disk"→"To Disk"命令，激活 Ghost 的硬盘复制功能。

④ 在系统给出的物理硬盘列表中依次选择需要复制的源盘和目标盘。

⑤ 单击"Yes"按钮进行确认，Ghost 即开始硬盘的复制工作。

在使用 Ghost 的硬盘复制功能时，还应注意以下几点。

① 硬盘复制过程中，Ghost 会将源盘中的内容覆盖目标硬盘上的所有数据，用户在复制之前务必将目标硬盘上的重要数据备份下来。

② 用 Ghost 对硬盘进行复制时，尽量使用容量完全相同的硬盘。当使用不同容量的两个硬盘时，只能将小硬盘中的数据复制到大硬盘之上。

③ 由于 Ghost 在复制硬盘时完全按照簇进行，它会将硬盘上的"垃圾"及文件碎片也复制到目标盘中，因此在复制之前最好先对源盘进行清理，并对硬盘碎片进行整理，然后再进行复制。

④ Ghost 在复制硬盘的时候会将源盘中的坏道复制到目标盘中，因此用户在对那些有坏道的源盘进行复制时务必小心。

（2）硬盘备份。Ghost 在对硬盘进行备份时，将按照簇方式将硬盘上的所有内容全部备份下来，并采用映像文件的形式保存到另外一个硬盘上，在需要的时候就能利用这个映像文件进行恢复，从而真正达到了对整个硬盘进行备份的目的。

用户要使用 Ghost 将整个硬盘上的内容全部备份到另外一个硬盘上（注意：是备份而不是复制），你必须拥有一块闲置硬盘，并将其安装到计算机中，然后执行如下步骤。

① 启动 Ghost 在窗口中依次执行"Local"→"Disk"→"To Image"命令，激活 Ghost 的硬盘映像功能。

② 在源盘选择界面中选择需要备份的原始硬盘；选择目标硬盘，用户还应分别对目标硬盘、分区、路径及映像文件的文件名等选项进行设置。

③ 单击"Yes"按钮，Ghost 即会将源盘上的所有内容全部采用映像文件的形式备份到目标硬盘上，从而达到了对硬盘进行备份的目的。

（3）硬盘恢复。按照前面的方法对硬盘进行备份之后，如果需要恢复则应执行如下步骤。

① 启动 Ghost 后，在窗口中依次执行"Local"→"Disk"→"From Image"命令，激活 Ghost 的映像文件还原功能。

② 利用映像文件选择窗口选择需要还原的映像文件；在弹出的目标硬盘中选择需要还原的目标硬盘。

③ 单击"OK"按钮，Ghost 即会将保存在映像文件中的数据还原到硬盘上，恢复后的目标硬盘与备份时的状态（包括分区、文件系统、用户数据等）是完全一致的。

在使用 Ghost 的硬盘备份/恢复功能时，应注意以下几点。

● 使用 Ghost 恢复之后，目标硬盘上原有的数据将全部丢失，因此在恢复之前一定要将硬盘上的有用数据备份下来。

● 对于 Ghost 生成的硬盘映像文件，除了将其保存到闲置硬盘上之外，还可利用刻录光盘、U 盘等存储媒体加以保存，以降低保存成本并提高保存效率。

9.3.2　分区管理

除了以硬盘为单位进行复制、备份、恢复之外，Ghost 还允许以硬盘分区为单位，对某个硬盘分区进行复制、备份和恢复，这在某些情况下更能满足用户的需要。

（1）复制分区。如今硬盘的容量都非常大，在使用的时候都会对硬盘进行分区，而操作系统及相关应用软件仅仅只占据其中的一个硬盘分区（一般是 C 盘），没有必要为了这一个分区中的内容而将整个硬盘全部复制一遍（尽管 Ghost 的复制速度非常快），单独复制特定硬盘分区的效果无疑会更好。

正是基于这一原因，Ghost 特意提供了复制硬盘分区的功能，它将某个硬盘分区视为一个操作单位，将该硬盘分区复制到同一个硬盘的另外一个分区或另外一个硬盘的某个分区中，这就进一步地满足了用户的需要。

要使用 Ghost 对硬盘分区进行复制，应执行如下步骤。

① 启动 Ghost，在窗口中依次执行"Local"→"Partition"→"To Partition"命令，启动 Ghost 的分区复制功能，并选择复制的原始盘，如图 9-37 和图 9-38 所示。

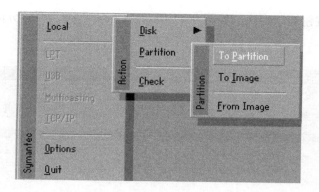

图 9-37　启动 Ghost 的分区复制功能

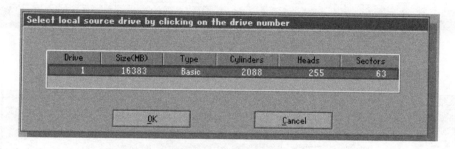

图 9-38　选择复制的原始盘

② 在 Ghost 的分区列表中选择需要复制的原始分区，如图 9-39 所示。

③ 在 Ghost 的指导下选择需要复制的目标盘和目标分区，如图 9-40 和图 9-41 所示。

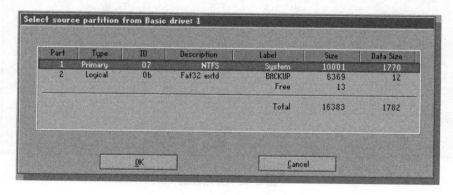

图 9-39　选择复制的原始分区

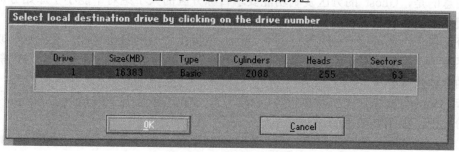

图 9-40　选择复制的目标盘

④ 单击"Yes"按钮加以确认，如图 9-42 所示，Ghost 即会将原始分区中的内容复制到目标分区中。

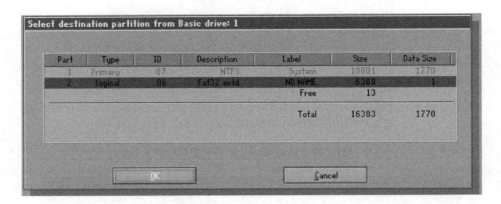

图 9-41　选择复制的目标分区

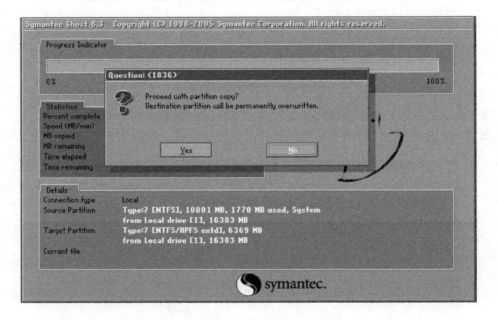

图 9-42　开始复制

值得注意的是，Ghost 的分区复制功能要求目标分区的大小绝对不能小于原始分区的大小，否则目标硬盘上的后续分区将被全部删除。

（2）分区备份。与分区复制功能一样，Ghost 也提供了分区备份功能。利用这一功能，将安装有操作系统（或重要数据文件）的硬盘分区采用映像文件的形式备份下来，然后在需要时恢复。分区备份的具体步骤如下。

① 启动 Ghost，在窗口中依次执行"Local"→"Partition"→"To Image"命令，启动 Ghost 的分区备份功能，如图 9-43 所示。

② 在 Ghost 的分区备份选择窗口中依次选择需要备份的硬盘及分区，如图 9-44 和图 9-45 所示。

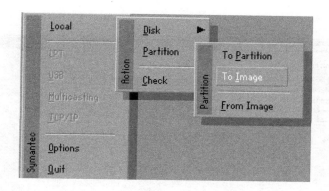

图 9-43　启动分区备份功能

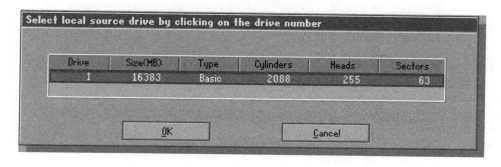

图 9-44　选择备份的硬盘

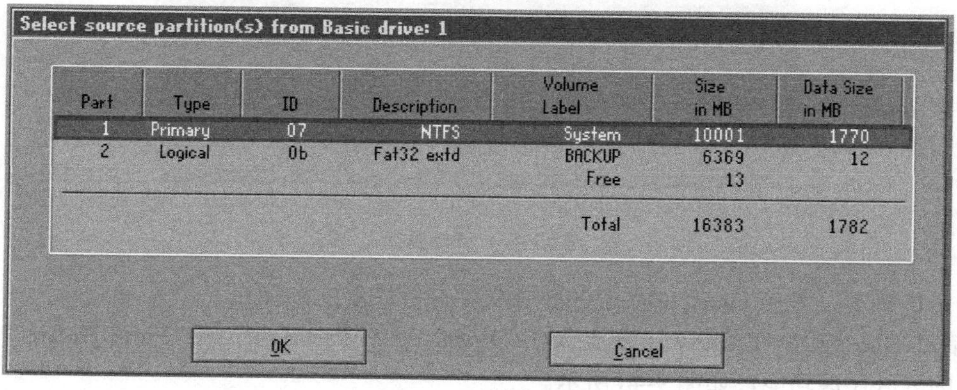

图 9-45　选择备份的分区

③ 系统将打开一个"备份文件保存"对话框,用户利用该对话框设置分区映像文件的保存路径及文件名,如图 9-46 所示。

④ 此时 Ghost 会询问用户是否对备份的映像文件进行压缩,如图 9-47 所示,在出现的提示框中:"No"表示备份的时候不进行压缩处理,它占用的磁盘空间最大,但速度也最快;"Fast"表示快速压缩,其压缩速度比较快,压缩效果相对来说要差一些;而"High"则是最大压缩率,映像文件的容量最小,但压缩速度也最慢。用户可根据自己的实际需要加以选择(一般选择"Fast"比较合适)。

⑤ 单击"Yes"按钮进行确认,Ghost 即会按照要求将指定分区中的数据采用映像文件的形式

备份下来。

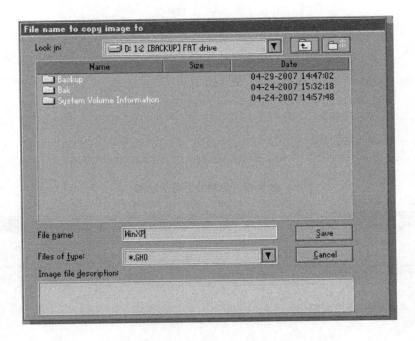

图 9-46 选择存储的路径和文件名

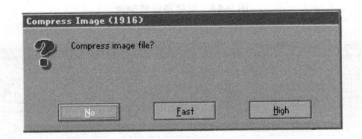

图 9-47 开始备份

（3）分区恢复。利用 Ghost 对备份的映像文件进行恢复的步骤如下。

① 启动 Ghost 后，在 Ghost 中依次执行"Local"→"Partition"→"From Image"命令，激活 Ghost 的分区还原功能，如图 9-48 所示。

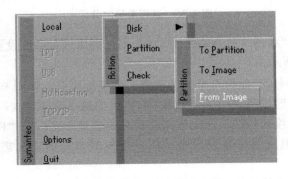

图 9-48 激活分区还原功能

② 在分区还原窗口中选择事先备份好的分区映像文件和备份的分区，如图 9-49 和图 9-50 所示。

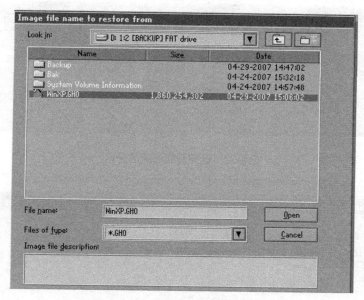

图 9-49 选择备份好的分区映像文件

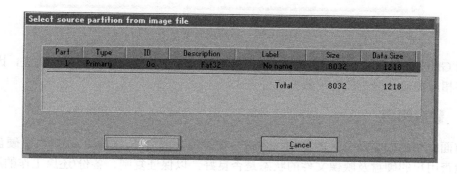

图 9-50 选择备份的分区

③ 在 Ghost 的目标分区选择窗口中选择需要还原的硬盘和分区，如图 9-51 和图 9-52 所示。

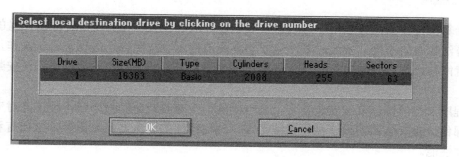

图 9-51 选择需要还原的硬盘

④ 单击 "Yes" 按钮进行确认，Ghost 即会将映像文件中的数据恢复到用户指定的硬盘分区中，如图 9-53 所示。

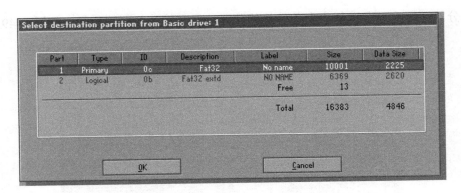

图 9-52 选择需要还原的分区

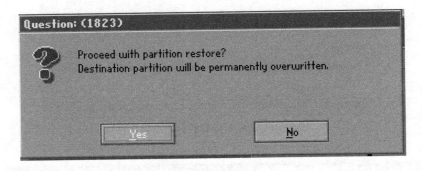

图 9-53 开始还原恢复

在使用 Ghost 的分区备份/还原操作时，目标硬盘分区中的数据同样会全部丢失，因此在还原之前也应将相应硬盘分区中的有用数据备份下来。

9.3.3 硬盘检查

除了前面介绍的硬盘及分区的复制、备份、恢复等功能之外，Ghost 还提供了硬盘的检查功能，它能检查用户的硬盘及映像文件的状态是否良好，以保证复制、备份/还原工作的顺利进行。

本章小结

安装计算机操作系统方法很多，根据安装软件存放的位置不同和现有计算机硬盘的状态不同而安装的方法也有所不同，安装时要注意安装界面的提示，按照提示进行下一步操作，这样一步一步操作就能熟练掌握安装过程。只要掌握一种操作系统安装过程，其他操作系统安装方法就可触类旁通。

驱动程序安装与操作系统安装基本上是一样的，没有安装驱动程序就不能提高对应部件的性能，有的部件没有安装驱动程序甚至无法工作，驱动程序的版本要及时更新，这样有利于提高计算机的硬件性能。

Norton Ghost 软件是实现操作系统和系统软件维护非常实用的软件，通过该软件可以将硬盘的所有数据或某一分区的数据备份到镜像文件中，需要时能快速地将镜像文件恢复到硬盘中或某一分区中。

思考与练习 9

一、填空题

1. 安装系统软件时，进入 BIOS 设置界面，用户需要将_____启动顺序改为从_____启动，然后保存退出，将光盘放入光盘驱动器中，这时将从 DOS 状态启动，运行光盘的安装软件进行安装。

2. 用 Ghost 对硬盘进行复制时，尽量使用容量完全相同的硬盘。当使用不同容量的两个硬盘时，只能将_____硬盘中的数据复制到_____硬盘之上。

3. Ghost 会询问用户是否对备份的映像文件进行压缩，在出现的提示框中："No"表示备份的时候不进行压缩处理，它占用的磁盘空间_____，但速度也_____；"Fast"表示快速压缩，其压缩速度比较快，压缩效果相对来说要差一些；而"High"则是最大_____，映像文件的容量_____，但压缩速度也最慢。

4. 启动 Ghost，在窗口中依次执行"Local"→"Partition"→"To Partition"命令，启动 Ghost 的_____复制功能。

5. Windows 7 包含 6 个版本，分别为 Windows 7 Starter（初级版）、Windows 7 Home Basic（家庭普通版）、Windows 7 Home Premium_____、Windows 7 Professional（专业版）、Windows 7 Enterprise（企业版）以及 Windows7 Ultimate_____。

二、选择题

1. 为了使硬盘的某个分区具有保密功能，可以将硬盘格式化为（　　）格式。
   A．FAT16　　　　　B．NTF　　　　　　C．NTFS　　　　　　D．FAT32

2. 计算机的硬盘，要经过（　　）后才可以使用。
   A．低级格式化、高级格式化、分区
   B．分区、低级格式化、高级格式化
   C．高级格式化、低级格式化、分区
   D．低级格式化、分区、高级格式化

3. Ghost 生成的硬盘映像文件进行硬盘备份，除了将其保存到闲置硬盘上之外，还能保存在（　　）等存储媒体上，降低保存成本并提高保存效率。
   A．刻录光盘　　　B．软盘　　　　　C．本硬盘　　　　　D．本硬盘分区

4. 如果系统启动后，在任务栏的右边没有扬声器图标，或者有扬声器图标但扬声器不发声，说明（　　）。
   A．BIOS 设置不正确　　　　　　　　B．声卡驱动程序安装不正确
   C．音箱没连接　　　　　　　　　　D．系统软件有问题

三、简答题

1. 硬盘在什么情况下要进行分区？
2. 请叙述 Ghost 对备份的映像文件进行恢复的操作步骤？
3. 请叙述 Ghost 分区备份的具体步骤？
4. 显卡驱动程序没安装或安装不正确会出现什么现象？

实训 9

一、实训目的

1. 掌握一种分区软件使用方法。
2. 掌握一种操作系统安装方法。
3. 理解 Ghost 的分区备份和恢复的操作。

二、实训条件

1. 每组能正常运行的微型计算机一台。
2. 每组有两种分区软件。
3. 每组 Windows 7 安装光盘一张。
4. 每组带有克隆软件并可以直接启动 DOS 的光盘一张。

三、实训步骤

1. 启动机器，设置 CMOS 系统启动顺序，设置光盘为第一启动顺序，插入启动光盘，运行光盘某分区软件。
2. 运行某种分区软件进行硬盘分区。
3. 建立主 DOS 分区和数量合理的逻辑盘并进行高级格式化。
4. 安装 Windows 7 操作系统并进行设置。
5. 安装主要部件的驱动程序。
6. 进行克隆软件分区备份和分区恢复操作。

第 10 章　微型机系统的测试和优化

微型机在运行一段时间后，运行速度明显变慢，整机性能下降，这些主要是软件问题。在日常微型机软件维护中要经常通过测试软件了解其性能，及时对微型机进行操作系统优化、硬盘优化、注册表优化和 CMOS 优化操作，使微型机的性能在最佳状态下运行。

10.1　微型机系统测试软件的使用

计算机的测试软件有各个部件的测试工具如 CPU 的测试工具——WCPUID、显示卡测试工具——3DMark03 等，还有计算机的整机测试软件来测试自己的计算机。

SiSoft Sandra 整机测试软件和 Martin Malik 编写的用于检测硬件信息的 HWiNFO 工具软件。无论是测试项目的广泛度，还是测试的准确度，都在各个测试软件中名列前茅。

10.1.1　SiSoft Sandra 整机测试软件

SiSoft Sandra 是个全方位的系统测试软件（界面如图 10-1 所示），可以测试整机系统，包括 CPU、主板、BIOS、内存等硬件，而且还能管理计算机的软件配置。

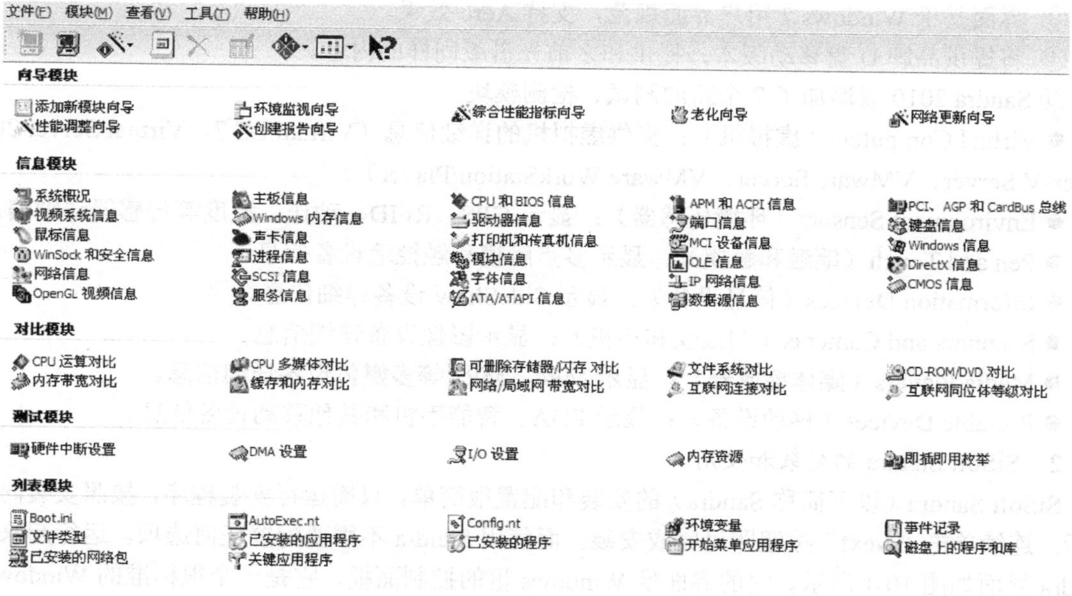

图 10-1　SiSoft Sandra 整机测试软件主界面

Sandra 是英文 System Analyser, Diagnostic and Reporting Assistant（系统分析、诊断和报告助手）的缩写。SiSoft Sandra 是一种功能强大的系统分析测试工具。它能够测试计算机的软/硬件配置究竟如何，在检测的同时，SiSoft Sandra 还会为用户提出许多中肯的建议，以便于提高系统的性能。另外，SiSoft Sandra 还可以对 CPU、硬盘、光驱、内存进行全面的速度评测，并且和标准的流行产品进行比较，让用户进一步了解自己计算机的性能。

1. SiSoft Sandra 的特点

（1）能连接到远程系统、数据库、PDA 和 Smartphone 等数据来源进行远程分析、诊断和测试。

（2）支持（IPX/SPX、TCP/IP）网络协议/支持（ADO、OLEDB、ODBC）数据库。

（3）支持（SCSI、SATA、ATA、ATAPI）存储器和可移动存储器。

（4）支持多种桌面/服务器平台（Win32 x86、Win64 x64、Win64 IA64）。

（5）两种专用 Internet 带宽/速度基准测试（Internet/ISP Connection 和 Peerage Benchmarks）。

（6）支持 Windows XP SP2 和 Windows 2003 SP1 安全中心。

（7）为 Windows 2000，Windows XP 和 Windows 2003 设计的本地 Unicode 码应用。

（8）关键应用程序列表（地址簿、杀毒软件、邮件客户端、防火墙、即时通信软件、Java 虚拟机、媒体播放器、新闻组阅读器、网络浏览器等）。

（9）支持多线程、多核心、多处理器系统。

（10）系统应用软件和程序库完全列表；环境监视向导功能（实时监视温度、风扇转速、电压、电源和热阻）。

依据平台种类与功能多寡，SiSoft Sandra 进一步区分为 Professional、Lite、Engineer 及 Enterprise 等多个版本，且版本间的效能测试模组（Benchmarking Modules）均完全一致，主要区别在于特殊平台的兼容性。

SiSoft Sandra 2010 版本的主要改进如下。

① 支持 Windows 7、Windows Server 2008 R2 以及多种虚拟环境。

② 支持大量新硬件。

③ 界面基于 Windows 7 用户界面规范，支持 Aero 效果。

④ 将提供品牌 U 盘移动版本，提供和之前光盘版同样的内容。

⑤ Sandra 2010 版增加了 7 个新的测试、检测模块。

● Virtual Computers（虚拟机）：提供虚拟机的详细信息（Virtual PC 7、Virtual Server 2005、Hyper-V Server、VMware Server、VMware WorkStation/Player）。

● Environment Sensors（环境传感器）：显示 GPS、RFID、动作、温度等传感器详细信息。

● Pen and Touch（笔触和触摸）：显示多点触摸和触控笔设备信息。

● Information Devices（信息设备）：显示 SideShow 设备详细信息。

● Scanners and Cameras（扫描仪和相机）：显示影像设备详细信息。

● Media Players（媒体播放器）：显示 MP4、MP3 等多媒体设备详细信息。

● Portable Devices（移动设备）：显示 PDA、智能手机和其他移动设备信息。

2. SiSoft Sandra 的安装和使用

SiSoft Sandra（以下简称 Sandra）的安装和配置很简单，只需运行安装程序，按照安装向导的提示，连续单击"Next"按钮即可完成安装。而使用 Sandra 不需要配置任何选项。运行起来后的 Sandra 界面如图 10-1 所示。它的界面像 Windows 里的控制面板，它是一个很标准的 Windows 软件，使用起来也是很简单、很容易的。Sandra 界面里的那些小图标所代表的就是一个个测试项目，也就是所谓的模块。可以切换窗口里模块的显示方式：大图标、小图标、列表或者详细资料，还可以排列图标，使用鼠标来操作这些模块，与 Windows 的资源管理器类似。

Sandra 里的模块被分成 4 类：Information Modules 信息类模块、Benchmarking Modules 分值测试类模块、Listing Modules 列表类模块和 Testing/Diagnostic Modules 测试/诊断类模块。这 4 类模块形成了 Sandra 强大的系统分析测试功能，可以随时切换主界面窗口里的视图来分别查看这几类模块。还有一类比较特殊的模块：Wizard Modules 向导模块，负责与前四类模块打交道，处理 Sandra 工具本身的一些事情。其实，Sandra 中每一类的模块都提供了一个方面的功能，同一类的模块在操作上也是比较类似的。

（1）检测、查看系统硬件的信息——信息类模块。信息类模块包括了系统中几乎所有硬件的信息检测模块，如系统总体信息、CPU/总线/BIOS/芯片组信息、主板信息等。选择"View"菜单里的命令或者单击工具条上的"Information Modules"按钮，可以把主界面窗口切换到信息类模块视图，这一类模块比较多。

可以单击"前进"、"后退"按钮来逐一查看计算机部件的各项资料。单击"Options"按钮选择前一显示框中要显示的内容。选中后，单击"Ok"按钮返回到前一界面。然后就单击界面中的"Update"按钮，这样软件就会重新对系统进行测试，测试结束后将会显示新的检测信息。

（2）对系统硬件进行分值测试。"Benchmarking Modules"中主要提供了多个重要项目的测试，并把测试数据与其他基准系统的测试数据进行比较，从而判断当前系统的性能优劣。对比模块的界面如图 10-2 所示。

图 10-2　对比模块的界面

现在选择"Memory Benchmark"，来看看内存的测试比较结果。经过几秒钟的内存扫描，软件就将测试的结果显示了出来。

可以看到，在界面上方的几个工具条中，最上面的就是系统内存的信息，而下面的则显示的是内存信息（这些参与比较的基准性能是可以选择的），有了它们就可以很直观地了解内存的优劣程度了。同样，单击下面的"Options"按钮则可以选择显示的内容，然后单击"Update"按钮就可以重新检测了。

（3）列表类模块。"Listing Modules"中的选项，主要是一些系统文件，如 Autoexec.bat、MsDos.sys、Win.ini 等。不过在这里只能查看这些文件的内容，而不能直接对其进行修改。

（4）测试/诊断类模块。"Testing Modules"中显示的内容主要提供了对于 CMOS 堆栈、硬中断、DMA 资源、I/O 设置、内存资源及即插即用设备的测试。单击这里的 Memory Resources 按钮，就可以对内存资源进行测试了。

10.1.2　HWiNFO 32 硬件测试软件

HWiNFO32 的主界面非常简洁（图 10-3），与 Windows "系统工具" 中 "系统信息" 界面差不多。下面的信息显示区域，分为左右两部分，左边是罗列了全部硬件的树型目录，从上至下依次是中央处理器、主板、内存、总线、视频适配器、监视器、驱动器、音频、网络及端口 10 个信息类，而右边的信息显示框将会根据左边选择的硬件的不同而更换显示的信息。

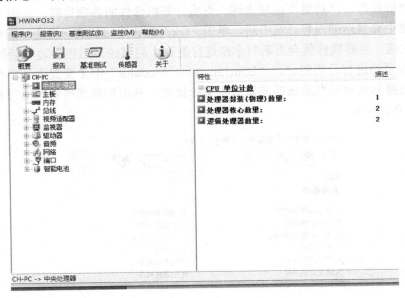

图 10-3　HWiNFO32 主界面

（1）显示系统概要。如果想了解整机的基本情况，就单击菜单概要就显示计算机的基本情况（图 10-4）。

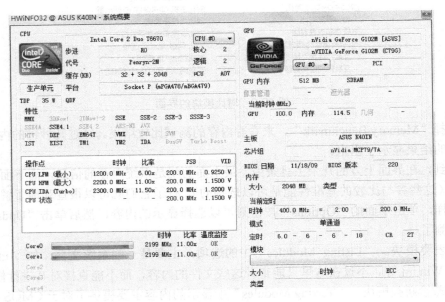

图 10-4　显示系统概要

（2）显示硬件的信息。如想了解计算机的中央处理器详细信息，单击左边的中央处理器的型号，右边便会列出计算机处理器的详细信息，如图 10-5 所示。

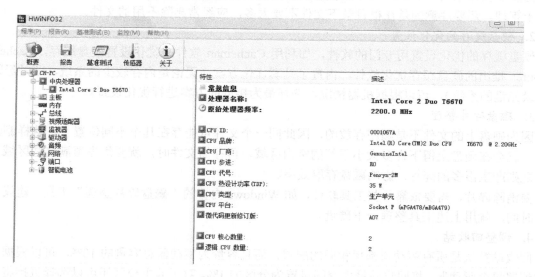

图 10-5　中央处理器的详细信息

（3）性能测试。选择测试的硬件项目，选择"基准测试"→"开始"命令，或者单击工具栏中的"基准测试"→"开始"按钮开始计算机测试。在测试前关闭所有正在运行的程序，然后单击"开始"按钮，让它开始自动检测硬件。

几秒钟后结果就出来了（图 10-6），在出现的对话框中已将硬件的性能数值罗列出来，如果不知道这些数值表示的是什么意思，只需要单击每个数值右边的"比较"按钮，就可以通过比较了解计算机的性能。

例如，想知道 CPU 的数值到底是多少，只要单击其右边的"比较"按钮，随后就会弹出一个信息显示框，在里面，计算机的 CPU 数值用红色标注出来，另外还罗列了其他 CPU 的属性值，通过比较就可以直观地了解计算机的档次。

测试数据存档保存。选择"报告"→"创建"命令，或者直接单击工具栏上的"报告"按钮，这时就会弹出一个对话框要求选择生成的记录文件的内容设置。设置好报告类型后 HWiNFO32 即可自动生成测试数据文件，并保存至相应位置。

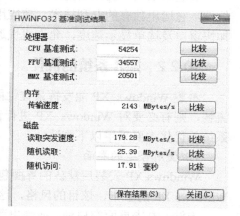

图 10-6　基准测试结果

10.2　微型机系统的优化

10.2.1　硬盘优化

1．主分区大小要适中

Windows 启动时，要从主分区查找、调用系统文件，如果主分区过大，就会延长启动时间，

硬盘做好使用规划。首先是分区，目前硬盘的容量都比较大，可以考虑将硬盘分为 4～6 个区。C 区作为安装操作系统，其他的区作为备份、存储数据和安装应用软件使用，这样可以使硬盘的数据便于管理。还要注意的是在根目录下文件不要太多，应经常删除不用的文件。

2. 硬盘缓存的优化设置

硬盘缓存的优化设置用专门的软件，如利用 Cacheman 软件来优化设置硬盘缓存，Cacheman 是 Outer 推出的硬盘缓存优化软件，内置了几套优化方案（无论是内存较少的系统，还是经常需要刻录光盘的系统），可以根据机器情况，选择最为接近的方案进行优化设置。

3. 磁盘碎片整理

因为硬盘上的文件不是顺序存放的，因此同一个文件可能存在几个不同位置上，这样删除文件时，就会在硬盘上留下许多大小不等的空白区域，再存储文件时，就要优先填满这些区域，久而久之则产生很多的碎片，影响磁盘存取效率。

要消除碎片，需要依靠一些工具软件，如 Windows 内置的"磁盘碎片整理"工具。建议每隔一段时间，就用上述工具整理一下硬盘。

4. 调整回收站

回收站默认是所有驱动器都用相同的配置，而且容量为驱动器总容量的 10%，可以根据需要分别配置每个驱动器，将回收站最大空间设置为分区的 1%。对于非主分区还可以选择直接将文件删除、不将其转存到回收站中。

5. 使用硬盘加速软件

要超频硬盘、优化硬盘性能，还可用硬盘加速软件 SuperFassst。这是一款 Windows 硬盘加速软件，它运用独有的专利技术，使应用程序启动速度明显加快，增强了 Windows 的多任务性能，加快窗口及选单显示速度，允许更快速地复制和删除文件。

10.2.2 操作系统的优化

希望 Windows XP 能发挥最佳性能，或者硬件配置不是太高，想让 Windows XP 运行得更为流畅，则有必要对 Windows XP 进行设置，提高系统运行效率，实现对操作系统的优化。对操作系统的优化主要采用以下方法。

1. 使用合适的界面

Windows XP 安装后默认的界面包括任务栏、开始菜单、桌面背景、窗口及按钮等采用的都是 Windows XP 的豪华、炫目的风格，这样将消耗掉不少系统资源。

方法：右击桌面空白处，在弹出菜单中选择"属性"命令进入显示属性设置窗口，将"主题、外观"都设置为"Windows 经典"，将桌面背景设置为"无"，单击"确定"按钮保存退出。

2. 减少启动时加载项目

许多应用程序在安装时都会添加到系统启动组，每次启动系统都会自动运行，这不仅延长了启动时间，而且启动完成后消耗掉不少系统资源。

方法：选择"开始"菜单的"运行"命令，输入"mscomfig"启动"系统配置实用程序"，单击"启动"标签，在此窗口列出了系统启动时加载的项目及来源，仔细查看我们是否需要它自动加载，如果不需要则清除项目前的复选框，加载的项目越少，启动的速度自然越快，此项需要关机后重新启动方能生效。

3. 优化视觉效果

方法：选择"控制面板"中的"性能和维护"命令进入"调整视觉效果"界面，进入"性能选项"单击"视觉效果"标签，其中视觉效果中可供选择的包括自动设置为最佳、最佳外观、最佳性能、自定义。选中的效果越多则占用的系统资源越多，选择"最佳性能"选项将关闭列表中淡入淡出、平滑滚动、滑动打开等所有视觉效果。

4. 关闭系统还原

默认情况下"系统还原"功能处于启用状态，每个驱动器被占用高达 4%～12%的硬盘空间，并且系统还原的监视系统会自动创建还原点，这样在后台运行就会占用较多的系统资源。

方法：右击"我的电脑"，选择"属性"命令，进入"系统属性"选项卡，单击"系统还原"标签，选中"在所有驱动器上关闭系统还原"。

5. 启用 DMA 传输模式

所谓 DMA，即直接存储器存储模式，指计算机周边设备（主要指硬盘）可直接与内存交换数据，这样可加快硬盘读/写速度，提高数据传输速度。

方法：右击"我的电脑"，选择"属性"命令，单击"硬件"标签，打开"设备管理器"，其中"IDE 控制器"有两项："Primary IDE Channel"及"Secondary IDE Channel"，依次进入"属性"→高级设置"对话框，该对话框会列出目前 IDE 接口所连接设备的传输模式，单击"列表"按钮将"传输模式"设置为"DMA（若可用）"。

6. 移动临时文件存储路径

多数应用软件在运行时都会产生临时文件，而且这些临时文件都默认保存于启动分区 C 盘，长时间频繁读写 C 盘极易产生大量文件碎片，从而影响 C 盘性能，而 C 盘又是存储系统启动核心文件的分区，C 盘的性能直接影响到系统的稳定性与运行效率。应尽量将应用软件安装于启动盘以外的分区并定期对硬盘进行整理，此举可最大程度避免产生磁盘碎片，将启动或读/写速度保持在最佳状态。

Internet Explorer 临时文件夹，在 IE 主窗口中，依次选择"工具"→"Internet 选项"→"常规"标签，打开"Internet 临时文件"设置界面，单击"移动文件夹"按钮将原来保存于 C 盘的临时目录移动至 C 盘以外的驱动器中，如果使用的是宽带，可将"临时文件夹"使用空间设置为最小值 1M。

7. 增加虚拟内存

方法：右击"我的电脑"，选择"属性"命令，进入"系统属性"单击"高级"标签，进入"性能选项"的"高级"设置窗口，首先将"处理器计划"及"内存使用"都调整为"程序"优化模式，单击"更改"按钮进入虚拟内存设置窗口，若我们的内存大于 256M，可以禁用分页文件。默认的分页文件为物理内存的 1.5 倍，禁用系统缓存需重新启动系统，如果我们的内存低于256M，请勿禁用分页文件，否则有可能会导致系统崩溃或无法再次启动 Windows XP。

8. 系统减肥

删除目录"C:\Windows\Temp"中所有文件，这些文件是安装软件时留下的。

删除硬盘上备份文件（后缀名为.tmp、.001、.bak），可以先搜索这类文件，然后再删除。

删除 Windows\Help 文件夹中的帮助文件，卸载不常用组件，删除 Windows 下不用的输入法等。

9. 关掉不必要的服务

选择"开始"→"设置"→"控制面板"命令。在打开的界面中双击"管理工具"→"服务"图标，打开后将看到服务列表，右击要配置的服务，然后选择"属性"命令。在"常规"选项卡上选择"自动"、"手动"或"禁用"，其中"自动"表示每次系统启动时，Windows XP都自动启动服务；"手动"表示 Windows XP 不会自动启动该服务，而是在你需要该服务时手动启动该服务；而"禁用"则表示不允许启动该服务。在实际配置时，选择"手动"或者"禁用"都可以实现关闭该服务的目的，推荐使用"手动"功能，这样随时可以启动一些临时需要的服务。

有些服务是 Windows XP 所必需的，不能关闭，否则将会造成系统崩溃。至于各项服务的功能，我们可以通过双击该服务或将鼠标悬停在该服务名上进行查看。

10.2.3 注册表的优化

（1）实现快速开关机。

① 选择"开始"→"运行"命令，键入"Regedit"（下同），展开"HKEY_CURRENT_USER→Control Panel→Desktop"，将字符串值"HungAppTimeout"的数值更改为 200，再将字符串值"WaitToKillAppTimeout"的数值更改为 1000。

② 在"HKEY_LOCAL_MACHINE\System\CurrentControlSet\Control"下，将字符串值"HungAppTimeout"的数值更改为 200，将字符串值"WaitToKillServiceTimeout"的数值更改为 1000。

（2）优化硬盘驱动器。在"HKEY_LOCAL_MACHINE\System\CurrentControlSet\Control\FileSystem"下，在右边的创建二进制值"Name Cache"，Name Cache 文件名缓存。

（3）优化文件系统。在"HKEY_LOCAL_MACHINE\ System\CurrentControlSet\Control\FileSystem"下，在右边的窗口中创建一个 DWORD 值"ConfigFileAllocSize"，并设为"1f4"。

（4）加快上网速度。HKEY_LOCAL_MACHINE/Software/Microsoft/Windows/Current Version/ Explorer/RemoteComputer\NameSpace。分栏出选择键值"D6277990-4C6A-11CF-87- 00AA0060F5BF"，删除下面没有必要的键值。

（5）取消自动运行（Autorun）功能。打开"HKEY_CURRENT_USER\Software\Microsoft\Windows\CurrentVersion\Policies\Explorer"主键，编辑右侧键名"NoDriveTypeAutoRun"，双击后输入键值"b500 00 00"即可。

（6）清除注册表内不用的 DLL 文件。在"HKEY_LOCAL_MACHINE\SOFTWARE\ Microsoft\Windows\CurrentVersion\Explorer"下，增加一个机码"AlwaysUnloadDLL"默认值为 1，如默认值设定为 0 则代表停用此功能。

（7）加快菜单显示速度。"\HKEY_CURRENT_USER\Control Panel\Desktop\"将字符串值"MenuShowDelay"的数值数据更改为"0"，调整后如觉得菜单显示速度太快而不适应者可将"MenuShowDelay"的数值数据更改为 200。

（8）善用 CPU 的 L2 Cache 加快整体效能。"\HKEY_LOCAL_MACHINE\SYSTEM\CurrentControlSet\Control\SessionManager"在"MemoryManagement"的右边窗口将"Second LevelDataCache"的数值更改为与 CPU L2 Cache 相同的十进制数值。

（9）关机时自动关闭停止响应程序。"\HKEY_USERS\.DEFAULT\Control Panel"在"Desktop"右面窗口将"AutoEndTasks"的数值资料改为 1。注销或重新启动即可。

10.2.4 BIOS 的优化

（1）在 Standard CMOS Setup 里没有连接 IDE 设备的端口的 TYPE 和 MODE 设为 None。

（2）将 CPU Internal Cache、External Cache 设为 Enabled，打开 CPU 一、二级缓存。

（3）将 System Boot Up Speed 设为 High，使系统引导速度为高速。

（4）将 Boot Sequence 设为 C，A:。

（5）将 Floopy Drive Seek At Boot 设为 Disable，使启动时不检测软驱。

（6）将 Above 1MB Memory Test 设为 Disabled，启动时不检测 1MB 以上的内存。

（7）将 Boot Up Floppy Seek 设为 Disabled，这样做可使启动时不对软驱道操作。

（8）将 Video BIOS Shadow 设为 Enabled，使显卡上的 BIOS 映射到内存中，提高显示速度。

（9）将 System BIOS Shadow 设为 Enabled，使系统 BIOS 映射到内存中，改善性能。

（10）将 Video BIOS Cacheable 设为 Enabled，使显卡上的 BIOS 映射到高速缓存。

（11）将 System BIOS Cacheable 设为 Enabled，使主板的 BIOS 映射到高速缓存。

（12）将 Cache Timing 设为 Fastset。

（13）如果内存较好，将 SDRAM Cycle Length 设置为 2，可以提高内存存取效率。在内存能承受的情况下，最好将内存的工作频率及相关参数设置得高一些。

（14）AGP-2（4）X Mode（AGP x 速模式）能加速 AGP 显卡与系统的信息交换速度，必须打开（有的 BIOS 用 Normal 代表 1X，Turbo 代表 4X）。

10.2.5　优化软件

Windows 优化大师为用户提供一整套系统优化解决方案。Windows 优化大师主要模块：Windows 系统实用工具、Windows 系统工具箱、Windows 系统优化、Windows 系统清理、Windows 安全优化和系统设置等。

该软件的 Windows 系统实用工具（图 10-7）主要功能包括系统一键还原、文件分割、软件卸载、驱动管理、磁盘整理、内存整理、文件粉碎、一键清理系统垃圾文件、一键清理 IE 上网痕迹和一键修复系统。

图 10-7　Windows 系统实用工具

该软件的 Windows 系统工具箱（图 10-8）主要的功能选项包括系统程序、安全程序、网络程序、磁盘程序、文件相关和其他程序。

该软件的 Windows 系统优化（图 10-9）主要功能包括一键优化、系统加速、内存及缓存、服务优化、开机/关机、网络加速、多媒体和文件关联修复。

该软件的 Windows 安全优化（图 10-10）主要功能包括：系统安全、用户账户控制、用户登录管理、控制面板、驱动器设置、网络共享、Host 文件管理、阻止程序运行和更新与错误报告。

图 10-8　Windows 系统工具箱

图 10-9　Windows 系统优化

图 10-10　Windows 安全优化

该软件的 Windows 系统设置（图 10-11）主要功能包括：系统设置、启动设置、右键菜单、开始菜单、系统文件夹、IE 管理大师、网络设置和运行快捷命令。

图 10-11　Windows 系统设置

该软件的 Windows 系统美化如图 10-12 所示。

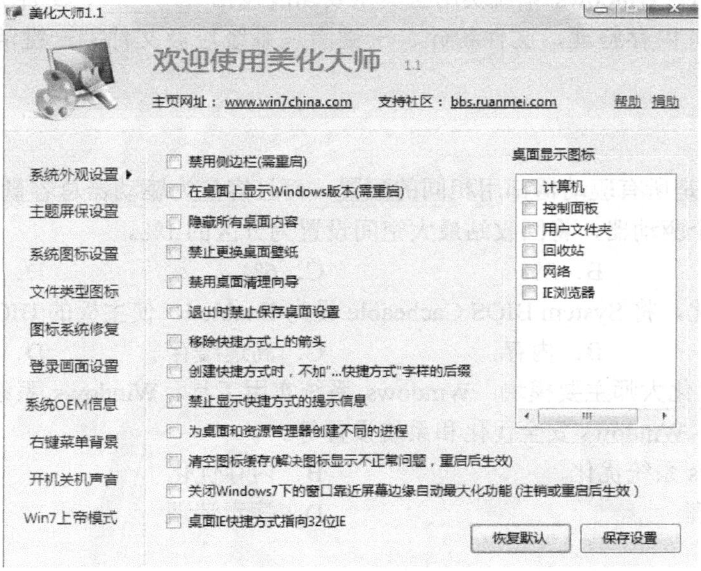

图 10-12　系统美化

本章小结

HWiNFO 32 整机测试软件和 SiSoft Sandra 测试软件是短小精悍而测试又十分全面的测试软件，利用测试软件可以清楚知道计算机软硬件的详细配置，以及各种部件的性能。对于分析计算机故障和提高计算机性能有很大的帮助。

Windows 优化大师同时适用于 Windows XP 和 Windows 7 操作平台，能够为系统提供全面有效、简便、安全的软件优化、无用程序清理和系统维护，使计算机保持最佳运行状态。

计算机在运行一段时间后，运行速度明显变慢，整机性能下降，这些主要是软件问题而很少是硬件问题。软件问题主要与操作系统运行状况、硬盘性能、注册表、计算机病毒和 CMOS 设置有关。在日常计算机软件维护中要及时进行操作系统优化、硬盘优化、注册表优化修改和 CMOS 优化设置，使计算机处于最佳运行状态。

思考与练习 10

一、填空题

1．Sandra 里的模块被分成 4 类：Information Modules_____模块、Benchmarking Modules_____类模块、Listing Modules 列表类模块和 Testing/Diagnostic Modules 测试/诊断类模块。

2．BIOS 的优化，将 CPU Internal Cache、External Cache 设为 Enabled，打开 CPU_____缓存。

3．优化大师软件 Windows 系统优化主要功能包括_____、系统加速、内存及缓存、_____、开机/关机、_____、多媒体和文件关联修复。

4．优化大师软件 Windows 系统实用工具主要功能包括_____、文件分割、软件卸载、驱动管理、_____、内存整理、文件粉碎、一键清理系统垃圾文件、一键清理 IE 上网痕迹和_____。

二、选择题

1．回收站默认是所有驱动器都用相同的配置，而且容量为驱动器总容量的（　　），可以根据需要分别配置每个驱动器，将回收站最大空间设置为分区的 1%。
    A．10%　　　　　　　B．3%　　　　　　　C．6%　　　　　　　D．13%

2．BIOS 的优化，将 System BIOS Cacheable 设为 Enabled，使主板的 BIOS 映射到（　　）。
    A．硬盘　　　　　　B．内存　　　　　　C．高速缓存　　　　D．存储器

3．Windows 优化大师主要模块：Windows 系统实用工具、Windows 系统工具箱、（　　）、Windows 系统清理、Windows 安全优化和系统设置等。
    A．Windows 系统优化　　　　　　　　B．内存优化
    C．文件清理　　　　　　　　　　　　D．病毒清理

三、简答题

1．SiSoft Sandra 2010 版本的主要改进是什么？
2．磁盘碎片是如何产生的？
3．如何操作才能减少启动时加载项目？
4．操作系统减肥一般删除什么文件？
5．注册表优化中如何优化硬盘驱动器？
6．Windows 7 优化大师系统设置主要功能包括哪些？

实训 10

一、实训目的和要求

1. 掌握测试软件 SiSoft Sandra 的使用。
2. 学会计算机软件的优化方法。

二、实训条件

1. 能运行的微型计算机一台。
2. 带有测试软件 SiSoft Sandra 的光盘一张。

三、实训步骤

1. 启动机器进入操作系统，安装 SiSoft Sandra 软件。

2. 启动 SiSoft Sandra 软件，对该软件的 4 大功能模块进行操作，分析微型机的性能和基本配置。

3. 在微型计算机上下载两个系统优化软件并运行，对计算机进行优化，对比优化前后的微型计算机速度变化和存储空间情况。

第 11 章　微型机系统的维护方法

对微型机系统进行故障诊断与检修是一项较为复杂而又细致的工作，除需要了解有关微型机原理的基本知识外，还需要掌握一套正确的检修方法和步骤。

11.1　微型机系统维修的步骤和原则

11.1.1　微型机故障的基本检查步骤

微型机故障的基本检查步骤可归纳为由系统到设备、由设备到部件、由部件到器件、由器件到故障点。

（1）由系统到设备是指一台微机系统出现故障，应先确定是系统中的哪一部分出了问题，是硬件问题还是软件问题。硬件问题有主机部分、电源部分、硬盘存储部分、光盘存储部分、显示部分、网络部分、多媒体部分、输入设备部分、输出设备部分等。先确定故障的大致范围后，再做进一步的检测。

（2）由设备到部件是指在确定是微机的哪一部分出了问题后，再对该部分的部件进行检查。例如，如果判断是一台微机的光盘存储部分出了故障，则进一步检测是光盘存储中哪一个部件的问题，如光盘、驱动器、信号线、电源插头、IDE 接口等。

（3）由部件到器件是指判断某一部件出问题后，再对该部件中的各个具体元器件或集成块芯片进行检查，以找出有故障的器件。例如，若已知是驱动器故障，还需要检查是哪个器件发生故障，如激光头、电路板或机械部分等。

（4）由器件到故障点是指确定故障器件后，应进一步确认是器件的内部损坏还是外部故障，是否是器件引脚、引线的接点或插点的接触不良，焊点、焊头的虚焊，以及导线、引线的断开或短接等问题。

11.1.2　微型机故障处理的基本原则

1. 先静后动

（1）维修人员要保持冷静，考虑好维修方案才动手。

（2）不能在带电状态下进行静态检查，以保证安全，避免再损坏别的部件。处理好发现的问题再通电进行动态检查。

（3）电路先处于直流静态检查，处理好发现的问题，再接通脉冲信号进行动态检查。

2. 先外后内

先检查各设备的外表情况，如机械是否损坏、插头接触是否良好、各开关旋钮位置是否合适等。然后，再检查部件内部。

3. 先辅后主

一般来说，主机可靠性高于外部设备。先检修外部设备，然后再检修主机。

4．先源后载

电源故障是比较多的。电源不正常，影响系统板和外部设备。因此，先要检修电源，如交流电压是否正常、电源熔断丝是否烧断、直流电压±5V、±12V 是否正常，然后再检修负载（系统板、各外部设备）。

5．从简到繁

先解决简单的、难度小的故障，如接触不良、熔断丝发热熔断等。再解决复杂的故障。

6．先共用后专用

一根信号线连接了两台设备，一个适配卡连接了两台以上设备，一个接口连接多台设备，这样的信号线、适配卡和接口的故障要先排除。也可以通过分析连接的多台设备故障情况来确定共用部分的故障。

11.1.3　微型机检修中的安全措施

在微型机检修过程中，无论是微型机系统本身还是所使用的维修设备，它们都既有强电系统，又有弱电系统，因此维修中的安全问题是十分重要的。

在维修工作中的安全问题，主要有三方面的内容：维修人员的人身安全；维修的微型机系统的安全；所使用的维修设备，特别是贵重仪表的安全。

在进行维修的实际操作过程，还必须特别注意以下问题。

（1）注意机内高压系统。机内高压系统是指市电 220V 的交流电压和显示器 1 万伏以上的阳极高压。这样高的电压无论是对人体、计算机还是维修设备，都将是很危险的，必须引起高度重视。

在对计算机做一般性检查时，能断电操作的尽量断电操作，在必须通电检查的情况下，注意人体和器件安全。对于刚通电又断电的操作，要等待一段时间，或者预先采取放电措施，待有关储能元件（如大电容等）完全放电后再进行操作。

（2）不要带电插拔各插卡和插头。带电插拔各控制插卡很容易造成芯片的损坏。因为在加电情况下，插拔控制卡会产生较强的瞬间反激电压，足以把芯片击毁。同样，带电插拔打印口、串行口、键盘口等外部设备的连接电缆也常常是造成相应接口损坏的直接原因。

（3）防止烧坏系统板及其他插卡。烧坏系统板是非常严重的故障，应尽量避免。因此，当插卡无法确定好坏，也不知有无短路情况的控制卡或其他插件时，首先不要马上加电，而是要用万用表测一下＋12V 端和－12V 端与周围的信号有无短路情况（可以在另一空槽上测量），再测一下系统板上电源＋5V 端、－5V 端与地是否短路。如果没有异常情况，一般不会严重烧坏系统板或控制卡。各种部件的电源插头，要认准正负极的正确方向插入插座。

（4）防静电。静电是维修过程中一个最危险的杀手，往往在不知不觉时，将内存、CPU 等计算机零部件击穿。维修计算机的人带静电，又触及计算机的 CPU、板卡等，造成计算机零部件的损坏。

11.2　微型机系统故障的常规检测方法

11.2.1　系统故障检查流程图

系统故障检查可以根据如图 11-1 所示的流程图进行。

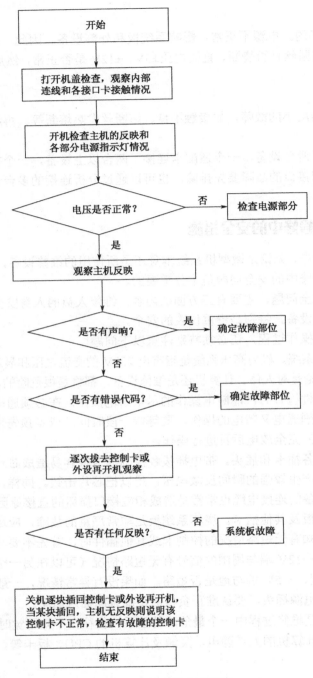

图 11-1　故障检查流程图

11.2.2　系统故障的常规检测方法

系统故障的常规检测方法如下。

1. 清洁法

对于机房环境较差，或使用时间较长的机器，应首先采用清洁法进行诊断。

用毛刷轻轻刷去主板、内存条、各种适配卡、外设等部件上的灰尘。一些板卡或芯片采用引脚形式，会因为振动、灰尘等原因造成引脚氧化，导致接触不良。可用橡皮擦擦除表面氧化层，然后重新插接好后开机检查故障是否排除。如果仍然没有排除，采用其他的方法检查。

2. 程序诊断法

如果微型机还能够进行正常的启动，可采用一些专门为检查诊断机器而编制的程序来帮助查找故障原因，这是考核机器性能的重要手段和最常用的方法。

检测诊断程序要尽量满足以下两个条件。

（1）能较严格地检查正在运行的机器的工作情况，考虑各种可能的变化，造成"最坏"环境条件。这样，不仅能检查系统内各个部件（如 CPU、存储器、打印机、键盘、显示器、光盘、硬盘等）的状况，而且也能检查整个系统的可靠性、系统工作能力、剖析互相之间的干扰情况等。

（2）一旦故障暴露，要尽量了解故障范围，范围越小越好，这样便于维护人员寻找故障原因，排除故障。诊断程序测试法包括简易程序测试法、检测诊断程序测试法和高级诊断法。

简易程序测试法：针对具体故障，通过用户自己编制的一些简单而有效的检查程序来帮助测试和检测机器故障的方法。这种方法依赖于检测者对故障现象的分析和对系统的熟悉程度。

检测诊断程序测试法：采用通用的测试软件（如 Sysinfo 等），或者系统专用检查诊断程序来帮助寻找故障的方法，这种程序一般具有多个测试功能模块，可对处理器、存储器、显示器、光盘驱动器、硬盘、键盘和打印机等进行检测，通过显示错误代码、错误标志，以及发出不同声响，为用户找出故障原因和故障部位。

除通用的测试软件之外，很多计算机都配置有开机自检程序，计算机厂家也提供一些随机的高级诊断程序。利用厂家提供的诊断程序进行故障诊断可方便地检测到故障位置。

3. 插拔法

插拔法是通过将插件板或芯片"拔出"或"插入"来寻找故障原因的方法。采用该方法能迅速找到发生故障的部位，从而查到故障的原因。此法是一种非常简单实用而有效的常用方法。

例如，若微型机在某时刻出现"死机"现象，且很难确定故障原因，从理论上分析故障的原因是很困难的，有时甚至是不可能的。采用插拔法有可能迅速查找到故障的原因及部位。

插拔法的基本做法是对故障系统依次拔出插件板，每拔出一块，则开机测试一次机器状态。一旦拔出某块插件板后，机器工作正常，那么故障原因就在这块插件板上。很可能是该插件板上的芯片或有关部件有故障。

插拔法不仅适用于插件板，而且也适用于在印制电路板上装有插座的中、大规模集成电路的芯片。只要不是直接焊在印制电路板上的芯片和器件都可以采用这种方法。下面有一个实例：

开机即不能启动系统，机箱面板一亮即灭。从故障现象看好像是电流太大引起微型机电源自锁，但到底是哪一个部件短路呢？首先切断电源，用插拔法按以下步骤进行检查。

（1）先将主机与所有的外设连接线拔出，再合上电源。若故障现象消失，则检查外设及连接处是否有碰线、插针间相碰等短路现象。若故障现象仍然存在，问题在主机或电源本身，关机后继续进行下一步检查。

（2）将主板上的所有插件板拔出，再合上电源。若故障现象消失，则故障出现在拔出的某个插件板上，此时可转第三步检查。若故障现象仍然存在，则应检查主板与机箱之间、电源与机箱之间有无短路现象，若没有发现问题，则可断定是电源直流输出电路本身的故障。

（3）对从主板上拔下来的每一块插件板进行常规自测，仔细检查是否有相碰或短路现象。若无异常发现，则将其依次插入插件板，每插入一块都开机观察故障现象是否重新出现，即可很快找到有故障的插件板。

注意：对微型机的任一部件，每次拔、插系统主板及外部设备上的插卡或器件，都一定要关掉电源后再进行。

4. 直接观察法

直接观察法就是通过眼看、耳听、手摸、鼻闻等方式检查机器比较典型或比较明显的故障。如观察机器是否有火花、异常声音、插头及插座松动、电源损坏、断线或碰线、插件板上元件发烫、烧焦或封蜡熔化、元件损坏或引脚断裂、机械损伤、松动或卡死、接触不良、虚焊、断线等现象。必要时可用小刀柄轻轻敲击怀疑有接触不良或虚焊的元器件，然后再仔细观察故障的变化情况。

微型机上一般器件发热正常温度在器件外壳上不超过 40～50℃，手指摸上去有一点温度，但不烫手。如果手指触摸器件表面烫手，则该器件可能因为内部短路电流过大而发热，应该将该器件换下来。

对电路板要用放大镜仔细观察有无断线、焊锡片、杂物和虚焊点等。观察器件表面的字迹和颜色，如发生焦色、龟裂或字迹颜色变黄等现象，应更换该器件。

耳听一般要听有无异常的声音，特别是风扇、光盘驱动器和硬盘驱动器等部件。如有撞击或其他异常声音，应立即停机处理。

5. 交换法

交换法是用备份的好插件板、好器件替换有故障疑点的插件板或器件，或者把相同的插件或器件互相交换，观察故障变化的情况，依此来帮助用户判断寻找故障原因的一种方法。

计算机内部有不少功能相同的部分，它们是由完全相同的一些插件或器件组成。例如，内存条及芯片由相同的插件或 RAM 芯片组成，不同微型机的显示卡与微型机的接口也是相同的，其他逻辑组件相同的就更多了。如故障发生在这些部分，用替换法能较迅速地查找到故障。

若替换后故障消失，说明换下来的部件有问题；若故障没有消失，或故障现象有变化，说明换下来的插件仍值得怀疑，须做进一步检查。

替换可以是芯片级的，如 RAM 芯片或 CPU 等；替换也可以是部件级或器件级的，如两台显示器交换，两个键盘、两个硬盘驱动器、两个光盘驱动器、两块适配器、两个内存条之间交换等。

这种方法方便可靠，尤其在检测外设板卡和在印制电路板上带有插座的集成块芯片等部位出现的故障是十分有效的。

6. 比较法

比较法适用于对怀疑故障部位或部件不能用交换法进行确定的场合。如某部件、器件很难拆卸和安装，或拆卸和安装后将会造成该器件或部件的损坏，则只能使用比较法。一般情况下，两台机器要处于同一工作状态或外界条件，当怀疑某部件或器件有故障时，分别测试两台机器中相同部件或器件的相同测试点，将正常机器的特征与故障机器的特征进行比较，来帮助判别和排除故障，以便能较快地发现故障所在。

7. 最小系统法

最小系统法是指从维修判断的角度看能使计算机开机或运行的最基本的硬件和软件环境，主要由电源、主板、CPU、内存、显示卡/显示器组成。最小系统主要用来判断系统的关键部件是否能完成正常的工作，若最小系统的各部件能正常工作，在显示器上会显示有关内容。在判断故障过程中通过声音来判断这一核心组成部分是否能正常工作。采用最小系统法若判断出部件发生故障一般用交换法更换部件。

8. 逐步添加/去除部件法

逐步添加法，以最小系统为基础，每次只向系统添加一个部件/设备或软件，来检查故障现象是否消失或发生变化，以此来判断并定位故障部位。逐步去除法，正好与逐步添加法的操作相反。

逐步添加/去除法一般要与交换法配合，才能较为准确地定位故障部位。

9. 原理分析法

按照计算机的基本原理，根据机器所安排的逻辑关系，从逻辑上分析各点应有的特征，进而找出故障原因，这种方法称为原理分析法。

例如，微型机出现不能引导的故障，用户可根据系统启动流程，仔细观察系统启动时的屏幕信息，一步一步地分析启动失败的原因，便能很快查出故障环节和引起故障的大致范围。

如果怀疑在某个板卡上出现硬件故障，则可根据在某一时刻，某个点应有的脉冲信号的宽度，或者应满足哪些逻辑条件，这些条件正确的电平状态是高电平还是低电平，然后测试和观察该点的具体现象，分析和判断故障原因的可能性，可缩小范围进行观察、分析和判断，直至找出故障原因。这是排除故障的基本方法。

10. 加电自检法

微型机系统从加电开机到显示器显示 DOS 提示符和光标，在这过程中首先要通过固化在 ROM 中的 BIOS ROM 对硬件系统自诊断，当诊断正确再进行系统配置和输入/输出设备初始化，然后引导操作系统、完成将 MS-DOS 系统的三个文件（两个隐含文件 IO.SYS 和 MSDOS.SYS，以及命令处理程序 COMMAND.COM）装入系统内存，从而完成启动过程。最后给出 DOS 提示符和光标，等待用户输入键盘命令。自检程序正确则显示系统信息，若自检通过但显示内容不对，则应检查有关连接电缆等是否完好。

测试时，一般将硬件分为中心系统硬件和非中心系统硬件，相应的功能也按此进行划分。对于所测到的中心系统硬件故障属严重的系统板故障，系统无法进行错误标识的显示，其他所测到的硬件故障属非严重故障，系统能在显示器上显示出错信息提示。为了方便故障诊断，有的 BIOS 程序还能根据相应故障部位给出扬声器声音信号，以声音次数或声音长短来表示。

以上 10 种基本方法，应结合实际灵活使用。往往不单应用单一的方法，而是综合应用多种方法，才能确定并修复故障。

11.2.3　微型机硬件故障的分析要点

1. 显示系统故障分析

大多数显示故障属于硬件故障，而显示器是计算机和操作者最直接的交流窗口，因此，快速判断显示器的故障是很重要的，黑屏现象是一种显示器最常见的故障现象。下面以黑屏现象为例给出显示器的一般检修流程。

（1）检查显示器电源是否接好。当打开显示器电源开关时，显示器有"嚓"的一声响（消磁声）。显示器电源开关未打开，会造成"黑屏"或"死机"的现象。独立供电外设故障现象时，首先应检查设备电源是否正常、电源插头/插座接触是否良好、电源开关是否打开。故障仍未解除，执行下一步。

（2）检查显示器亮度、对比度、显示位置旋钮是否调整在正常位置。显示器无显示很可能是行频调乱、宽度被压缩，或者只是亮度被调至最暗。详细了解该外设的设置情况，并动手试一下，有助于发现一些原本以为非更换零件才能解决的问题。

（3）检查显示器信号线与显示卡接触是否良好。外设跟计算机之间是通过数据电缆连接的，数据电缆脱落、接触不良均会导致该外设工作异常，如显示器接头松动会导致屏幕偏色、无显示等故障。应检查各设备间的线缆连接是否正确。重新调整或插好，若故障仍未解除，执行下一步 。

（4）换一台正常显示的显示器，故障仍未解除，检查显示卡与主板接触是否良好。如果显卡与主板接触不良，执行下一步。

（5）换一个工作正常的显示卡后再开机。若故障还未解除，执行下一步。

（6）内存与主板接触是否良好。如果内存与主板接触不良，重新插好后故障仍未解除，执行下一步。

（7）有的系统有新特性，很多"故障"现象其实是硬件设备或操作系统的新特性造成的，例如，带节能功能的主机，在间隔一段时间无人使用计算机或无程序运行后会自动关闭显示器、硬盘的电源。在你敲一下键盘后就能恢复正常，如果你不知道这一特性，就可能会认为显示器、硬盘出现故障。再如 Windows 的屏幕保护程序常让人误以为是病毒发作。多了解微型机、外设、应用软件的新特性，多向专家请教，有助于增加知识，减少无谓的恐慌。

2. 硬盘系统故障分析

（1）故障检查。

① 如果是 IDE 接口的硬盘要检查 ID 跳线是否正确，特别是一条数据线连接两个外存储器时 ID 跳线要正确，它应与连接在线缆上的位置匹配。

② 连接硬盘的数据线是否接错或接反，硬盘连接线是否有破损或硬折痕，可通过更换连接线检查。

③ 硬盘电源是否已正确连接，不应有过松或插不到位的现象。

④ 硬盘电路板上的元器件是否有变形、变色及断裂缺损等现象。

⑤ 硬盘电源插座的引脚是否有虚焊或脱焊现象。

⑥ 加电后，硬盘自检时指示灯是否不亮或常亮；工作时指示灯是否能正常闪亮。

⑦ 加电后，要倾听硬盘驱动器的运转声音是否正常，不应有异常的声响及过大的噪声。

⑧ 供电电压是否在允许范围内，波动范围是否在允许的范围内等。

⑨ 硬盘是否有物理坏道或逻辑坏道。硬盘的分区是否正确，分区表是否被破坏。

（2）故障判断。

① 建议在最小系统下进行检查，并判断故障现象是否消失。这样做可排除由于其他驱动器或部件对硬盘访问的影响。

② 查找 BIOS 中的硬盘有关参数，硬盘能否被系统正确识别，识别到的硬盘参数是否正确；BIOS 中对 IDE 通道的传输模式设置是否正确（最好设为"自动"）。

③ 显示的硬盘容量、格式化容量是否与实际相符（注意，一般标称容量是按 1000 为单位标注的，而 BIOS 中及格式化后的容量是按 1024 为单位显示的，二者之间有 3%～5%的差距。格式化后的容量一般会小于 BIOS 中显示的容量）。硬盘的容量根据系统所提供的功能（如带有一键恢复），应比实际容量小很多。

④ 检查当前主板的技术规格是否支持所用硬盘的技术规格。

⑤ 检查磁盘上的分区是否正常、是否激活、是否格式化，系统文件是否存在或完整。

⑥ 对于不能进行分区、格式化操作的硬盘，在无病毒的情况下，应更换硬盘。更换仍无效的，应检查软件最小系统下的硬件部件是否有故障。

⑦ 必要时进行修复或初始化操作，或完全重新安装操作系统。

⑧ 注意检查系统中是否存在病毒，特别是引导型病毒。

⑨ 认真检查在操作系统中有无第三方磁盘管理软件在运行；设备管理器中对 IDE 通道的设置是否恰当。

⑩ 当加电后，如果硬盘声音异常、根本不工作或工作不正常时，应检查一下电源是否有问题、数据线是否有故障、BIOS 设置是否正确等，然后再考虑硬盘本身是否有故障；应使用相应硬盘厂商提供的硬盘检测程序检查硬盘是否有坏道或其他可能的故障。

3. 光盘驱动器故障分析

（1）故障检查。

① 如果是 IDE 接口的光驱要检查 ID 跳线是否正确，特别是一条数据线连接两个外存储器时 ID 跳线要正确，它应与连接在线缆上的位置匹配。

② 连接光驱的数据线是否接错或接反，光驱连接线是否有破损或硬折痕，可通过更换连接线检查。

③ 光驱设置是否有错，驱动程序是否有问题。

④ 光驱电源是否已正确连接，是否有过松或插不到位的现象。

⑤ 光驱电路板上的元器件是否有变形、变色及断裂缺损等现象。

⑥ 光驱电源插座的引脚是否有虚焊或脱焊现象。

⑦ 加电后，光驱自检时指示灯是否不亮或常亮；工作时指示灯是否能正常闪亮。

⑧ 加电后，要倾听光盘驱动器的运转声音是否正常，不应有异常的声响及过大的噪声。

⑨ 光驱的激光头是否老化，位置是否偏移，功率是否减弱。

（2）故障判断。

① 光驱的检查，查找 BIOS 中光驱的有关参数，检查光驱参数是否符合要求，若参数找不到，采用检查硬盘的方法寻找光驱硬件故障的原因。在软件最小系统中的硬盘进行检查判断。并且在必要时，将光驱移出机箱外检查。检查时，用启动的光盘来启动，以初步检查光驱的故障。如不能正常读取，则在软件最小系统中检查，最先检查的是光驱的光盘是否有问题。

② 对于读盘能力差的故障，先考虑防病毒软件的影响，然后用随机光盘进行检测，如故障复现，更换维修，否则根据用户的需要及所见的故障进行相应的处理。

③ 必要时，通过刷新光驱的 formware 检查故障现象是否消失（如由于光驱中放入了一张 CD 光盘，导致系统第一次启动时，光驱工作不正常，就可尝试此方法）。

④ 在操作系统下的应用软件能否支持当前所用光驱的技术规格。

⑤ 设备管理器中的设置是否正确，IDE 通道的设置是否正确。必要时卸载光驱驱动重启，以便让操作系统重新识别。

⑥ 光盘驱动器的激光头老化或沾有灰尘，而使发射的激光束强度衰减，造成读取数据出错。光盘驱动器的反射镜有灰尘，造成激光束强度衰减，而无法读盘。

⑦ 光盘驱动器激光头偏移，造成无法读盘。

⑧ 光盘没放置好，或光驱门未关好，或光驱未能水平放置。

⑨ 光盘工作表面的透明塑胶表面有划伤、擦伤，而使激光束无法穿透或偏折，造成反射回来的信号不正确或错乱。

⑩ 光盘工作表面有明显的污渍，或光盘本身的品质和材质不良，造成保护层产生砂孔，受潮后而发霉，影响正确读盘。

11.3　Windows 环境维护

11.3.1　机房的环境要求

1. 温度

温度对器件可靠性的影响：器件的工作性能和可靠性是由器件的功耗、环境温度和散热状态决定的。据实验得知，在规定的室温范围内，环境温度每增加 10℃，器件的可靠性约降低 25%。

一般计算机的机房夏季温度（30±2℃），冬季温度（20±2℃），温度变化率小于 5℃/h。

2. 湿度

高湿度对计算机设备的危害是明显的，而低湿度的危害有时更大。在低湿状态下，机房中穿着化纤衣服的工作人员，因塑料地板及机壳表面都不同程度地积累静电荷，若无有效措施加以消除，这种电荷将越积越高，不仅影响机器的可靠性，而且危及工作人员的身心健康。机房的一般相对湿度为 45%～65%。

3. 灰尘

灰尘对计算机设备，特别是对精密机械和接插件影响较大。不论机房采取何种结构形式，由于下述原因，机房内存在大量灰尘仍是不可避免的。例如，空气调节需要不断补充新风，把大气中的灰尘带进了机房；机房墙壁、地面、天棚等起尘或涂层脱落；建筑不严，通过缝隙渗漏等。若大量导电性尘埃落入计算机设备内，就会促使有关材料的绝缘性能降低，甚至短路。反之，当大量绝缘性尘埃落入设备时，则可能引起接插件触点接触不良。

4. 静电

静电对计算机的影响，主要体现在静电对半导体器件的影响上。计算机部件的高密度、大容量和小型化的特性导致了半导体器件本身对静电的影响越来越敏感，特别是大量 MOS 电路的应用。目前，大多数 MOS 电路都具有接保护电路，提高了抗静电的能力。尽管如此，在使用时，特别是在维修更换时，同样要注意静电的影响，过高的静电电压依然会导致 MOS 电路击穿。

静电带电体触及计算机时，有可能使计算机逻辑器件送入错误信号，引起计算机运算出错，严重时还会使送入计算机的计算程序紊乱。静电的产生不仅与材料、摩擦表面状态、摩擦力的大小有关，而且还与相对湿度密切相关。防止静电要采用静电接地系统；注意工作人员的着装，最好选择不产生静电的衣料制作；控制湿度；使用静电消除器等。

5. 机房的供电要求和接地系统

（1）正确安装市电供电。微型机主机电源的插头一般是单相三线制，对应电源插座各线的排列顺序：上为地线，左为零线，右为火线，如图 11-2 所示。

地线应真正接入大地，在不具备接地条件时，要使用三线插座，避免火线和零线插反。妥善的接地对于确保微型机系统的安全运行具有十分重要的意义。

（2）市电电压波动较大时，尽量采用交流稳压器。电源电压的波动是造成微型机工作不稳定的直接原因。在用电高峰期间，市电电压会明显降低，而在用电低峰期间，市电电压又会明显升高。所以如果有条件，最好为计算机配置一台 220 V 稳压器，甚至可以配置一台不间断电源 UPS。

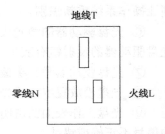

图 11-2　电源插座三线分配图

（3）尽量避免突然断电。在微型机工作时，突然断电，不仅可能丢失文件，损坏硬盘，更可能造成电源本身故障。一旦发生断电，必须立即关闭微型机的电源开关。避免此类事情的发生，最好的办法就是接入一台不间断电源 UPS。

（4）注意避免市电供电电压与电源规格不相符。进口计算机的电源一般都有一个 110V/220V 的电压转换开关。如果市电供电电压与开关位置不相符时，会造成微型机工作不正常。如果市电为 110V，而开关置在 220V 时，会造成无法开机，电源风扇不转，但不会损坏电源；如果市电为 220V，而开关置为 110V 时，开机会立即烧毁电源。

由于我国所用市电规格为 220V，因此给微型机加电前一定要检查开关是否拨在相对应的位置上，否则会造成损失。因此，购买微型机后，最好用胶布将转换开关贴上，以固定在 220 V 的位置上，防止别人误拨到 110V 的位置上，造成损失。

（5）在使用中不允许各挡负载电流低于规定的最小负载电流，否则会使电压升高，脱离稳压范围。电源故障排除后，必须重新启动，电源才能恢复输出。

11.3.2　微型机病毒的防治

1．常见病毒种类

就目前来说，按照病毒的寄生方式，计算机病毒基本上可分为 4 类：引导区型、文件型、混合型和宏病毒。

（1）引导区病毒。由于病毒隐藏在磁盘的第一扇区，使它可以在系统文件装入存储器之前，先进入存储器，从而获得对操作系统扰乱的完全控制，这就使它得以传播并造成危害。

这些病毒常常用它们的程序内容替代 MBR 中的源程序，又移动扇区到磁盘的其他存储区。清除引导区病毒可以通过用一个没有被传染病毒的系统光盘来引导计算机，而不是用硬盘来启动。

（2）文件病毒。文件病毒主要是感染可执行文件。这类病毒通常感染带有 COM、EXE、DRV、BIN、OVL、SYS 扩展名的可执行文件。当它们激活时，感染文件又把自身复制到其他可执行文件中，并能在存储器里保存很长时间，直到病毒又被激活。

（3）混合病毒。混合病毒有引导区病毒和文件病毒两者的特征。

（4）宏病毒。按照美国"国家计算机安全协会"的统计，宏病毒目前占全部病毒的 80％。在计算机历史上它是发展最快的病毒。宏病毒同其他类型的病毒不同，它不特别关联于操作系统，它能通过电子邮件、光盘、Web 下载、文件传输和应用程序等途径很容易地蔓延。

2．病毒的危害

计算机病毒的特点如下。

（1）破坏性。计算机病毒的破坏性主要取决于计算机病毒的设计者，一般来说，凡是用软件手段能触及到计算机资源的地方，都有可能受到计算机病毒的破坏。事实上，所有计算机病毒都存在着共同的危害，即占用 CPU 的时间和内存开销，从而降低计算机系统的工作效率。严重时，病毒能够破坏数据或文件，使系统丧失正常运行能力。

（2）潜伏性。计算机病毒的潜伏性是指其依附于其他媒体而寄生的能力。病毒程序大多混杂在正常程序中，有些病毒可以潜伏几周或几个月甚至更长时间而不被察觉和发现。计算机病毒的潜伏性越好，在系统中存在的时间就越长。

（3）可触发性。计算机病毒侵入后，一般不立即活动，需要等待一段时间，在触发条件成熟时才作用。在满足一定的传染条件时，病毒的传染机制使之进行传染，或在一定条件下激活计算机病毒使之干扰计算机的正常运行。计算机病毒的触发条件是多样化的，可以是内部时钟、系统日期、用户标识符等。

（4）传染性。对于绝大多数计算机病毒来讲，传染性是它的一个重要特性。在系统运行时，病毒通过病毒载体进入系统内存，在内存中监视系统的运行并寻找可攻击目标，一旦发现攻击目标并满足条件时，便通过修改或对自身进行复制链接到被攻击目标的程序中，达到传染的目的。计算机病毒的传染是以带病毒程序运行及读/写磁盘为基础的，计算机病毒通常可通过光盘、硬盘、网络等渠道进行传播。

3．杀毒软件

杀毒软件又称为反病毒软件或防毒软件，是用于消除计算机病毒、特洛伊木马和恶意软件的一类软件。杀毒软件通常集成监控识别、病毒扫描和清除及自动升级等功能，有的杀毒软件还带有数据恢复等功能，是计算机防御系统（包含杀毒软件、防火墙、特洛伊木马和其他恶意软件的查杀程序、入侵预防系统等）的重要组成部分。360 安全卫士界面如图 11-3 所示。

图 11-3　360 安全卫士界面

　　杀毒软件的主要技术如下。

　　① 脱壳技术，是对压缩文件和封装好的文件作分析检查的技术。自身保护技术，避免病毒程序杀死自身进程。

　　② 修复和实时升级技术，是对被病毒损坏的文件进行修复的技术。主动实时升级技术，最早由金山毒霸提出，每一次连接互联网，反病毒软件都自动连接升级服务器查询升级信息，如需要则进行升级。

　　③ 主动防御技术，是通过动态仿真反病毒专家系统对各种程序动作的自动监视，自动分析程序动作之间的逻辑关系，综合应用病毒识别规则知识，实现自动判定新病毒，达到主动防御的目的。

　　④ "云安全（Cloud Security）"技术，是融合了并行处理、网格计算、未知病毒行为判断等新兴技术和概念，通过网状的大量客户端对网络中软件行为的异常监测，获取互联网中木马、恶意程序的最新信息，推送到 Server 端进行自动分析和处理，再把病毒和木马的解决方案分发到每一个客户端。

　　⑤ 增强自我保护功能技术，即使现在大部分反病毒软件都有自我保护功能，依然有病毒能够屏蔽它们的进程，致使其瘫痪而无法保护计算机。

　　⑥ 更低的系统资源占用技术，目前很多杀毒软件都需要大量的系统资源如内存资源、CPU资源，虽然保证了系统的安全，但是却降低了系统速度。

　　主要杀毒软件如金山毒霸、江民、瑞星、360 杀毒等，由于和世界反病毒业接轨统称为"反病毒软件（Anti-virus Software）"或"安全防护软件（Safe-defend Software）"，近年来陆续出现了集成防火墙的"互联网安全套装"、"全功能安全套装"等名词，都属一类，是用于消除计算机病毒、特洛伊木马和恶意软件的一类软件。反病毒软件通常集成监控识别、病毒扫描和清除及自动升级等功能，有的反病毒软件还带有数据恢复等功能。后两者同时具有黑客入侵、网络流量控制等功能。

　　国内反病毒软件主要有卡巴斯基安全软件、360 杀毒软件、百度杀毒软件、金山毒霸、瑞星、江民、东方微点等。

（1）卡巴斯基安全软件简介。

卡巴斯基安全软件能够提供抵御所有互联网威胁的高级 PC 保护，确保用户在进行在线银行交易、在线购物、网上冲浪和使用社交网络等在线活动时的安全，同时最大程度地降低对系统资源的影响。

卡巴斯基安全软件的主要功能包括以下几个方面。

① 完整的实时保护：通过整合云技术和高级 PC 安全技术，卡巴斯基安全软件能够为用户提供有效的针对恶意软件和其他互联网威胁的高效保护，实时监控和分析潜在威胁，能够在危险行为造成危害之前，完全将其拦截。

② 安全冲浪：内嵌的网页保护能够对用户通过 PC 访问的每个网站进行安全检查，确保所访问网站安全，不包含恶意软件。

③ 保护在线交易安全：增强的在线交易保护能够让您安全无忧地通过 PC 进行在线购物、使用在线银行，以及进行在线支付和转账。

④ 应用程序控制：受信任应用程序模式能够限制在 PC 上运行的程序，阻止未授权文件影响系统。

⑤ 保护数字身份安全：用户能够享受业内领先的反钓鱼和反身份盗窃保护。

⑥ 保护家庭在线安全：利用上网管理功能，可以让孩子从互联网获益，同时远离不良内容。

⑦ 保护用户输入内容：当用户使用物理键盘输入时，保护用户的个人数据安全。使用无法探测的鼠标单击进行输入，还能够避免键盘记录器或截屏软件拦截敏感信息。

⑧ 系统回滚功能：回滚恶意软件行为对系统造成的影响。

⑨ 更强的保护与优化性能：卡巴斯基软件经过特别优化，在为用户提供所需的安全保护的同时，不会降低 PC 性能。

（2）360 杀毒软件简介。

国内用户量最大的杀毒软件 360 杀毒发布了 3.0 正式版，除原有的国际反病毒引擎和云查杀引擎外，该正式版又加入了主动防御引擎及 360 独创的 QVM 人工智能引擎。这是 360 杀毒自问世以来首次进行主版本升级，同时也是国内第一款集多重防杀技术于一身的"四引擎"杀毒软件。

360 杀毒 3.0 版主要功能包括以下几个方面。

① 突破性 Pro3D 全面防御体系：12 层防护，完美结合计算机真实系统防御与虚拟化沙箱技术，让病毒无法进入计算机。

② 1s 极速云鉴定最新病毒：无需上传文件，1s 闪电云鉴定，比传统云鉴定技术快 99 倍。

③ 刀片式智能五引擎架构：五大领先查杀引擎，引擎可如"刀片"般嵌入查杀体系，以最优的组合协同工作。

④ 精准修复各类系统问题：修复桌面异常图标、浏览器主页被篡改、浏览器各种异常问题等。

⑤ 网购保镖，护航网络交易安全：集成 360 网购保镖，让网络购物和网银充值、转账更安全。

⑥ 极致轻巧，流畅体验：独有智巧/专业双模式，对系统性能的影响可达到不可思议的极致轻微程度。

（3）百度杀毒软件简介。

百度杀毒软件是百度公司与计算机反病毒专家卡巴斯基合作出品的全新杀毒软件，集合了百度强大的云端计算、海量数据学习能力与卡巴斯基反病毒引擎专业能力，一改杀毒软件卡机臃肿的形象，竭力为用户提供轻巧不卡机的产品体验。

百度杀毒软件主要功能包括以下几个方面。

① 全新 UI 设计：最简洁轻快的杀毒软件，杀毒软件不必臃肿，百度杀毒全新 UI 设计，为

您提供最简洁轻快的软件体验。

② 强劲查杀能力：卡巴斯基引擎与百度云引擎双重保障，全球领先反病毒专家卡巴斯基与百度携手打造全新杀毒软件，集合百度强大的云端计算、海量数据学习能力与卡巴斯基反病毒引擎专业能力，为用户提供专业贴心的反病毒服务。

③ "三不"产品：不骚扰，不胁迫，不窃取。百度杀毒郑重承诺，不频繁弹窗骚扰用户，不以安全名义胁迫用户，不窃取用户隐私。百度杀毒回归杀毒软件本质，致力做成一款简单、安全、可依赖的杀毒软件。

④ 三重安全保护：文件监控、主动防御、自主查杀。

主动防御：可以对试图攻击个人计算机的恶意行为进行主动识别，并告知可能存在的风险。

实时监控：可以实时监测计算机运行过程中的所有进程，将危险扼杀于萌芽状态。

自主查杀：提供闪电查杀、全盘查杀、自定义查杀、右键查杀 4 种服务，可根据个人需要选择扫描检测计算机。

⑤ 极致干净体验：永久免费，零广告，无捆绑。安装过程无捆绑，使用过程零广告，提供清爽的使用体验。

11.3.3　Windows 系统的维护

1. 定期检查缺损的系统文件

当系统文件因种种原因而损坏甚至丢失时，往往会影响到操作系统的稳定运行。因此我们需要经常定期检查系统文件，及时查找缺损的系统文件并将其恢复。我们不妨利用 Windows XP 中的"系统文件检查器"去完成这个任务。

（1）选择"开始"→"所有程序"→"附件"→"命令提示符"命令或者直接在系统"运行"栏中输入"CMD"，则可进入系统的"命令提示符"窗口。

（2）在命令提示符后输入"Sfc"并按下 Enter 键，便可出现该命令各个参数所代表的意义。例如，在命令提示符后输入"Sfc/Scannow"命令后，按下 Enter 键，"系统文件检查器"就会开始检查当前的系统文件是否有损坏，版本是否正确。如果发现错误，程序就会要求插入 Windows XP 安装光盘来修复或者替换不正确的文件，从而保证了系统的稳定。

2. 经常对系统进行维护

当硬件使用一段时间后，自然会生成不少磁盘碎片文件，从而降低硬盘的工作效率，增加操作系统的不稳定几率。

可以打开桌面上"我的电脑"图标，选择打算进行维护的分区，单击鼠标右键，选择右键菜单的"属性"命令。在打开的对话框中单击"工具"选项卡，就可以利用其中的工具进行诸如磁盘查错、磁盘碎片整理等操作，及时修复文件系统所存在的错误。

此外，我们尽量不要在同一操作系统中开启多个杀毒软件及防火墙，这样容易导致同一类型不同款的软件冲突；而且多款同类工具的运行会占用系统大量的资源，使系统运行速度减慢甚至造成系统的不稳定。

3. 备份系统的重要数据

在打造了一个稳定、高效、安全的操作系统后，我们还要注意备份重要数据文件。倘若操作系统一旦真的"一病不起"，那么有可能损坏或丢失某些重要数据，因此经常备份重要数据尤为重要。除了备份重要数据之外，我们还可以利用操作系统自带的"系统还原"功能或"Ghost"一类的备份工具去备份完整的操作系统，让系统随时能得以恢复。

4. 加强系统重要文件夹的安全

在实际使用计算机的过程中，病毒、恶意代码往往会将"魔手"伸向操作系统的重要文件夹，如 Windows、System、System32 文件夹，给操作系统带来隐患。因此我们不妨对这些文件设置使用权限，给它们穿上一件百毒不侵的"防护衣"。

给文件夹设置权限的方法相当简单。选中文件夹后单击鼠标右键，选择右键菜单上的"属性"命令，在弹出的对话框中单击"安全"选项卡，此时便会在"组或用户名称"区域中看到可操作该文件夹的用户、用户组名称。

将除 Administrators 和 System 两个用户组外的用户组全部删除，然后在下面的权限列表中取消选中"完全控制"、"修改"、"写入"等权限，单击"确定"按钮。

在经过如此设置后，当病毒等恶意程序试图向这些文件夹写入文件时，就会因为没有相应的权限而拒绝写入，从而达到保护系统文件夹的目的。

若是为完成安装程序等要求而需向系统文件夹进行写入操作时，我们可重新设定这些文件夹的使用权限，然后再进行相应的操作。

5. 修复丢失的 Rundll32.exe 文件

Rundll32.exe 程序顾名思义是执行 32 位的 DLL 文件，它是必不可少的系统文件，缺少了它一些项目和程序将无法执行。不过由于它的特殊性，致使它很容易被破坏，如果在打开控制面板里的某些项目时出现"Windows 无法找到文件 C：\Windows\System32 \Rundll32.exe"的错误提示，则可以通过如下操作来解决。

（1）将 Windows XP 安装光盘插入光驱，然后依次选择"开始"→"运行"命令。

（2）在"运行"窗口中输入"expand x：\i386\rundll32.ex_c:\windows\system32 \rundll32.exe"命令并按 Enter 键执行（其中"x"为光驱的盘符）。

（3）修复完毕后，重新启动系统即可。

6. 修复丢失的 NTLDR 文件

在突然停电或在高版本系统的基础上安装低版本的操作系统时，很容易造成 NTLDR 文件的丢失，这样在登录系统时就会出现"NTLDR is missing press any key to restart"的故障提示，其可在"故障恢复控制台"中进行解决。

进入故障恢复控制台，然后插入 Windows XP 安装光盘，接着在故障恢复控制台的命令状态下输入"copy x：\i386\ntldr c：\"命令并按 Enter 键即可（"x"为光驱所在的盘符），然后执行"copy x:\i386\ntdetect.com c：\"命令，如果提示是否覆盖文件，则键入"y"确认，并按 Enter 键。

7. 修复受损的 Boot.ini 文件

在遇到 NTLDR 文件丢失的故障时，Boot.ini 文件多半也会出现丢失或损坏的情况。这样在进行了上面修复 NTLDR 文件的操作后，还要在故障恢复控制台中执行"bootcfg /redirect"命令来重建 Boot.ini 文件。最后执行"fixboot c："命令，在提示是否进行操作时输入"y"确认并按 Enter 键，这样 Windows XP 的系统分区便可写入到启动扇区中。当执行完全部命令后，键入"exit"命令退出故障恢复控制台，重新启动后系统即可恢复如初。

8. 微型机死机故障分析

微型机出现死机的主要原因如下。

① BIOS 设置问题。CPU 主频设置不当。这一类故障主要有内存条设置错误和 CPU 引起的 BIOS 设置与实际情况不符。

内存条参数设置不当。这一类故障主要有内存条设置错误和 Remark 内存条引起的 BIOS 设置与实际情况不符。如果在计算机 BIOS 中设置内存的种类不当，则可能出现"死机"情况。

如果用户所用的是普通 DDR 内存，在 BIOS 中设置 "DRAM Read Burst Timing" 和 "DRAM Write Burst Timing" 等参数时，设置得很小，用户实际所用的内存条的性能达不到设置的要求，则会使内存条工作不稳定，经常出现 "死机" 的情况。

对 DDR2 内存来说，设置 CAS 时间也很重要。一般 DDR2 内存条应该能稳定工作在 CAS 为 2 的模式，即延时为两个时钟周期的模式，但是有些内存达不到要求，只能设 CAS 延时为 2.5，否则系统将变得很不稳定，甚至在开机时就 "死机"。

大硬盘大多需要打开 BIOS 设置中的一些存取模式，如 IDE HDD Block Mode，HDD PIO 32Bits MODE 等，以加快硬盘的工作速度。BIOS 设置的这些高级存取模式的状态，最好能按实际情况设置模式。如果用户对计算机的 BIOS 设置不了解，应选择 "Load BIOS Default Setup"、"BIOS" 选项以启动和恢复原厂商的最安全状态设置。这样一般都能解决计算机在开机过程中所出现的 "死机" 情况。

② 硬件问题。在开机时，也就是按下电源开关后，请留心听一下扬声器所发出的声音。

如果是 "嘀……嘀嘀……" 一长两短的报警声，说明是显示卡没插好，或者是有问题。这时请关闭电源，打开机箱，重新插好显示卡，并将螺钉拧紧。

如果开机时的声音是 "……嘀……嘀……"，每声间隔时间较长而且重复，那么可能是内存条出现问题，最好重新插一下内存条，并在不同的内存插槽上试试。

如果计算机没有任何反应，既无声也无显示，并且确定计算机之间的连线无误，电源连线正常，则需要逐一判断计算机的每一个部件：显示器、CPU、主板、内存条、显示卡。

电压过低，这时计算机无反应。由于电网电压会有所波动，个别时候电压低于正常值很多，计算机不能启动。

"RESET" 按键没有复位。如果 "RESET" 按键积尘较多，或是其他的原因使 "RESET" 按键按下卡住，而不能弹起，使 "RESET" 线一直短接。

硬盘和光驱上的数据线插反了。数据线插反也会导致计算机没有任何反应。

CPU 未插好。先把 CPU 拔下来，查看 CPU 的插脚有没有断针、扭曲等。如果以上均无问题，把 CPU 放平，对准方向后插入插座，垂直用力，确保 CPU 完全进入插座。

在自检时出现 "HARD DISK FAILURE"，应先检查硬盘的电源线和数据线是否插好，或者更换其他的电源线和数据线，或者将硬盘拿到别的机器上去测试一下硬盘有没有故障，如果硬盘仍然不能被识别，说明硬盘可能出现物理故障，需要维修或者更换硬盘。

③ 软件问题。计算机是否被病毒感染，有很多病毒会引起硬盘不能启动，用杀毒软件检查是否有病毒存在。

硬盘的引导丢失。如果引导丢失，则可以用同样版本的系统光盘启动，首先用 "DIR C：" 命令，如果能看到硬盘的内容，能确定是硬盘的引导系统丢失，请用 "SYS C：" 命令给硬盘传输引导文件。

Windows 系统中的执行文件或驱动程序（后缀为.vxd 和.dll 的文件）被意外损坏或者是误删了文件等。Windows 按顺序执行启动操作时，计算机会找不到正确的执行文件，只有重新安装 Windows，一般来说覆盖安装即可。

硬盘的分区损坏。当硬盘启动时，会出现 "Invalid partition table"，而且用系统光盘启动后用 "DIR C：" 命令，如果出现 "Invalid drive specification"，说明硬盘的分区损坏。需要用 "FDISK" 和 "FORMAT" 重新分区和格式化。

9. 操作系统或应用程序故障分析

（1）可能的故障现象。

① 休眠后无法正常唤醒。

② 系统运行中出现蓝屏、死机、非法操作等故障现象。

③ 系统运行速度慢。

④ 运行某应用程序，导致硬件功能失效。

⑤ 游戏无法正常运行。

⑥ 应用程序不能正常使用。

（2）操作系统或应用程序可能的故障原因。

① 操作系统或应用程序的某个核心文件损坏或者被误删除。

② 某个组件所需的文件损坏。

③ 注册表信息损坏。

④ 操作系统或应用程序遭到病毒破坏。

⑤ 操作系统或应用程序之间出现不兼容。

⑥ 某个硬件与操作系统或应用程序出现不兼容。

⑦ 操作系统或应用程序本身存在程序错误或漏洞。

本章小结

计算机硬件故障是各种各样的，掌握正确分析故障的方法是能快速查找故障的有力保障，计算机出现故障，要根据故障现象判断故障类型，再根据故障类型从大范围缩小到小范围，从而找出有故障的板卡进行更换。

计算机病毒已是计算机应用的一大公害，熟悉计算机病毒的种类和危害，掌握常用计算机杀毒软件的使用，有助于高效、安全地应用计算机完成各项任务。

计算机软件故障大部分是由病毒引起的，要分析计算机软件出现的漏洞，对软件及时进行打"补丁"，增强软件抵抗病毒的能力。对计算机的操作系统和驱动程序本身抗病毒能力尤其重要，使用较好的操作系统，软件的故障会大大的降低。

思考与练习 11

一、填空题

1．一般计算机的机房夏季温度为_____，冬季温度为（20±2℃），温度变化率小于_____。

2．若大量导电性尘埃落入计算机设备内，就会促使有关材料的_____性能降低，甚至短路。反之，当大量绝缘性尘埃落入设备时，则可能引起接插件触点_____。

3．计算机电源插座各线的排列顺序：上为地线，_____为零线，_____为火线。

4．在维修工作中的安全问题，主要有三方面的内容：（　　）的安全；被维修的_____的安全；所使用的维修设备，特别是贵重仪表的安全。

5．计算机带电插拔_____口、_____口、键盘口等外部设备的连接电缆也常常是造成相应接口损坏的直接原因。

6．静电的产生不仅与_____、摩擦表面状态、摩擦力的大小有关，而且还与_____密切相关。防止静电要采用静电接地系统。注意工作人员的着装，最好选择不产生静电的衣料制作。控制湿度。使用静电消除器等。

7. 就目前来说，按照病毒的寄生方式，计算机病毒基本上可分为4类：_____型、文件型、_____型和宏病毒。

8. 选择"开始"→"运行"命令，在"运行"栏中输入_____命令，则可进入系统的"命令提示符"窗口。

9. 备份系统的重要数据，可以利用操作系统自带的_____功能或_____一类的备份工具去备份完整的操作系统，让系统随时能得以恢复。

二、选择题

1. 高湿度对计算机设备的危害是明显的，而低湿度的危害有时更大。机房的一般相对湿度为（　　）。

A．25%～35%　　　　　　　　　　B．55%～85%

C．35%～45%　　　　　　　　　　D．45%～65%

2. 静电是维修过程中一个最危险的杀手，往往在不知不觉的时候，将内存、CPU 等计算机零部件击穿。静电与（　　）关系很大。

A．湿度　　　　B．温度　　　　C．灰尘　　　　D．电磁

3. 用备份的好插件板、好器件替换有故障疑点的插件板或器件，或者把相同的插件或器件互相交换，观察故障变化的情况，称为（　　）。这是帮助用户判断寻找故障原因的一种方法。

A．直接观察法　　　　　　　　　　B．测试法

C．插拔法　　　　　　　　　　　　D．交换法

4. 根据机器所安排的逻辑关系，从逻辑上分析各点应有的特征，进而找出故障原因，这种方法称为（　　）分析法。

A．原理　　　　B．静态　　　　C．直接　　　　D．逻辑

5. 文件型病毒。文件病毒主要是感染（　　）文件，并能在存储器里保存很长时间，直到病毒又被激活。

A．可执行　　　B．Worm　　　　C．压缩　　　　D．二进制

6. 计算机病毒依附于其他媒体而寄生的能力称为（　　）。

A．破坏性　　　B．潜伏性　　　C．传染性　　　D．可触发性

7. 操作系统中 Rundll32.exe 程序顾名思义是执行（　　）的 DLL 文件，它是必不可少的系统文件，缺少了它一些项目和程序将无法执行。

A．32 位　　　B．64 位　　　C．系统　　　D．文本

三、简答题

1. 请叙述预防静电危害应采取的措施？

2. 微型机故障的基本检查步骤是什么？

3. 请叙述微型机故障处理基本原则先外后内的含义？

4. 请叙述维修计算机时插拔法的基本做法？

5. 请叙述维修计算机时直接观察法的基本做法？

6. 请叙述维修计算机时最小系统方法的含义？

7. 360 杀毒 3.0 版主要功能是什么？

8. 计算机如何修复丢失的 NTLDR 文件？

9. 请叙述硬盘系统故障的主要检查内容？

实训 11

一、实训目的和要求

1. 学会用交换法和逐步添加/去除部件法排除故障。
2. 学会用清洁法和插拔法排除故障。
3. 掌握硬盘、光驱和显示系统故障的基本分析方法。
4. 掌握常见操作系统故障的分析方法。
5. 熟悉某种杀毒软件的使用。

二、实训条件

1. 能运行的微型计算机一台。
2. 有故障的内存条、显卡、网卡。
3. 带有杀毒软件的光盘一张。
4. 有故障的硬盘信号线或硬盘。
5. 有故障的光驱信号线或光驱。

三、实训步骤

1. 在微型机中插入有故障的内存条，启动机器观察故障现象，用最小系统法和交换法排除故障。

2. 在微型机中插入有故障的显示卡，观察故障现象，用最小系统加上逐步添加/去除部件法排除故障。

3. 清洁机器机箱的灰尘，擦亮网卡的"金手指"部分，使其与主板可靠连接，分析接触不良故障排除方法。

4. 启动机器进入操作系统，将最新版本的 360 杀毒软件安装到机器中并进行运行。

5. 掌握某种杀毒软件的基本功能。

6. 将有故障的硬盘信号线插入机器中，观察机器现象，通过交换法（与光驱的信号线交换）查找故障的信号线。

7. 将有故障的光驱信号线插入机器中，观察机器现象，通过交换法（与硬盘的信号线交换）查找故障的信号线。

8. 将有故障的光驱接入机器中，放入光盘运行，观察机器现象，用正确的方法分析故障的部件。

9. 利用 Windows 提供的磁盘扫描程序，对硬盘进行检测和修复硬盘的表面、文件系统和文件错误。

10. 显示器属性设置不正确、显示器与显卡接触不良和显示器分辨率低，分析故障原因并排除故障。

11. 将操作系统中的关键文件转移到其他文件夹中，重新启动机器，观察操作系统工作状态并分析故障。

附录 A 计算机（微机）维修工国家职业标准

A.1 职业概况

A.1.1 职业名称

计算机（微机）维修工。

A.1.2 职业定义

对计算机（微机）及外部设备进行检测、调试和维护修理的人员。

A.1.3 职业等级

本职业共设三个等级，分别为初级（国家职业资格五级）、中级（国家职业资格四级）、高级（国家职业资格三级）。

A.1.4 职业环境

室内，常温。

A.1.5 职业能力特征

具有一定分析、判断和推理能力，手指、手臂灵活，动作协调。

A.1.6 基本文化程度

高中毕业。

A.1.7 培训要求

1. 培训期限

全日制职业学校教育，根据其培养目标和教学计划确定。晋级培训期限：初级不少于 180 标准学时；中级不少于 180 标准学时；高级不少于 180 标准学时。

2. 培训教师

应具有较为丰富的计算机专业知识、实际操作经验及教学能力；培训初、中级人员的教师应具有高级职业资格证书或具有本职业中级专业技术职称；培训高级人员的教师应取得高级职业资格证书 2 年以上或具有本职业高级专业技术职称。

3. 培训场地设备

有可容纳 20 名以上学员的教室，应有满足一人一机原则的微型计算机房和相关教学实验设备。

A.1.8 鉴定要求

1. 适用对象

从事或准备从事计算机维修工作的人员。

2．申报条件

——初级（具备以下条件之一者）

（1）经本职业初级正规培训达到规定标准学时数，并取得毕（结）业证书。

（2）在本职业连续见习工作 2 年以上。

——中级（具备以下条件之一者）

（1）取得本职业初级职业资格证书后，连续从事本职业工作 3 年以上，经本职业中级正规培训达到规定标准学时数，并取得毕（结）业证书。

（2）取得本职业初级职业资格证书后，连续从事本职业工作 5 年以上。

（3）取得经劳动保障行政部门审核认定，以中级技能为培养目标的中等以上职业学校本职业毕业证书。

——高级（具备以下条件之一者）

（1）取得本职业中级职业资格证书后，连续从事本职业工作 3 年以上，经本职业高级正规培训达到规定标准学时数，并取得毕（结）业证书。

（2）取得本职业中级职业资格证书后，连续从事本职业工作 7 年以上。

（3）取得高级技工学校或经劳动保障行政部门审核认定的以高级技能为培养目标的高等职业学校本职业毕业证书。

（4）取得本职业中级职业资格证书的电子计算机类专业大专及以上毕业生，且连续从事电子计算机维修工作 2 年以上。

3．鉴定方式

鉴定方式分为理论知识考试和技能操作考核两门，理论知识考试采用闭卷笔试，技能操作考核采用现场实际操作方式进行。两门考试（核）均采用百分制，皆达 60 分以上者为合格。

4．考评人员和考生的配比

理论知识考试：1∶20；技能操作考核：1∶5。

5．鉴定时间

各等级的理论知识考试为 60 分钟；各等级技能操作考核为 90 分钟。

6．鉴定场所设备

理论知识考试为标准教室；技能操作考核考场为计算机房（至少 5 套考试设备，另有至少 2 套备用设备）。

A.2　基本要求

A.2.1　职业道德

1．职业道德基本知识

2．职业守则

（1）遵守国家法律法规和有关规章制度；

（2）爱岗敬业、平等待人、耐心周到；

（3）努力钻研业务，学习新知识，有开拓精神；

（4）工作认真负责，吃苦耐劳，严于律己；

（5）举止大方得体，态度诚恳。

A.2.2 基础知识

1. 基本理论知识

1）微型计算机基本工作原理

（1）电子计算机发展概况；

（2）数制与编码基础知识；

（3）计算机基本结构与原理；

（4）DOS、Windows 基本知识；

（5）计算机病毒基本知识。

2）微型计算机主要部件知识

（1）机箱与电源；

（2）主板；

（3）CPU；

（4）内存；

（5）硬盘，软盘，光盘驱动器；

（6）键盘和鼠标；

（7）显示适配器与显示器。

3）微型计算机扩充部件知识

（1）打印机；

（2）声音适配器和音箱；

（3）调制解调器。

4）微型计算机组装知识

（1）CPU 安装；

（2）内存安装；

（3）主板安装；

（4）卡板安装；

（5）驱动器安装；

（6）外部设备安装；

（7）整机调试。

5）微型计算机检测知识

（1）微型机常用维护测试软件；

（2）微型机加电自检程序；

（3）硬件代换法；

（4）常用仪器仪表功能和使用知识。

6）微型计算机维护维修知识

（1）硬件替换法；

（2）功能替代法；

（3）微型计算机维护常识。

7）计算机常用专业词汇

2. 法律知识

《价格法》、《消费者权益保护法》和《知识产权法》中有关法律法规条款。

3. 安全知识

电工电子安全知识。

A.3 工作要求

本标准对初、中、高级的技能要求依次递进，高级别包括了低级别的要求。

A.3.1 初级

职业功能	工作内容	技能要求	相关知识
一、故障调查	（一）客户接待	1. 做到态度热情，礼貌周到； 2. 了解客户描述的故障症状； 3. 了解故障机工作环境； 4. 介绍服务项目及收费标准； 5. 做好上门服务前的准备工作	1. 常见故障分类； 2. 常见仪器携带方法
	（二）环境检测	1. 检测环境温度与湿度； 2. 检测供电环境电压	1. 温、湿计使用方法； 2. 万用表使用方法
二、故障诊断	（一）验证故障机	1. 确认故障现象； 2. 作出初步诊断结论	整机故障检查规范流程
	（二）确定故障原因	1. 部件替代检查； 2. 提出维修方案	主要部件检查方法
三、故障处理	（一）部件维护	1. 维护微机电源； 2. 维护软盘驱动器； 3. 维护光盘驱动器； 4. 维护键盘； 5. 维护鼠标； 6. 维护打印机； 7. 维护显示器	1. 微机电源维护方法； 2. 软盘驱动器维护方法； 3. 光盘驱动器维护方法； 4. 键盘维护方法； 5. 鼠标维护方法； 6. 打印机维护方法； 7. 显示器维护方法
	（二）部件更换	1. 更换同型电源； 2. 更换同型主板； 3. 更换同型CPU； 4. 更换同型内存； 5. 更换同型显示适配器； 6. 更换同型声音适配器； 7. 更换同型调制解调器	微机组装程序知识
四、微机系统调试	（一）设置BIOS	1. BIOS标准设置； 2. 启动计算机	1. BIOS基本参数设置； 2. 计算机自检知识
	（二）系统软件调试	利用操作系统验证计算机	使用操作系统基本知识
五、客户服务	（一）故障说明	1. 填写故障排除单； 2. 指导客户验收计算机	计算机验收程序
	（二）技术咨询	1. 指导客户正确操作微机； 2. 向客户提出工作改进建议	1. 安全知识； 2. 计算机器件寿命影响因素知识

A.3.2　中级

职业功能	工作内容	技能要求	相关知识
一、故障调查	（一）客户接待	1. 引导客户对故障进行描述； 2. 确定故障诊断初步方案	1. 硬故障现象分类知识 2. 故障常见描述方法
	（二）环境检测	1. 检测供电环境稳定性； 2. 检测环境粉尘、振动因素	1. 供电稳定性判断方法； 2. 感官判断粉尘、振动知识
二、故障诊断	（一）验证故障机	正确做出诊断结论	故障部位检查流程
	（二）确定故障原因	部件替换检查	部件功能替换知识
三、故障处理	（一）部件常规维修	1. 维修微机电源； 2. 维修软盘驱动器； 3. 维修光盘驱动器； 4. 维修键盘； 5. 维修鼠标	1. 微机电源常规维修方法； 2. 软盘驱动器常规维修方法； 3. 光盘驱动器常规维修方法； 4. 键盘常规维修方法； 5. 鼠标常规维修方法
	（二）部件更换	1. 更换同型主板； 2. 更换同型CPU； 3. 更换同型内存； 4. 更换同型显示适配器； 5. 更换同型声音适配器； 6. 更换同型调制解调器	1. 接口标准知识； 2. 部件兼容性知识； 3. 主板跳线设置方法
四、微机系统调试	（一）设置BIOS	BIOS优化设置	BIOS优化设置方法
	（二）清除微机病毒	1. 清除文件型病毒； 2. 清除引导型病毒	1. 病毒判断方法； 2. 杀毒软件使用方法
	（三）系统软件调试	1. 安装操作系统； 2. 安装设备驱动程序； 3. 软件测试计算机部件	1. DOS、Windows安装方法； 2. 驱动程序安装方法； 3. 测试软件使用方法
五、客户服务	（一）故障说明	向客户说明故障原因	计算机自检程序知识
	（二）技术咨询	指导客户预防计算机病毒	病毒防护知识

A.3.3　高级

职业功能	工作内容	技能要求	相关知识
一、故障调查	（一）客户接待	引导客户对故障进行描述	综合故障分类知识
	（二）环境检测	1. 检测供电环境异常因素； 2. 检测电磁环境因素	1. 供电质量判断方法； 2. 电磁干扰基础知识
二、故障处理	（一）部件维修	1. 维修不间断电源； 2. 维修显示器； 3. 维护打印机	1. UPS电源常规维修知识； 2. 显示器常规维修知识； 3. 打印机常规维修
	（二）部件更换	1. 升级主板； 2. 升级CPU； 3. 升级内存； 4. 升级显示适配器； 5. 升级声音适配器； 6. 升级调制解调器	微机硬件综合性能知识

续表

职业功能	工作内容	技能要求	相关知识
三、微机系统调试	（一）设置 BIOS	升级 BIOS	BIOS 升级方法
	（二）清除微机病毒	清除混合型病毒	杀毒软件高级使用方法
	（三）系统软件调试	优化操作系统平台	1. 整机综合评价知识； 2. 端口设置知识
四、客户服务	（一）故障说明	能向客户说明排除故障方法和过程	微机部位故障知识
	（二）技术咨询	能向客户提出环境改进建议	微机部件工作环境要求
五、网络基础	建立计算机局域网	建立基本网络	网络基础知识
六、工作指导	（一）培训维修工	1. 微机知识培训； 2. 微机维修能力培训	1. 教学组织知识； 2. 实验指导知识
	（二）指导维修工工作	1. 故障现象技术分析； 2. 故障排除技术指导	1. 微机软/硬件故障分类知识； 2. 故障排除方法

A.4　比重表

A.4.1　理论知识

项目			初级	中级	高级
基本要求		职业道德	4	3	
	基础知识	1. 基本理论知识	40	30	20
		2. 法律知识	3	3	
		3. 安全知识	3	3	
相关知识	一、故障调查	1. 顾客接待	3	2	
		2. 环境检测	3	2	2
	二、故障诊断	1. 验证故障机	4	4	2
		2. 确定故障原因	15	20	20
	三、故障处理	1. 部件维修	3	10	20
		2. 部件更换	10	10	10
	四、微机系统调试	1. 设置 BIOS	3	3	5
		2. 清除微机病毒		2	2
		3. 系统软件调试	4	4	5
	五、客户服务	1. 故障说明	3	2	2
		2. 技术咨询	2		2
	六、网络基础	建立计算机局域网			2
	七、工作指导	1. 培训维修工			4
		2. 指导维修工工作			4
合　计			100	100	100

A.4.2 技能操作

	项目		初级	中级	高级
工作要求	一、故障调查	1. 顾客接待	10	5	5
		2. 环境检测	5	5	5
	二、故障诊断	1. 验证故障机	5	5	5
		2. 确定故障原因	25	30	15
	三、故障处理	1. 部件维修	10	20	15
		2. 部件更换	25	10	10
	四、微机系统调试	1. 设置 BIOS	5	5	5
		2. 清除微机病毒		5	5
		3. 系统软件调试	5	5	5
	五、客户服务	1. 故障说明	5	5	5
		2. 技术咨询	5	5	5
	六、工作指导	1. 培训维修工			10
		2. 指导维修工工作			10
合　计			100	100	100

参考文献

[1] 华信卓越. 电脑组装维护基础与提高. 北京：电子工业出版社，2008.

[2] 华信卓越. 快学快用电脑故障排除技巧 1088 招. 北京：电子工业出版社，2008.

[3] 陈国先. 计算机组装与维护. 北京：北京邮电大学出版社，2011.

[4] 刘瑞新. 计算机组装与维护教程 第 5 版. 北京：机械工业出版社，2011.

[5] 陈国先. 计算机组装与维护. 北京：机械工业出版社，2012.

[6] 匡松. 计算机组装、维护与维修. 北京：电子工业出版社，2013.

[7] 常映红. 计算机组装与维护. 北京：电子工业出版社，2013.

反侵权盗版声明

　　电子工业出版社依法对本作品享有专有出版权。任何未经权利人书面许可，复制、销售或通过信息网络传播本作品的行为；歪曲、篡改、剽窃本作品的行为，均违反《中华人民共和国著作权法》，其行为人应承担相应的民事责任和行政责任，构成犯罪的，将被依法追究刑事责任。

　　为了维护市场秩序，保护权利人的合法权益，我社将依法查处和打击侵权盗版的单位和个人。欢迎社会各界人士积极举报侵权盗版行为，本社将奖励举报有功人员，并保证举报人的信息不被泄露。

举报电话：（010）88254396；（010）88258888

传　　真：（010）88254397

E-mail： dbqq@phei.com.cn

通信地址：北京市万寿路 173 信箱
　　　　　电子工业出版社总编办公室

邮　　编：100036